工程应用型院校计算机系列教材

安徽省高等学校省级规划教材

胡学钢◎总主编

汪志宏◎主　审

多媒体技术与应用实验实践教程

DUOMEITI JISHU YU YINGYONG SHIYAN SHIJIAN JIAOCHENG

主　编　施　俊　张　辉

副主编　王铁冰

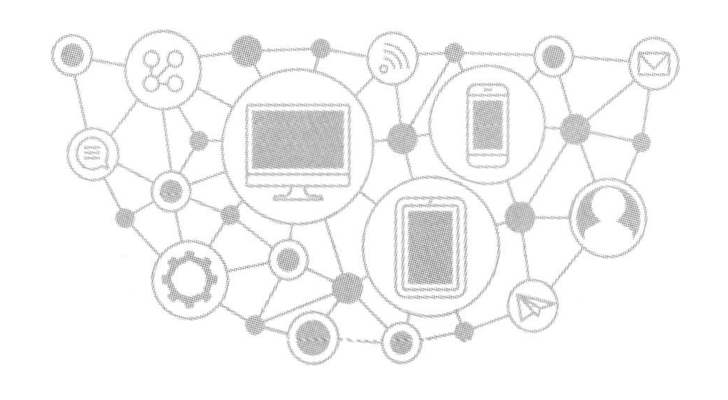

图书在版编目(CIP)数据

多媒体技术与应用实验实践教程/施俊，张辉主编. —合肥 ：安徽大学出版社，2022.8

工程应用型院校计算机系列教材/胡学钢总主编

ISBN 978-7-5664-2370-2

Ⅰ.①多… Ⅱ.①施… ②张… Ⅲ.①多媒体技术－高等学校－教材 Ⅳ.①TP37

中国版本图书馆 CIP 数据核字(2022)第 001615 号

多媒体技术与应用实验实践教程

胡学钢 总主编
施 俊 张 辉 主 编

出版发行：北京师范大学出版集团
安 徽 大 学 出 版 社
(安徽省合肥市肥西路 3 号 邮编 230039)
www.bnupg.com
www.ahupress.com.cn

印 刷：安徽省人民印刷有限公司
经 销：全国新华书店
开 本：787 mm×1092 mm 1/16
印 张：19.5
字 数：383 千字
版 次：2022 年 8 月第 1 版
印 次：2022 年 8 月第 1 次印刷
定 价：50.00 元
ISBN 978-7-5664-2370-2

策划编辑：刘中飞 宋 夏　　装帧设计：李 军
责任编辑：宋 夏　　美术编辑：李 军
责任校对：陈玉婷　　责任印制：赵明炎

前　言

多媒体应用技术以其图、文、声、像并茂，音乐、动画、视频共存的特点，引起广大用户和计算机专业人员的极大兴趣。大家都迫切地希望更多地了解多媒体知识、掌握多媒体应用技术、开发多媒体产品。特别是近年来，随着 Internet 在全球的普及，多媒体的应用领域更加广泛，发展更为迅速，各高校的很多课程体系也都增设了多媒体应用技术课程。本书是根据教育部《关于进一步加强高等学校计算机基础教学的几点意见》中关于“多媒体技术与应用”课程的要求而编写的。

全书共 7 章。第 1 章多媒体应用软件，主要介绍在线 H5 制作软件、图片处理软件美图秀秀、音视频转换软件、电子相册软件 MemoriesOnTv 等多媒体软件的基本操作和应用。第 2 章图形图像处理，主要介绍 Photoshop 软件和图层的基本操作，滤镜、蒙版、通道等的运用，以及二维 gif 动画的制作原理及创建方法。第 3 章 Flash 动画制作，主要介绍 Flash 软件的使用及交互式动画的创建方法。第 4 章音频编辑，主要介绍声学的相关知识及音频软件的基本功能应用。第 5 章视频编辑与处理，主要介绍视频剪辑的相关概念及 Premiere 软件的使用，包括关键帧的设置、字幕的灵活应用、转场的操作方法。第 6 章视频后期制作与合成，主要介绍合成的相关概念及后期的基本操作，包括合成的创建、特效的运用等。第 7 章多媒体创作工具，主要介绍多媒体作品的制作流程及 Authorware 软件的使用。

本书第 1 章由张辉编写，第 2 章、第 5 章和第 6 章由施俊、王轶冰编写，第 3 章由施俊编写，第 4 章由张辉、施俊编写，第 7 章由施俊编写，全书由施俊统稿、定稿，由汪志宏审稿。

本书以新颖的实例、由浅入深的编写体系和丰富细致的操作组织内容，帮助学生快速掌握多媒体软件的基本操作及综合应用，可作为高等学校“多媒体技术与应用”课程的实验教材，也可以作为数字媒体类各专业、计算机类部分专业的本科教材或教学参考书。

由于编者水平有限，书中难免存在不足，恳请读者批评指正。本校多媒体教研组的各位老师为本书提出了宝贵的建议，在此谨向他们表示衷心的感谢！也深深地感谢兄弟院校的专家、同仁、一线教师、读者长期以来对我们工作的信任与支持！本书配有教学资源，包括配套素材和操作视频等。使用本书的学校可与编者联系获取相关资源(E-mail：04141@ahu. edu. cn)。

编　者

2022 年 5 月

目　　录

第1章　多媒体应用软件

相关知识

随着计算机软、硬件技术的发展，越来越多功能强大的多媒体应用软件出现了。本章属于前导课程，主要介绍几款常用的多媒体应用软件，如在线H5制作软件易企秀、兔展、初页，图片处理软件美图秀秀，音视频转换软件格式工厂、电子相册软件MemoriesOnTv等，指导学生掌握热门多媒体软件的基本操作和应用。

1. H5电子邀请函

网络的快速发展使越来越多传统的东西逐渐被取代。例如，传统纸质邀请函已经逐渐被电子邀请函取代。电子邀请函也被称为HTML5邀请函（简称H5邀请函）。相比于传统的邀请函，电子邀请函更具特色，可以增加图片、背景音乐、地址导航，还可以收集宾客赴宴人数。

通过H5制作工具，用户可以编辑手机网页，分享到社交网络，通过报名表单收集潜在客户或其他反馈信息。用户无须掌握复杂的编程技术，就能轻松地制作基于H5的精美手机幻灯片页面。H5制作工具适用于制作企业宣传、产品介绍、活动促销、预约报名、会议组织、收集反馈、微信增粉、网站导流、婚礼邀请、新年祝福等材料。

2. 图片处理

图片处理是通过图片处理软件，对图片进行调色、抠图、合成、明暗修改、彩度和色度修改、添加特殊效果、编辑、修复等处理。相对于操作复杂但功能完善的Photoshop软件，美图秀秀更加容易被初学者使用，结合简易的在线抠图工具，可以满足日常的图片处理需求。

（1）美图秀秀。美图秀秀是当下较流行的图片处理软件，无须专业学习就能快速使用，拥有图片特效、美容、拼图、场景、边框、饰品等功能，还提供模板设计和素材设计等丰富内容，简单易学，易操作。

（2）在线抠图。抠图就是把图片的某一部分从原始图片中分离出来成为单独的图层，又称去背或退底，主要是为后期图片的合成进行准备。抠图是设计类工作中最为常见的技能，在实际运用中有很多知识要学习和掌握。remove. bg是一款专业的全自动抠图软件，可以极大提高工作效率。

3. 音视频处理

借助常用的音视频处理软件可以将计算机上播放或者录制的视频使用视频

工具进行编辑和剪辑,增加一些普通的特殊效果,增强视频的可观赏性。音频处理是对音频文件进行切割、声音淡入淡出等的编辑操作。

(1)视频处理。最常见的视频处理是视频格式的转换,目的是满足不同设备和播放器的需求。比如,通过格式工厂转换软件,可将网络上使用较为普遍的rmvb格式的视频文件转换成某些设备只能识别的avi或mp4格式的文件。

(2)电子相册。目前,国内外电子相册繁多,不同的软件制作出的电子相册会不同。随着数码照片在家庭中越来越普及,人们在拍摄了照片却又不需要把照片都冲印的时候,选择打包保存在电脑或光盘中,电子相册制作软件就在这一过程中起了非常重要的作用。通过电子相册制作软件,照片可以更加动态、更加多姿多彩地展现。

实验1 H5电子邀请函制作

一、实验目的

(1)掌握H5电子邀请函的模板搜索和选择。

(2)掌握文字内容、图片和音乐等元素的修改方法。

(3)掌握内容版面的制作。

(4)掌握H5文档的发布和分享。

二、实验环境

(1)硬件要求:处理器Intel i3,内存要在2GB以上。

(2)运行环境:Windows 7/10。

(3)应用软件:易企秀、展兔、初页等。

三、实验内容与要求

(1)使用易企秀在线制作一个“同学聚会”的H5长图页,使用合适的模板,参考效果如图1-1所示。

(2)使用展兔在线制作一个“暑期夏令营”的H5宣传页,使用合适的模板,参考效果如图1-2所示。

(3)使用初页在线制作一个“我想对党说句心里话”的H5接龙页,使用合适的模板,参考效果如图1-3所示。

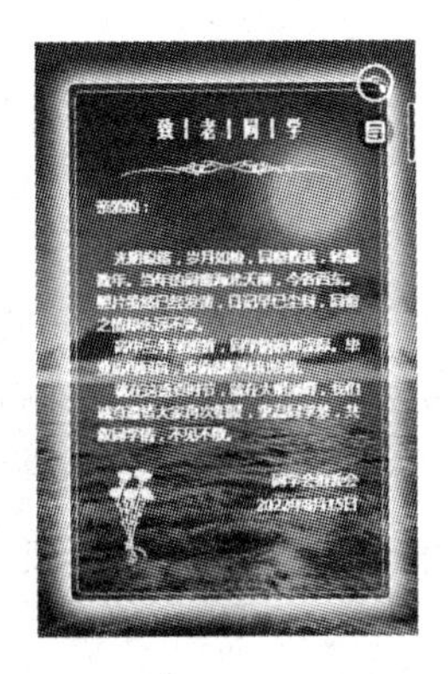

图 1-1　H5 长图页参考效果图

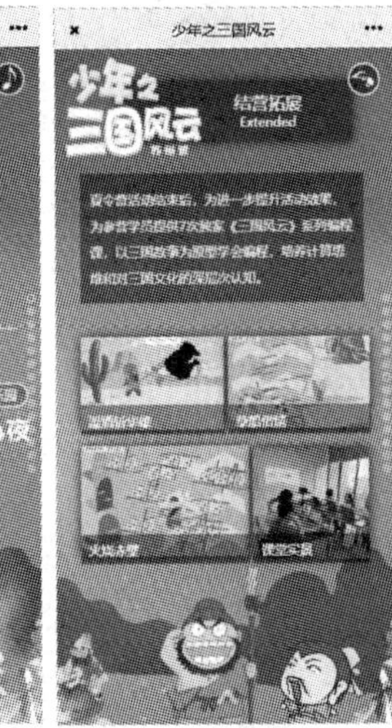

图 1-2　H5 宣传页参考效果图

图 1-3　H5 接龙页参考效果图

四、实验步骤与指导

1. H5 长图页制作

步骤 1:进入易企秀官网 https://www.eqxiu.com,使用第三方授权 QQ 或微信登录,亦可手动注册新账号。在上方搜索栏输入“同学聚会”,选择类型为长页,直接选择自己喜欢的模板。

步骤 2:准备文案,包括邀请函封面、聚会通知、聚会流程、展示图片、背景音乐和二维码等信息。

步骤 3:进入编辑界面后,可以修改文字,替换图片,添加动画效果,设置链接跳转等;选择对象后,右侧会出现修改窗格,如图 1-4 所示。

图 1-4 H5 长图页编辑界面与右侧修改窗格

步骤 4:完成设置后可以通过左上角的保存发布按钮进入作品发布设置界面,在预览核查无误后,可以通过二维码或者链接进行分享。

2. H5 宣传页制作

步骤 1:进入兔展官网 https://www.rabbitpre.com,使用第三方授权 QQ 或微信登录,或者手动注册新账号。在上方搜索栏输入“夏令营”,选择类型为翻页,直接选择自己喜欢的模板。

步骤 2:准备文案,包括夏令营介绍文本、夏令营行程、动态图像、历届展示图片、地图信息和背景音乐等信息。

步骤 3:进入编辑界面后,可以修改文字,替换图片,添加动画效果,设置触发方式等，选择对象后，右侧会出现修改窗格，如图 1-5 所示。

图 1-5　编辑界面与右侧修改窗格

步骤 4：完成设置后可以通过右上角的保存发布按钮进入作品发布设置界面，在预览核查无误后，可以通过二维码或者链接进行分享。

3. H5 接龙页制作

步骤 1：进入初页官网 http://www.ichuye.cn/，登录电脑版，使用微信扫码登录，或者手动注册新账号。在模板中心输入"接龙"，选择自己喜欢的模板。

步骤 2：准备文案，包括接龙文本内容、首页图片、背景音乐等信息。

步骤 3：进入编辑界面后，将接龙首页和自己的接龙信息填入，并通过微信分享，其他人可以在此基础上进行接龙编辑。与传统 H5 页面个人制作不同，接龙页可以进行协同制作，从而产生更具个性化的作品。

实验 2　简单图像处理

一、实验目的

（1）掌握集成化图像处理软件的使用。

（2）掌握在线抠图软件的使用。

二、实验环境

（1）硬件要求：处理器 Intel i3，内存要在 2GB 以上。

（2）运行环境：Windows 7/10。

（3）应用软件：美图秀秀、AI 自动抠图网站。

三、实验内容与要求

(1)使用“美图秀秀”软件处理一张人脸图片,达到美化图片的效果,如图 1-6 所示。

图 1-6 美图处理前后对比效果

(2)使用 removebg 在线工具进行智能化自动抠图,便于后期处理,如图 1-7 所示。

图 1-7 抠图处理前后对比效果

四、实验步骤与指导

1. 人脸美化

步骤 1:登录美图秀秀官网 https://pc.meitu.com,通过下载中心,下载美图秀秀经典版,并安装到本机中。

步骤 2:打开“美图秀秀”程序,通过“文件”→“打开”,打开一张需要修复的图片,选择“美容”→“磨皮祛斑”,通过右侧的效果选项达到美化图片的效果,对需要重点处理的图片区域,可以设置小画笔,强力度去除影响效果的斑点;若清晰度下降,则使用“锐化”效果提高图片的清晰度。

2. 智能抠图

步骤 1:登录网站 https://www.remove.bg/zh,通过右侧上传图片按钮选择一张需要消除背景的图片,等待一会儿后会自动出现已消除背景的图片。

步骤 2:通过编辑按钮打开编辑界面,可以虚化背景,添加新背景,或者直接选择下载,如图 1-8 所示。

注意:消除背景的图片文件的格式为 png 格式。

图 1-8　抠图后的编辑界面

实验 3　简单音视频处理

一、实验目的

(1)掌握格式转换软件的使用。

(2)掌握电子相册软件的使用。

二、实验环境

(1)硬件要求：处理器 Intel i3，内存要在 2GB 以上。

(2)运行环境：Windows 7/10。

(3)应用软件：格式工厂、MemoriesOnTv。

三、实验内容与要求

(1)使用格式工厂将一个视频文件转换为 MP4 格式。

(2)使用格式工厂将两段视频合并成一段视频。

(3)使用 MemoriesOnTv 软件制作一个电子相册，要求图片不少于 20 张，有背景音乐和转场特效。

四、实验步骤与指导

1. 视频格式转换

步骤 1:在电脑中下载安装格式工厂，打开格式工厂主界面，选择需要转换的视频格式，这里选择＞＞MP4 按钮，表示可以把所有格式的视频文件转换为 MP4 格式的视频文件，如图 1-9 所示。

图 1-9 格式工厂输出配置界面

步骤 2:点击输出配置,可以选择视频的质量、大小、字母和背景音乐等,也可以直接确定默认(缺省)设置,默认设置的视频参数(如帧频,比特率等)与原视频参数一致。

步骤 3:添加需要转换的视频文件,添加完之后,如果想截取视频片段,只需双击文件,选择截取后视频的开始时间和结束时间即可,如图 1-10 所示。

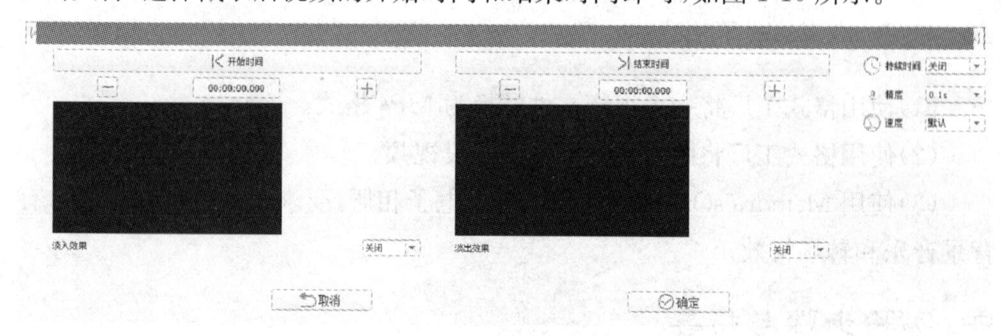

图 1-10 视频截取界面

步骤 4:回到初始界面,点击开始按钮进行转换,在转换状态栏会出现进度条,方便查看进度,转换完成后,再点击界面的输出文件夹就可以找到转换完成的视频了。如图 1-11 所示。

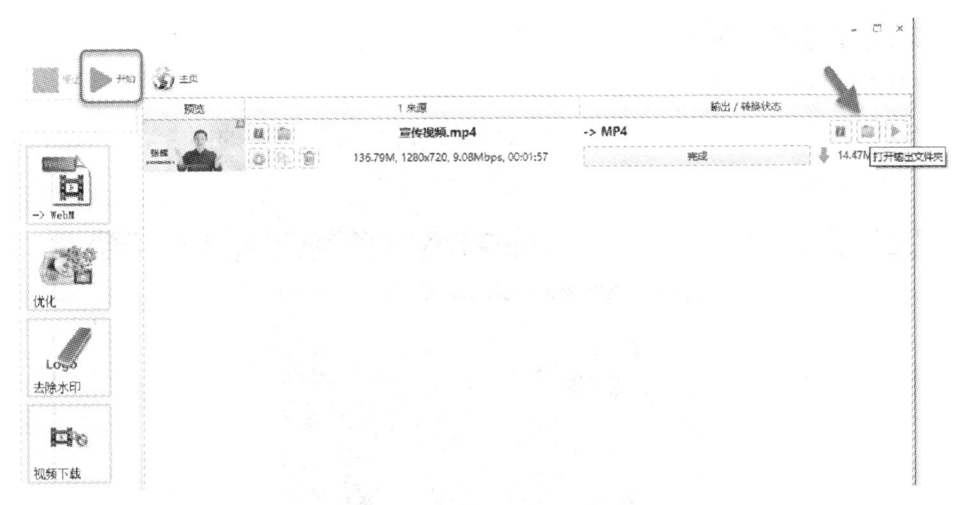

图 1-11　视频转换状态界面

注意:音频文件的截取也可以参照此方法。

2. 合并视频

步骤 1:单击格式工厂下方的“高级”选项按钮,弹出高级选项对话框,如图1-12所示。

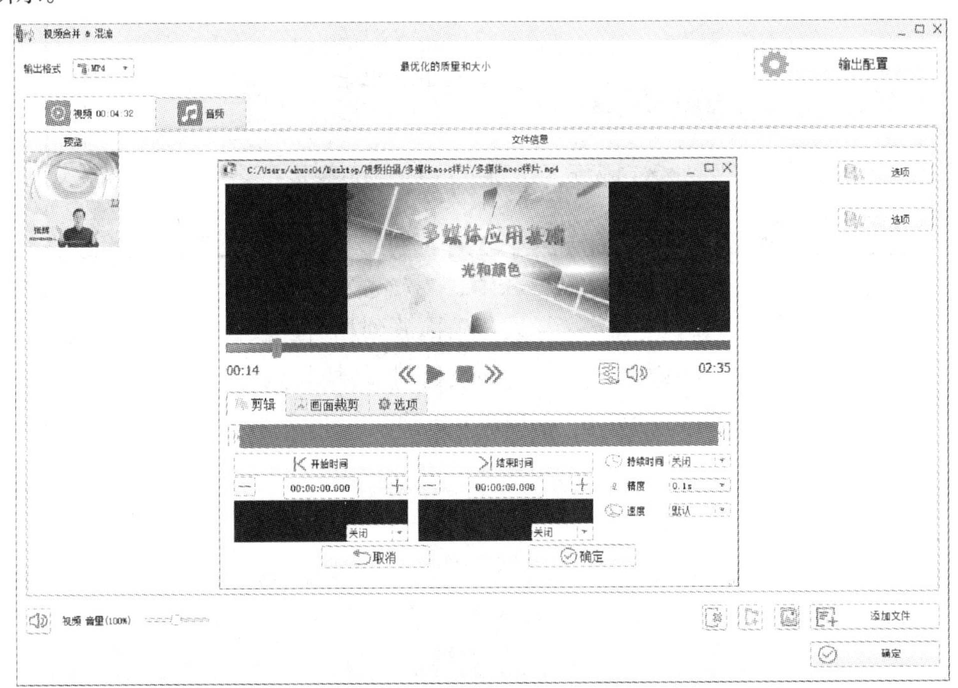

图 1-12　视频合并选择界面

步骤 2:在高级功能中,选择“视频合并”,弹出视频合并对话框,在输出配置窗口,添加要合并的两个或者多个文件,添加进去之后,也可以通过选项设置每个视频的开始时间和结束时间,回到主界面点击开始进行视频的合并。

3. 制作电子相册

步骤 1:打开 MemoriesOnTv 电子相册软件。

步骤 2:通过“导入”→“添加图片到相册”按钮,选择相关的图片,双击图片后设置特效、背景、字幕等信息,如图 1-13 所示。

图 1-13 “MemoriesOnTv”软件窗口界面

步骤 3:通过“音乐”,将选定的背景音乐拖放到相册区段。

步骤 4:通过“转场特效”应用图片特效、延时、转场特效等。

步骤 5:通过“方案”→“输出为 MPG 文件”,将电子相册以视频文件形式生成。

第2章　图形图像处理

相关知识

图形图像处理软件是在日常工作学习中使用频率较高的软件，其中最为优秀的是 Adobe 公司开发的 Photoshop，其专长在于图像处理，即对已有的位图图像进行编辑加工处理，或运用一些特殊效果。从功能上看，该软件可分为图像编辑、图像合成、校色调色及特效制作部分等。本章以 Photoshop CS5 为平台，通过六个实验，要求学生熟练掌握 Photoshop 的相关操作。众所周知，gif 动画由于制作简单且体积小，成为一种在网络上非常流行的图形文件格式。在 Photoshop 早期的版本中，捆绑了 ImageReady。但是从 Photoshop CS3 开始，Adobe 公司将 ImageReady 和 Photoshop 整合在一起，使得用户在 Photoshop 环境下即可轻松地制作 gif 动画。只需打开【窗口】菜单中的【动画面板】，即可完成 gif 二维动画制作。学生应熟练掌握使用 Photoshop 制作 gif 动画的相关方法。

Photoshop 是目前市场上知名度最高、拥有用户数最多的一种图像处理软件，它具有如下几个主要功能。

(1)平面设计。平面设计是 Photoshop 应用最为广泛的领域，无论是我们正在阅读的图书封面，还是大街上看到的招贴、海报，这些具有丰富图像的平面印刷品，基本上都需要 Photoshop 软件对图像进行处理。

(2)修复照片。Photoshop 具有强大的图像修复功能。利用这些功能，可以快速修复一张破损的老照片，也可以修复人脸上的斑点、眼袋等缺陷。

(3)广告摄影。广告摄影作为一种对视觉要求非常严格的工作，其最终成品往往要经过 Photoshop 的修改才能得到满意的图像效果。

(4)影像创意。影像创意是 Photoshop 的特长，通过 Photoshop 的处理可以将原本风马牛不相及的对象组合在一起，也可以使用“狸猫换太子”的手段使图像发生面目全非的巨大变化。

(5)网页制作。网络的普及是促使更多人学习 Photoshop 的一个重要原因。因为在制作网页时该软件是必不可少的网页图像处理软件。

(6)建筑效果图后期修饰。在制作建筑效果图时，包括许多三维场景，人物与配景，包括场景的颜色，常常需要在该软件中增加并调整。

(7)绘画。由于 Photoshop 具有良好的绘画与调色功能，因此，许多插画设计制作者往往先使用铅笔绘制草稿，再用该软件填色来绘制插画。除此之外，近年来非常流行的像素画也多由设计师使用 Photoshop 创作而成。

(8)绘制或处理三维贴图。在三维软件中,如果能够制作出精良的模型,而无法为模型应用逼真的贴图,则无法得到较好的渲染效果。实际上在制作材质效果时,除了需要依靠软件本身具有的材质功能之外,利用 Photoshop 也可以制作出在三维软件中无法得到的材质效果。

(9)视觉创意。视觉创意与设计是设计艺术的一个分支,此类设计通常没有非常明显的商业目的。由于他为广大设计爱好者提供了广阔的设计空间,因此越来越多的设计爱好者开始学习 Photoshop,并进行具有个人特色与风格的视觉创意。

实验 1 Photoshop 基本操作

一、实验目的

(1)熟悉 Photoshop CS5 的工作界面。

(2)熟练掌握工具箱中常用工具的使用方法和使用技巧。

(3)掌握图像色彩的调整方法。

(4)熟悉图层面板、路径面板中常用工具的使用,掌握图层的基本操作。

(5)熟练掌握选区的各种创建方法。

二、实验环境

(1)硬件要求:微处理器 Intel 奔腾 IV,内存要在 1GB 以上。

(2)运行环境:Windows 7/8。

(3)应用软件:Photoshop CS5。

三、实验内容与要求

(1)制作黑白字效果,如图 2-1 所示。

图 2-1　黑白字效果

(2)调整图像的颜色,图像调整前后的效果对比如图 2-2 所示。

(a) 调整前

(b) 调整后

图 2-2　图像色彩调整前后的对比图

(3)运用画笔工具,制作特殊的云彩效果,如图 2-3 所示。

图 2-3　使用画笔画出特殊图形

(4)根据已有的素材图,制作证件照,效果如图 2-4 所示。

（a）原图

（b）证件照

图 2-4　制作证件照

(5)制作一张邮票,效果如图 2-5 所示。

图 2-5　邮票

四、实验步骤与指导

1. 文字工具、图层面板的使用

步骤 1:新建一个 200×150 像素的文件,颜色模式为 RGB,背景为白色。

步骤 2:使用【横排文字工具】输入文字,在窗口上方的工具选项栏设置字体为黑体、60 点、黑色,在【图层面板】选中文字层,单击右键,将文字栅格化。

说明:对文字进行栅格化操作,即将文字转换为图片。此时才能对文字进行反相、滤镜等操作，但栅格化后，不能再对文字的字形等进行修改。

步骤 3：在【图层面板】右上方的弹出菜单中选择【向下合并】，如图 2-6 所示。将文字层和背景层合并。

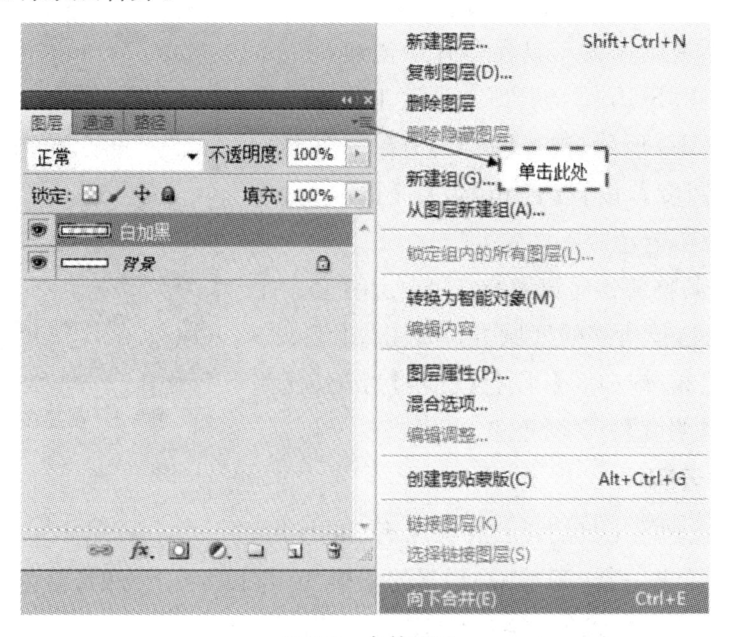

图 2-6 合并图层

步骤 4：在工具箱中选择【矩形选框工具】，选取图像下半部分，如图 2-7 所示。

图 2-7 创建矩形选区

步骤 5：选择【图像】菜单→【调整】→【反相】，完成黑白字效果。最后按 Ctrl+D取消选区。

2. 调整图像色彩

本例考查套索工具、快速选择工具的使用，以及色相/饱和度的设置。

步骤 1：打开素材图片，选择【图像】菜单→【调整】→【色相/饱和度】，设置【色相】为－35，【饱和度】为 0、【明度】为 0，不着色。

步骤 2：选择工具箱中的【套索工具】，在工具选项栏中设置合适的羽化值，如图 2-8 所示，这样会使被修改区域的边缘更柔和。然后在工具选项中勾选【消除锯齿】复选框。

图 2-8　工具选项栏

步骤 3:调整部分葡萄为紫色:使用【套索工具】或其他不规则选区工具在图片中创建一个不规则选区;使用 Shift 键结合所选选区工具选中多块区域,如图 2-9 所示;选择【图像】菜单→【调整】→【色相/饱和度】,设置【色相】为 0,【饱和度】为 25、【明度】为 0,着色。

图 2-9　创建多个选区

步骤 4:调整部分葡萄为紫红色:使用【套索工具】在图片上选择所需的区域,选择【图像】菜单→【调整】→【色相/饱和度】,设置【色相】为 346,【饱和度】为 58、【明度】为−5,着色。

3. 绘制云彩

本例考查画笔工具的设置和特殊笔刷的使用。

步骤 1:新建一个 400×400 像素的文档,单击工具箱下方的【拾色器面板】,如图 2-10 所示,设置前景色为＃81C1E9,采用相同的方法设置背景色为＃2785DA。

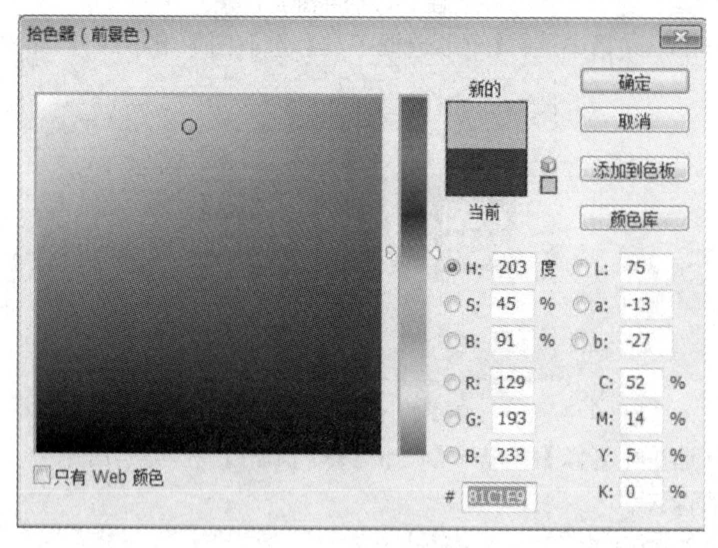

图 2-10　拾色器面板

步骤 2:选择工具箱中的【渐变工具】,在窗口上方的【渐变编辑栏】选择前景色到背景色的渐变(默认值),在【工具选项栏】中选择【线性渐变】,如图 2-11 所示,在画布上由下到上拖动填充背景,形成蓝天背景。

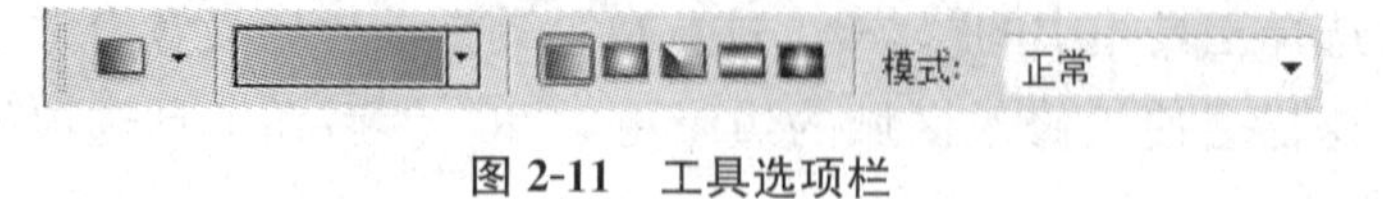

图 2-11　工具选项栏

步骤 3：选择工具箱中的【画笔工具】，按 F5 进入笔刷调板（或者选择【窗口】菜单→【画笔】）。对笔刷做如下设置。

①单击【画笔笔尖形状】，选择【柔角 100】，其他参数设置如图 2-12 所示。

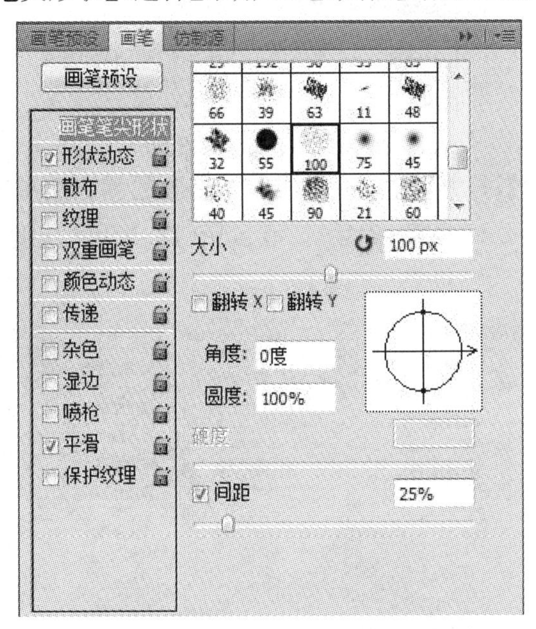

图 2-12　笔尖形状参数设置

注意：点击【画笔笔尖形状】后，才能弹出画笔的完整面板。

②点击【形状动态】，各参数设置如图 2-13 所示。

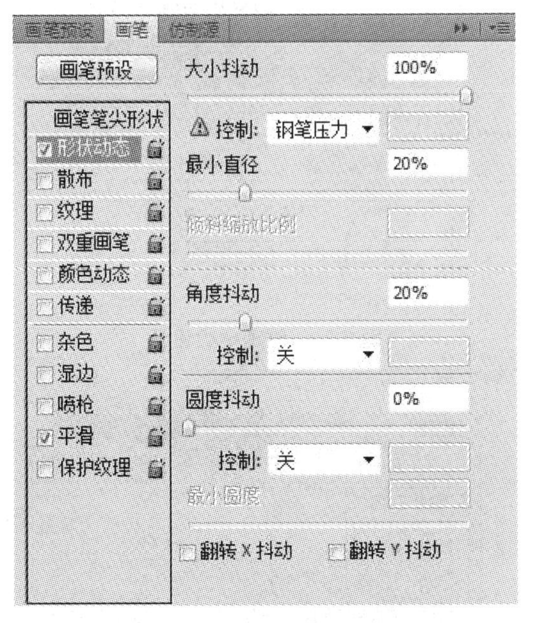

图 2-13　形状动态参数设置

③点击【散布】，各参数设置如图 2-14 所示。

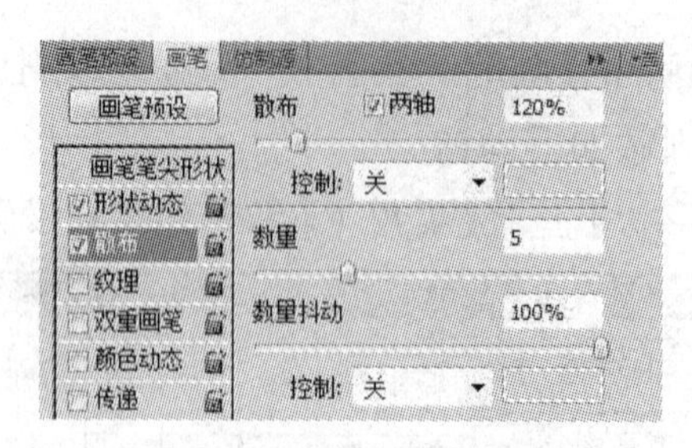

图 2-14 散布参数设置

④先点击【纹理】,打开【图案拾色器】,在右侧的弹出菜单中将【图案】追加到拾色器面板中,如图 2-15 所示;然后选择【云彩(128×128 灰度)】。其他各参数设置如图 2-16 所示。

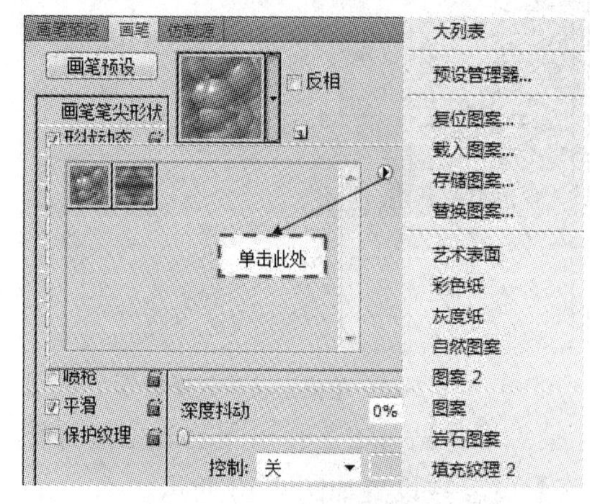

图 2-15 图案拾色器

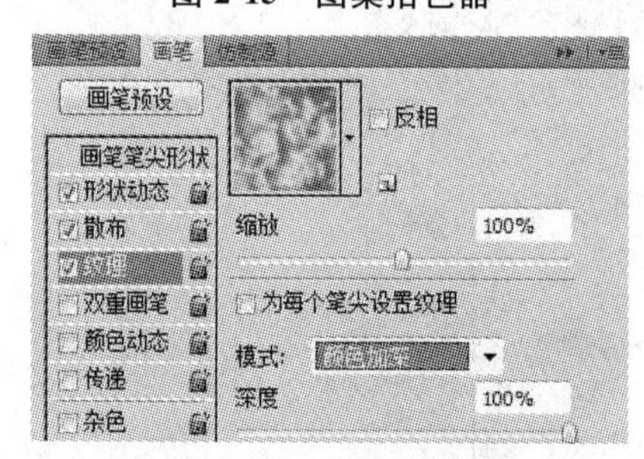

图 2-16 纹理参数设置

⑤点击【传递】,各参数设置如图 2-17 所示。

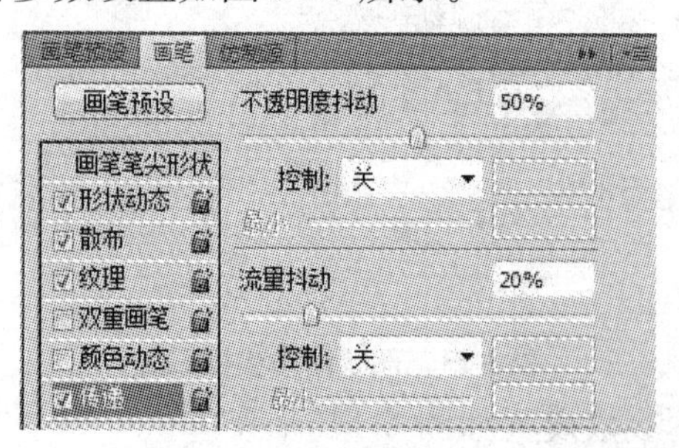

图 2-17 传递参数设置

步骤 4:在工具箱中选择【设置前景色】按钮,打开【拾色器面板】,将前景色设置为白色,使用画笔在画布空白处涂抹,即可绘制出心形、飞机等图案。

说明:合理改变笔刷的颜色,还可以制作出阴云密布的景象。

4. 制作证件照

本例考查裁剪、渐变、图案图章、填充等工具的使用。

步骤 1:打开素材图片,如图 2-18 所示,使用【裁剪工具】,在窗口上方工具选项栏中设置裁剪宽度为 2.5 厘米(或 295 像素),高度为 3.5 厘米(或 413 像素),分辨率为 300 像素,在照片的适合位置裁剪后按回车确定。裁剪结果如图 2-19 所示。

注意:

(1)裁剪时可以使用鼠标移动边缘以调整裁剪的区域。

(2)2.5 厘米×3.5 厘米是标准相纸尺寸,可容纳八张一寸图像的合适尺寸,可视具体情况另行设置。

图 2-18　原图

图 2-19　裁剪结果

步骤 2:创建选区。选择工具箱中【快速选择工具】,沿人物面部及主要区域创建选区,如图 2-20 所示。

（a）快速选择工具选取图像　（b）钢笔工具选取图像

图 2-20　选取图像

说明：抠图的方式有很多，后期熟练后推荐使用【钢笔工具】绘制路径，可以同时按住 Ctrl 键使用鼠标调整各个锚点的位置和弯曲的弧度，但最后必须按 Ctrl＋Enter 将钢笔绘制的路径转换为选区。如果在操作过程中不小心将选区取消，可以单击【窗口】菜单→【路径】，在【路径面板】中恢复所绘制的路径。

步骤 3：建立选区后，按 Ctrl＋J 复制选区得到一个新的图层，再用【橡皮】等工具擦除选区内多余的区域以达到精细确定选区的目的。

说明：

（1）Ctrl＋J 表明复制选区中的内容到一个新图层中。

（2）此处橡皮擦在选项栏选取合适大小和柔边笔触效果较好。

（3）擦除时可将图像放大进行精细擦除。

步骤 4：选中背景层，设置前景色为蓝色（＃005480）、背景色为白色，使用【渐变工具】从上到下在画面上拖动，如图 2-21 所示。

图 2-21　用渐变填充背景

步骤 5：为照片添加边缘。

①在图层面板里将两个图层合并。

②选择【图像】菜单→【画布大小】，勾选【相对】，将宽度和高度均设置为 47 像素，这样就可以给照片加上白色边。

步骤 6：将图像定义为图案。按 Ctrl＋A 全选图像，然后选择【编辑】菜单→【定义图案】菜单项，在弹出的【图案名称】对话框的【名称】栏里输入名字。

步骤 7:先新建文件约为 1370×921 像素(或 11.6×7.8 厘米),分辨率为 300(一般证件照要求分辨率较高),然后选择【编辑】菜单→【填充】,再选择填充图案(如图 2-22 所示),或选择工具箱中的【图案图章】在画布上涂抹,最终效果如图 2-23 所示。此时使用照片纸打印出来即可。

注意:单击【图案图章】后,在工具选项中选择定义的图案才能进行复制,如图 2-23 所示。

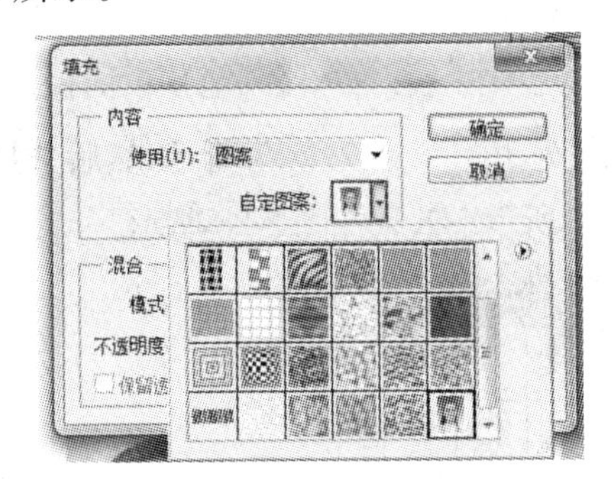

图 2-22　选中填充图案

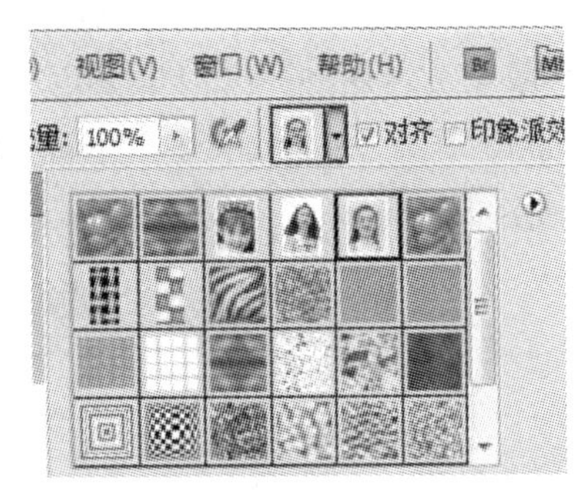

图 2-23　图案图章工具选项

5. 制作邮票

本例考查 PS 基本工具的使用、图层面板、路径面板的相关操作。

步骤 1:先打开素材中安大南门的图片,使用【矩形选框工具】或者同时按住 Ctrl+A 键选中图中所有区域,选择【编辑】菜单→【复制】,然后打开素材中的背景图片,选择【编辑】菜单→【粘贴】,如图 2-24 所示。

图 2-24　复制图像

图 2-25　变换选区

步骤 2:先激活【图层面板】,选中图层 1 的同时按住 Ctrl 键,将图层作为选区载入,然后选择【图层】菜单→【变换选区】,将选区扩大(同时按住 Alt 等比例缩放),如图 2-25 所示,然后按 Enter 键确认。

步骤 3:新建图层 2,为该图层填充白色(可以利用背景色填充),并将其拖至图层 1 下方。打开【路径面板】,单击【从选区生成工作路径】按钮,如图 2-26 所示。

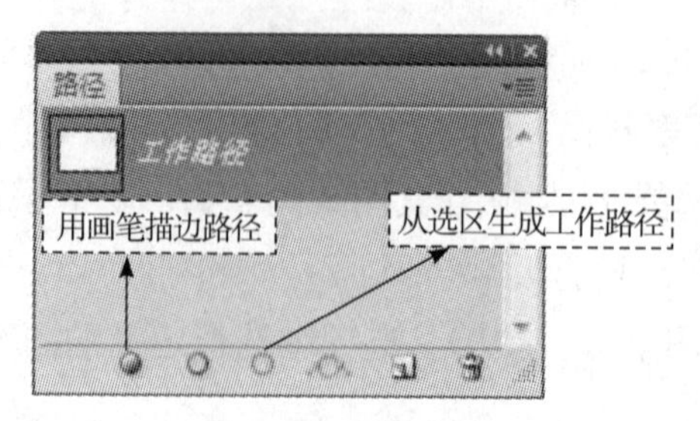

图 2-26 路径面板

步骤 4:先使用【橡皮擦工具】,点击上方的选项栏 ,打开【画笔预设面板】,选择 30 像素的硬笔刷,选择【硬度】为 100%,【间距】为 150%,如图 2-27 所示,然后选择【路径面板】中的【用画笔描边路径】按钮,如图 2-26 所示。效果如图 2-28 所示。

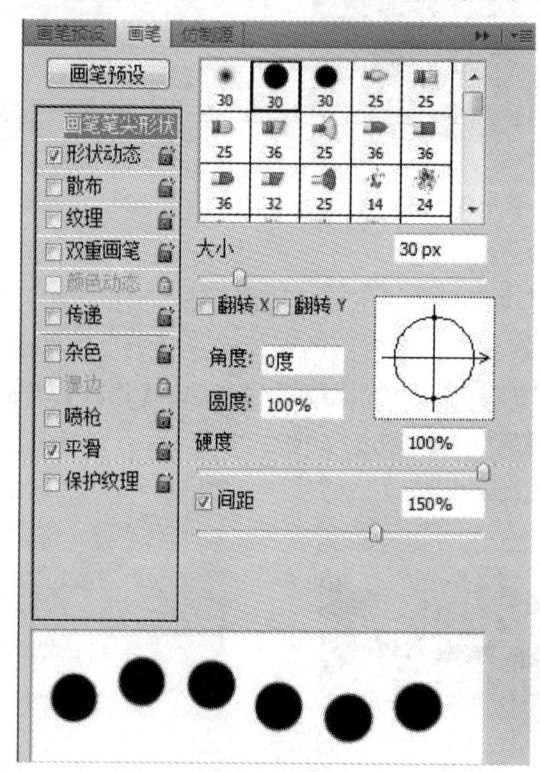

图 2-27 设置画笔的笔刷

图 2-28 初步效果图

步骤5：在【路径面板】删除当前工作路径。

步骤6：激活图层面板，在图层1上方新建图层3，创建一个选区，如图2-29所示，并描2像素白边（选择【编辑】菜单→【描边】）后取消选区。

图2-29　创建选区

步骤7：新建图层4，输入“中国邮政”“80分”等文字，并设置合适的字体和大小，最终效果如图2-5所示。

实验2　图层的基本操作

一、实验目的

（1）熟练掌握文字工具的使用和特效文字的创建方法。

（2）熟练掌握图层的各种相关操作方法。

（3）熟练掌握图层样式的设置方法。

（4）掌握图层混合模式的应用。

二、实验环境

（1）硬件要求：微处理器Intel奔腾Ⅳ，内存要在1GB以上。

（2）运行环境：Windows 7/8。

（3）应用软件：Photoshop CS5。

三、实验内容与要求

（1）制作多张照片拼接的效果图，如图2-30所示。

图 2-30 拼接照片

(2)制作浮雕文字效果,如图 2-31 所示。

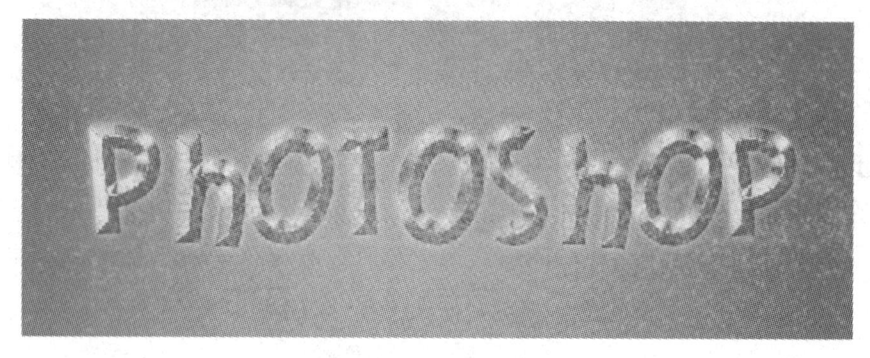

图 2-31 浮雕文字

(3)使用相关工具,清除照片上的杂物,如图 2-32 所示。

(a) 原图

(b) 效果图

图 2-32 修饰前后对比图

(4)给素材图片里的汽车换个颜色,色彩调整前后对比如图 2-33 所示。

(a) 原图白色

(b) 效果图粉色

图 2-33 汽车换色前后对比图

四、实验步骤与指导

1. 拼接照片

本例考查图层的相关操作及图层样式的设置方法。

步骤1：打开背景素材图片中的bg.jpg。

步骤2：打开素材文件1.jpg，使用工具箱中的【椭圆选框工具】，在人物区域创建一个椭圆选区，并选择【编辑】菜单→【拷贝】，选择【编辑】菜单→【粘贴】，将选区的内容粘贴至新层中，得到新的“图层1”。选择【编辑】菜单→【描边】，对该层描8像素白边，效果如图2-34所示。

图2-34　描边效果

步骤3：打开素材2.jpg，改用【矩形选框工具】创建选区，复制，描边步骤同上一步，之后选择【编辑】菜单→【变换】→【旋转】（或按Ctrl＋T），将其旋转一定角度，如图2-35所示。

图2-35　移动、旋转图层

步骤4：采用相同的方法将素材3.jpg中的人物也复制到bg.jpg中，做出拼接的效果，此时图层面板如图2-36所示。

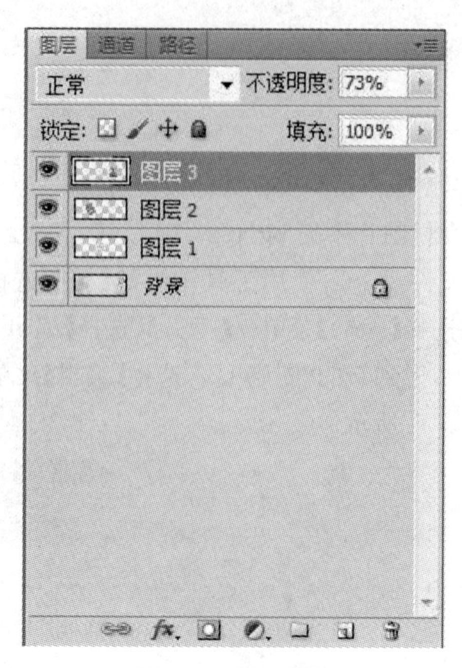

图 2-36 图层面板

说明:

(1)步骤 4 图片需要用到【编辑】菜单→【变换】→【水平翻转】,做出镜像效果。

(2)最后可更改各个图层的透明度来简单调和整体色调。

2. 制作浮雕字

本例考查图层样式的使用。

步骤 1:新建文件,尺寸为 700×300 像素,在工具箱下方设置前景色为#4EA6D0,背景色为#195081。

步骤 2:先选择【渐变工具】,在工具选项栏的【渐变编辑器】中选择【类型】为【前景到背景】,如图 2-37 所示,然后选择【径向渐变】,如图 2-38 所示,最后从图片中心沿右下角拖动鼠标创建径向渐变。

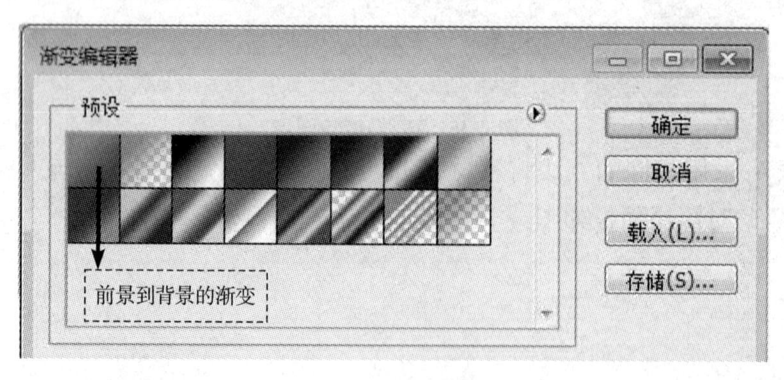

图 2-37 渐变编辑器

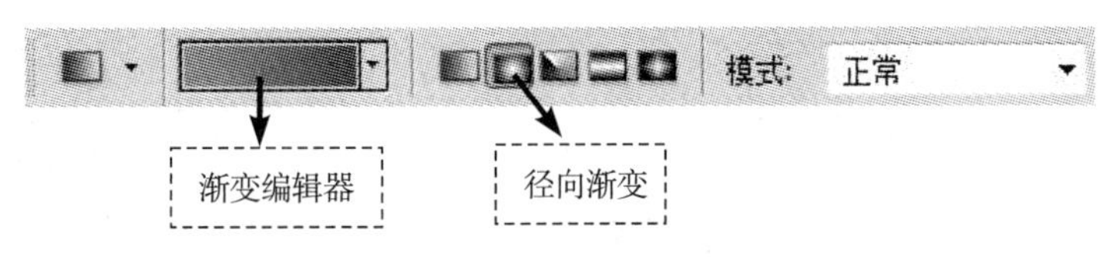

图 2-38 工具选项栏

步骤 3:输入文字,设置字体为“Mail Ray Stuff”,尺寸为 150 点,字体颜色为＃3684A1,效果如图 2-39 所示。

注意:如果机器中没有这种字体,可以将素材中的字体“Mail Ray Stuff”复制到 C:\windows\fonts 文件夹下进行安装。

图 2-39 初步效果

步骤 4:在【图层面板】右击文字图层,选择【栅格化文字】。

注意:栅格化后,文字即被打散为图片,文字层变为图片层,此时文字将不再能被修改。

步骤 5:选中文字层,选择【图层】菜单→【图层样式】→【混合选项】(或者双击【图层面板】中的文字图层),打开【图层样式】对话框,应用如下风格。

①【内阴影】:设置颜色为＃023E63、距离为 0、大小为 8。

②【外发光】:设置混合模式为亮光、颜色为＃72FEFF,大小为 10、范围为 100%。

③【内发光】:设置混合模式为叠加、颜色为＃CFFCFF、阻塞为 10、大小为 30。

④【斜面与浮雕】:设置样式为内斜面、方法为雕刻清晰、深度为 250、大小为 50。取消使用全局光选项。改变高度为 15 度,光泽等高线为环形(第 2 行第 2 个),勾选消除锯齿框。最后,改变阴影模式的颜色为＃3C596B,参数设置如图 2-40所示。

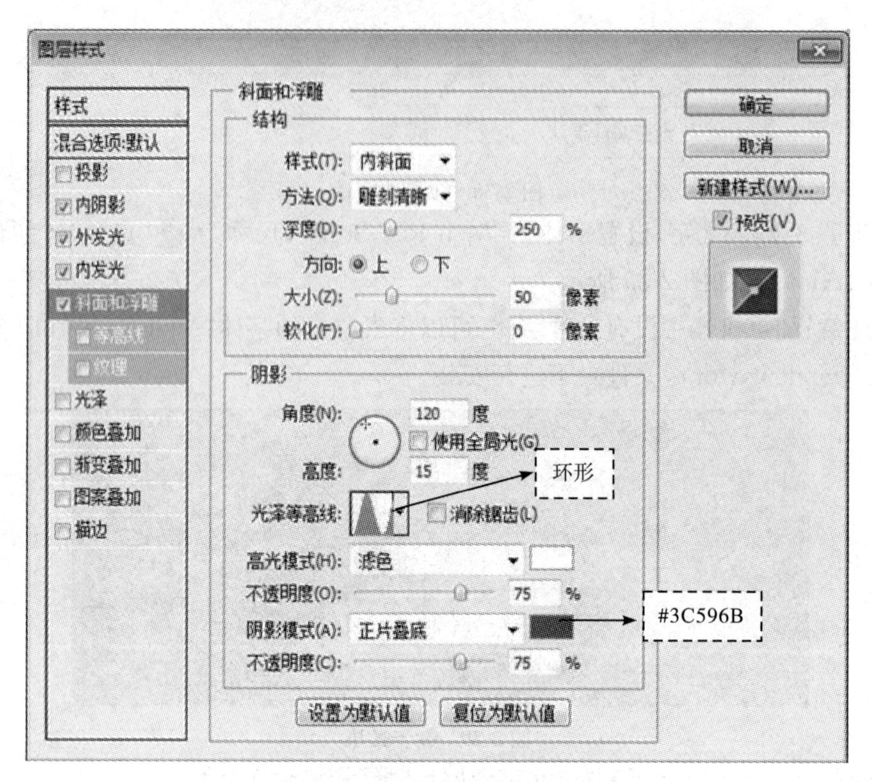

图 2-40　斜面与浮雕参数设置

⑤【等高线】:选择环形,勾选消除锯齿复选框。此时效果如图 2-41 所示。

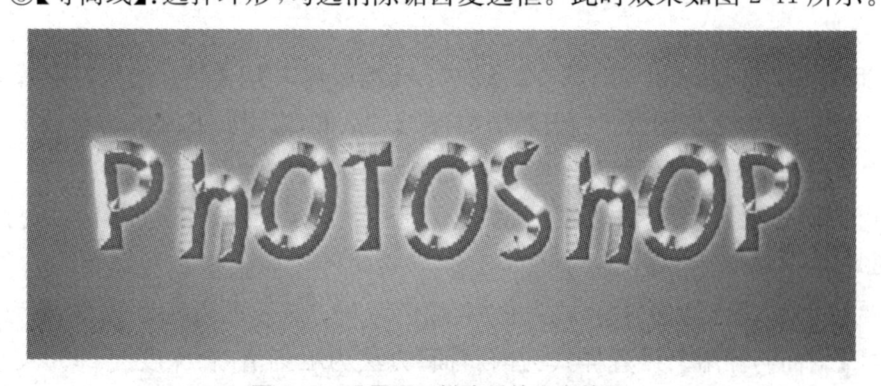

图 2-41　设置图层样式后的文字效果

步骤 6:在背景层的上方创建一个新图层,重命名为"点缀",打开【画笔面板】,进行如下设置。

①在【画笔笔尖形状】中选择星形 26 像素,设置圆度为 50%,如图 2-42 所示。

②在【形状动态】中设置大小抖动和角度抖动均为 100%。

③在【散布】中,先改变散布为 1000%,并勾选两轴复选框,改变数量为 3,然后在该层上使用画笔刷几下,作为文字的点缀,最终效果如图 2-31 所示。

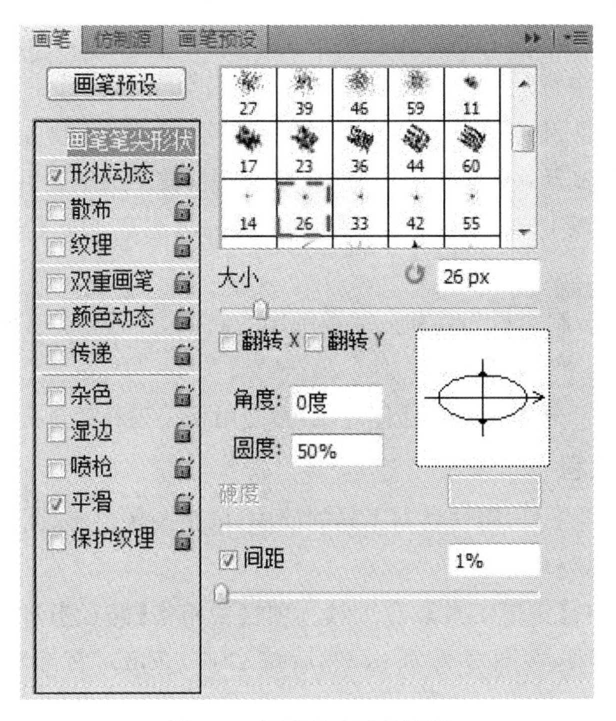

图 2-42　画笔笔尖形状设置

3. 清除照片上的杂物

本例考查仿制图章等修补工具的使用。

步骤 1:打开素材图片,选择工具箱中的【磁性套索工具】将人物抠出来,建立选区后按 Ctrl+J 复制到新图层上。

说明:使用【磁性套索工具】可以用鼠标单击某个位置来创建系统没有自动创建的锚点。

步骤 2:清除草地上的垃圾袋。

方法一:

先选择工具箱中的【套索工具】,在工具选项栏中设置羽化半径为 6 像素,如图 2-43 所示,选择背景层上的一块干净的草地,按 Ctrl+J 复制到新层中,然后使用【移动工具】将这块草地移动,以覆盖垃圾袋,这样草地上的垃圾袋就被清除了。

注意:设置羽化半径是为了边缘更加平滑,画面显得更加真实。

图 2-43　设置羽化半径

方法二:

①将背景层解锁。

②选中背景层,单击工具箱中的【仿制图章工具】,同时按住 Alt 键,使用鼠标在干净的草地上单击,即创建数据源。

③创建数据源后，在垃圾袋上使用鼠标来回拖动以覆盖垃圾袋。

步骤 3:先选中背景层，使用【套索工具】或【钢笔工具】选中一块干净的木板部分，按 Ctrl+J 复制成一个新的图层，然后将该层移动到人物左边的塑料袋上。

步骤 4:再复制几块木板层并移动到合适位置，按 Ctrl+T 可以进行缩放。

步骤 5:重复以上步骤，选中背景层，结合【仿制图章工具】，逐渐消除人物右边的杂物。

注意:使用【仿制图章工具】时，为了制作的效果更加逼真，在复制时需要不停地建立数据源。

步骤 6:细节部分如果没有处理好，继续使用相关工具处理完善即可。

4. 给汽车换色

本例考查钢笔工具、磁性套索工具的使用，调整图像色彩、图层样式等操作。

步骤 1:打开素材图片。

步骤 2:先选择【钢笔工具】，在工具选项栏中单击【路径】，如图 2-44 所示，将汽车轮廓勾选出来，如图 2-45 所示，然后按 Ctrl＋Enter 将绘制的路径变换为选区。

图 2-44 工具选项的设置

图 2-45 钢笔绘制汽车轮廓

注意:

(1)如果在工具选项栏中选择【形状图层】，则勾选的路径将会被黑色蒙版挡住，为操作带来不便。

(2)在绘制路径的过程中，如果某一步出错，可以按 Del 删除错误的锚点，删除后再用鼠标单击最后正确的那个锚点，否则又会创建一个新的路径。

(3)如果不小心取消了选区，可以通过【窗口】菜单→【路径】，在【路径面板】中恢复，如图 2-46 所示。

图 2-46 路径面板

(4)路径绘制完毕后,可以同时按下 Ctrl 键拖动鼠标进行修改。

步骤 3:选择【文件】菜单→【新建】,新建一个尺寸为 600×600 像素的文件。将选中的车复制至新文件中。

步骤 4:使用【磁性套索工具】或【魔棒工具】将需要换颜色的地方选出来。(可以先选中除白色以外的所有区域,再反选)

注意:增加选区可以同时按 Shift 键,减少选区用 Alt 键。

步骤 5:新建图层,设置前景色为#FF00FF,按 Alt+Del 在新图层上填充选区,在【图层面板】中设置新图层的【混合模式】为【颜色】,观察变色后的效果,如图 2-33(b)所示。

实验 3 滤镜的使用

一、实验目的

(1)掌握风格化、扭曲、模糊等滤镜的使用方法。

(2)熟练掌握渐变工具的设置和使用。

(3)熟练掌握图像色彩调整的各种方法。

二、实验环境

(1)硬件要求:微处理器 Intel 奔腾 IV,内存要在 1GB 以上。

(2)运行环境:Windows 7/8。

（3）应用软件：Photoshop CS5。

三、实验内容与要求

（1）制作简单漂亮的花朵，效果如图 2-47 所示。

（2）制作光晕效果，如图 2-48 所示。

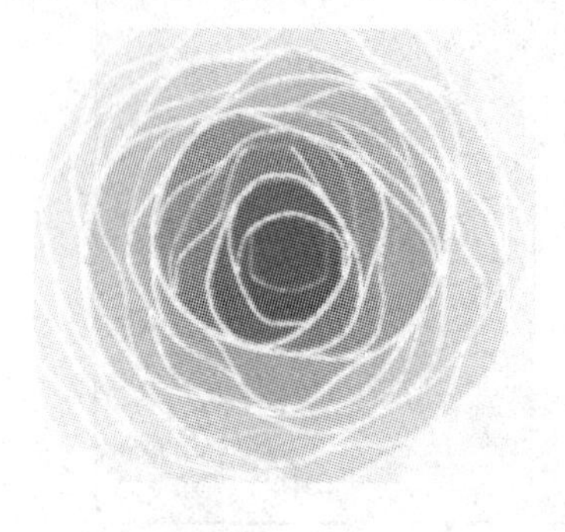

图 2-47 简单漂亮的花朵

图 2-48 光晕

（3）制作火焰字的效果，如图 2-49 所示。

图 2-49 火焰字

（4）制作棒棒糖图片，如图 2-50 所示。

图 2-50 棒棒糖

四、实验步骤与指导

1. 制作简单漂亮的花朵

本例考查晶格化等滤镜的使用。

步骤 1: 新建文件，设置尺寸为 500×500 像素、颜色模式为 RGB、72 分辨率。

步骤 2: 先设置前景色为玫红色，选择【渐变工具】，在窗口上方的选项栏中单击【渐变编辑器】，在弹出的对话框中选择【前景色到透明】的径向渐变，然后从画布中心向四周拖动，绘制一个中心向四周发散的径向渐变效果，如图 2-51 所示。

图 2-51　径向渐变

步骤 3: 选择【滤镜】菜单→【像素化】→【晶格化】，设置【单元格大小】为 50。

步骤 4: 选择【滤镜】菜单→【艺术效果】→【绘画涂抹】，设置【画笔大小】为 50，【锐化程度】为 10，【画笔类型】为火花，效果如图 2-47 所示。

2. 光晕效果的制作

本例考查极坐标等滤镜的使用、色彩的调整方法。

步骤 1: 新建一个 400×400 像素的文档，将背景填充为黑色。

步骤 2: 选择【滤镜】菜单→【渲染】→【镜头光晕】，将中心点移至画布中央，如图 2-52 所示。

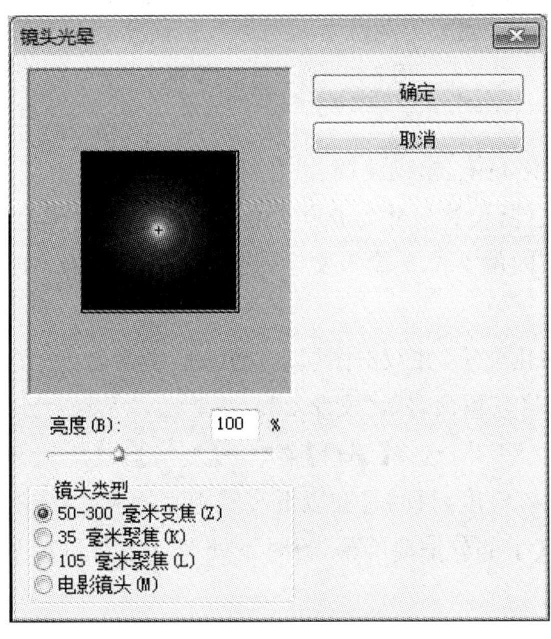

图 2-52　镜头光晕参数设置

步骤 3:选择【滤镜】菜单→【风格化】→【风】,将【方法】选为风,将【方向】选为从右。

步骤 4:再次使用【风】滤镜,设置【方法】为风、【方向】为从左。

步骤 5:打开【滤镜】菜单→【扭曲】→【极坐标】,选择【平面坐标到极坐标】。

步骤 6:选择【图像】菜单→【图像旋转】→【90 度(顺时针)】,将画布顺时针旋转 90 度。

步骤 7:通过色相/饱和度调整色彩,勾选"着色"复选框,参数设置参考图 2-53。

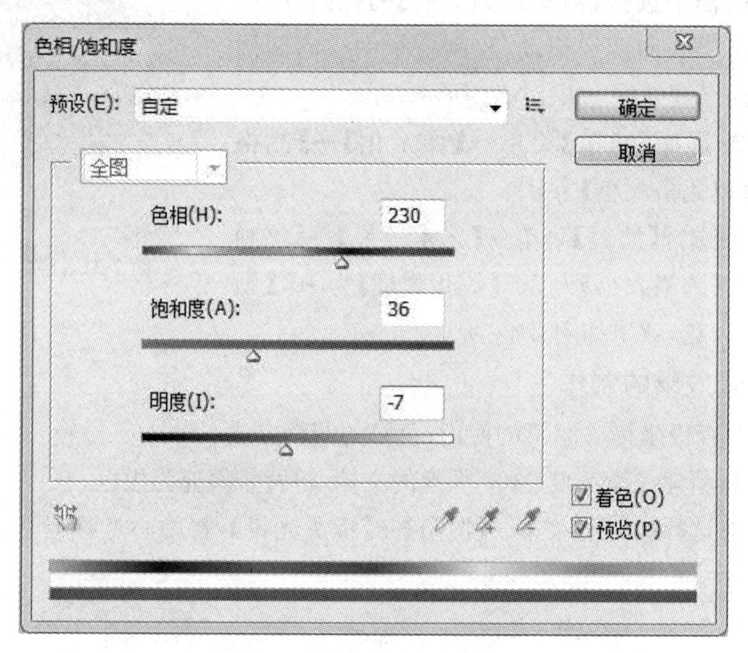

图 2-53 调整色相/饱和度

3. 火焰字

本例考查风格化滤镜、模糊滤镜、液化滤镜的使用。

步骤 1:新建文件,设置尺寸为 600×400 像素、背景为黑色。

步骤 2:在画布内偏下位置输入文字,设置文字字体为 Arial、大小为 100 点、颜色为白色。

步骤 3:先栅格化文字,并双击图层名,将该层重命名为"文字 1",然后复制文字层,得到新图层,将其重命名为"文字 2"。

步骤 4:选中"文字 2",选择【编辑】菜单→【变换】→【旋转 90 度(顺时针)】,使"文字 2"顺时针旋转 90 度,目的是在以下步骤中利用风吹(向右)滤镜效果产生火焰向上效果,此处文字部分偏离屏幕,暂时不处理。如图 2-54 所示。

图 2-54 变换“文字 2”层

步骤 5:先选择【滤镜】菜单→【风格化】→【风】,弹出【风】对话框,设置【方法】为风、【方向】为从左,然后重复操作 2 次以加强效果。

步骤 6:选择【编辑】菜单→【变换】→【旋转 90 度(逆时针)】,此时文字产生偏离。选择【移动工具】移动“文字 2”,使文字重叠,效果如图 2-55 所示。

图 2-55 初步效果

步骤 7:复制“文字 2”图层,得到新图层“文字 3”。选择【滤镜】菜单→【模糊】→【高斯模糊】,设置【模糊半径】为 1.7。

步骤 8:先在“文字 3”图层下方新建一个图层填充黑色,然后将黑色图层与“文字 3”合并为一个图层,命名为“图层 1”。

步骤 9:选中“图层 1”,选择【滤镜】菜单→【液化】,先用大画笔涂出大体走向,再用小画笔突出小火苗,如图 2-56 所示。

图 2-56 液化后的效果

步骤 10:先选择【图像】菜单→【调整】→【色相/饱和度】,勾选【着色】,设置【色相】为 42、【饱和度】为 100,将文字被调整为橙色,然后将调色后的“图层 1”复制一份,并将新图层的【混合模式】改为【叠加】,加强火焰的效果。

步骤 11:先选中“文字 2”图层,选择【滤镜】菜单→【模糊】→【高斯模糊】,设置【模糊半径】为 3,然后在“文字 2”图层下方新建一个图层并填充黑色,再将黑色图层和“文字 2”图层合并,将该层移动至顶层。

步骤 12:重复之前的操作,液化后再调色,其中【色相/饱和度】的参数设置如图 2-57 所示。并设置【图层混合模式】为【强光】,效果如图 2-58 所示。

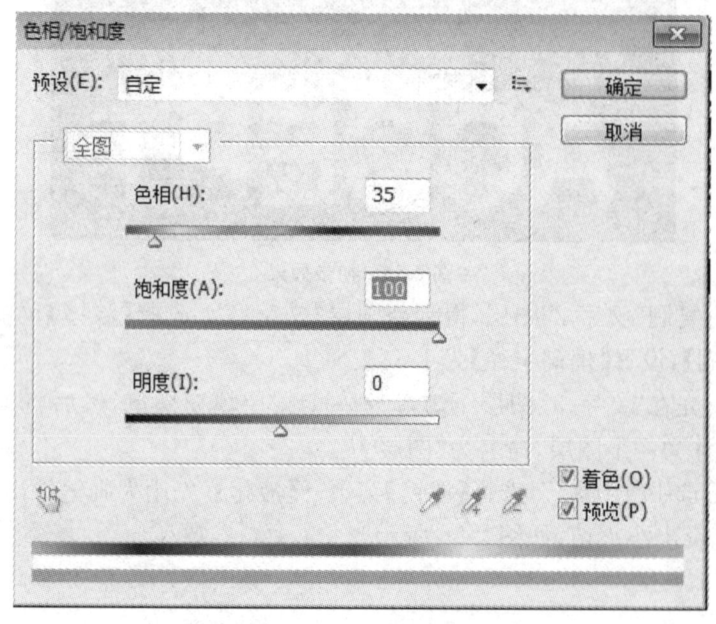

图 2-57 色相/饱和度的参数设置

图 2-58　加强火焰效果

步骤 13:先将"文字 1"移为顶层,选中该层的同时按 Ctrl 键,将文字作为选区载入,设置前景色为＃FFE104、背景色为＃D74D18,然后使用【渐变工具】在文字选区内填充由上到下的前景色到背景色的线性渐变,最终效果如图 2-49 所示。

4. 制作棒棒糖

本例考查半调图案滤镜的使用、变换选区的方法与图层样式的设置。

步骤 1:新建文件,设置尺寸为 500×500 像素、颜色模式为 RGB、分辨率为 72。

步骤 2:设置前景色为黄色(＃FFFF00),背景色为橙色(＃FFA800),选择【滤镜】菜单→【素描】→【半调图案】,设置【大小】为 12、【对比度】为 0、【图案类型】为直线,效果如图 2-59 所示。

步骤 3:选择【滤镜】菜单→【扭曲】→【旋转扭曲】,设置【角度】为 899。

步骤 4:先使用【椭圆选框工具】,按住 Shift 键在图像中心绘制一个正圆,选取一部分涡旋图案,如图 2-60 所示,然后按 Ctrl＋J 复制选区为新的图层,命名为"糖果",再将背景图层填充为白色。

图 2-59　半调图案效果

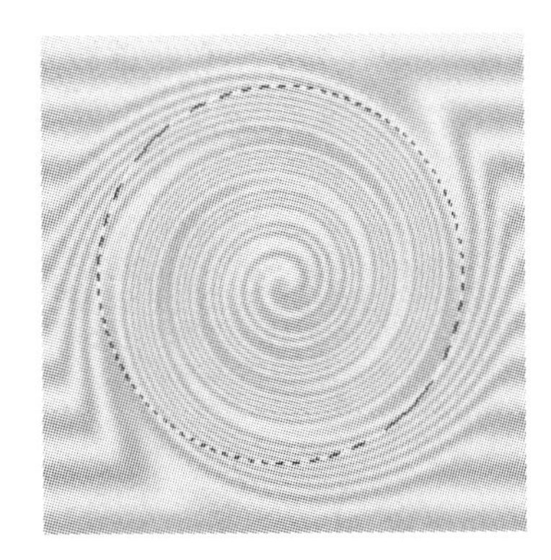

图 2-60　创建正圆选区

步骤 5:选中"糖果层",按 Ctrl＋J 调整合适的大小,在【图层面板】双击"糖果”图层调出图层样式对话框，选择【斜面和浮雕】，设置样式为内斜面，其他参数设置如图 2-61 所示。

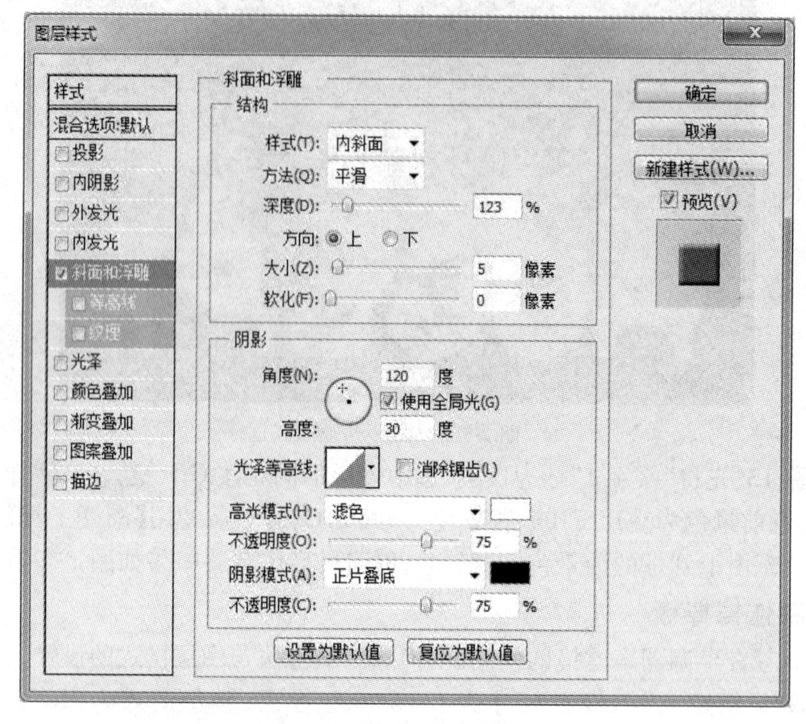

图 2-61　图层样式参数设置

步骤 6：制作棒棒糖的杆子。

①选择背景图层，设置前景色为绿色（#429D05），背景色为白色，使用【滤镜】菜单→【素描】→【半调图案】，参数同前。

②先选择矩形选框工具，绘制一个长矩形，然后按 Ctrl+J 复制出来，命名为“杆”，并移动到合适位置，再将该层置于“糖果”图层之下，最后将背景图层填白，如图 2-62 所示。

图 2-62　初步效果

③做出杆子的立体感：选中“杆”图层，添加图层样式【内阴影】，不勾选全局光，设置【角度】为 30，【大小】为 20。

步骤 7：将“糖果”层和“杆”层合并，在其【图层样式】中勾选【投影】，设置【角度】为 45 度、【距离】为 8、【大小】为 10。

五、拓展练习

【练习一】给褶皱的衣服添加图案，如图 2-63 所示。

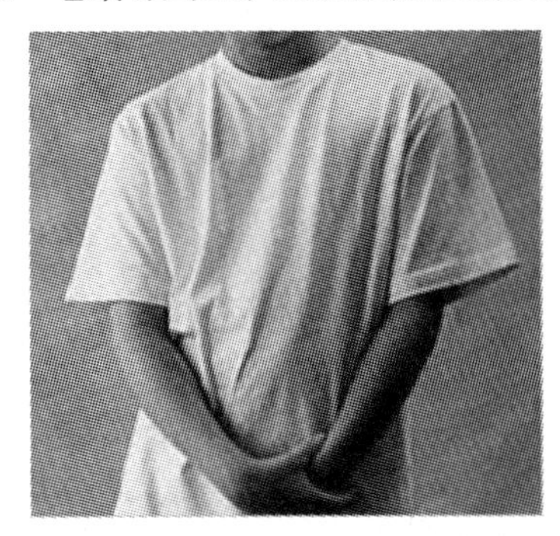

（a）原图

（b）效果图

图 2-63　添加图案前后效果对比

步骤 1：打开素材中的原始图片。选择【文件】菜单→【另存为】，在弹出的对话框中选择【格式】为 PSD 文件，将文件保存成 PSD 文件。在下面的操作中，使用置换滤镜时可以将该文件作为置换对象。

步骤 2：新建一个图层，使用【椭圆选框工具】在图片上创建一个圆形选区，并为选区填充黄色(＃FFFF00)，如图 2-64 所示。

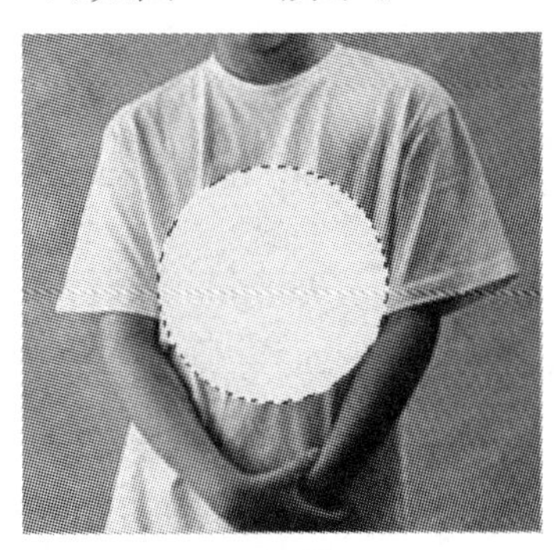

图 2-64　填充选区

步骤 3：按 Ctrl＋D 取消选区。使用【文字工具】，输入如图 2-63(b)所示的文字，为其设置合适的字形、大小等。

步骤 4：首先对圆形图案采用变形滤镜。

①选中圆形图层，选择【滤镜】菜单→【扭曲】→【置换】，参数设置如图 2-65 所示，置换图选择步骤 1 中保存的 PSD 文件。

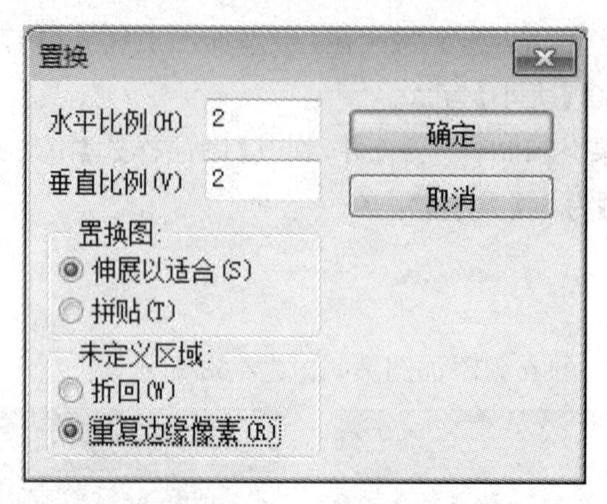

图 2-65 置换滤镜

②将圆形图层的【图层混合模式】调整为【颜色加深】。

步骤 5:先选中文字层,将其栅格化,然后选择【置换滤镜】,【水平比例】和【垂直比例】可适当减少为 1,再将文字层的混合模式设置为【叠加】。

说明:

置换滤镜是一个较为复杂的滤镜,它可以使图像产生位移。位移效果不仅取决于设定的参数,而且取决于位移图片(即置换图)的选取。它会读取位移图中像素的色度数值来决定位移量,并以此来处理当前图像中的各个像素。其中,水平比例用来调整置换滤镜水平的比例,垂直比例用来调整置换滤镜垂直的比例。

需要注意的是,置换图必须是一幅 PSD 格式的图像。

【练习二】使用滤镜修改实验 2 中的蓝色浮雕字,使其达到更好的效果,如图 2-66 所示。

图 2-66 蓝色浮雕字

步骤 1:按照实验 2 中蓝色浮雕字制作浮雕初步效果。

步骤 2:打开【图层面板】,按住 Ctrl 键的同时单击文字层创建文字选区。在文字层上方新建一个图层,重命名为"文字 2"。

注意:选中某图层的同时按 Ctrl 键,表示将该图层载入选区,此时需要单击该层的图标处,而不是图层名的位置。

步骤 3:设置前景色为 #7FB9CE、背景颜色为 #4E6E86,选择【滤镜】菜单→【渲染】→【云彩】,然后按 Ctrl+D 取消选区。

步骤 4:选择【滤镜】菜单→【艺术效果】→【粗糙蜡笔】,参数设置如图 2-67 所示。

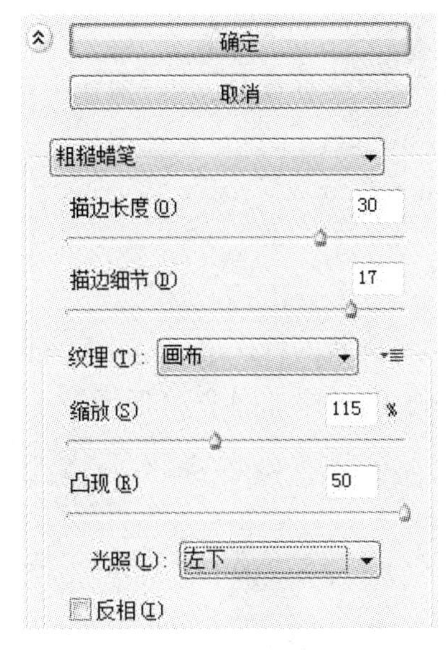

图 2-67　粗糙蜡笔参数设置

步骤 5:设置“文字 2”层的【图层混合模式】为叠加。

步骤 6:先在所有图层的上方创建一个新层,使用【画笔工具】,选择一个柔软的圆形笔刷,大小约为 50 像素,设定前景色为＃FFFFFF,使用柔软的笔刷开始点击文本中明亮的区域,如图 2-68 所示,然后改变其【图层混合模式】为叠加。这样,将使高光部分看起来更亮。最终效果如图 2-66 所示。

图 2-68　画笔修饰明亮的区域

实验 4　蒙版的使用

一、实验目的

(1)熟练掌握快速蒙版的应用。

(2)掌握图层蒙版、矢量蒙版的使用方法。

(3)熟练掌握蒙版中画笔、橡皮等工具的使用。

(4)了解路径与选区各自不同的创建方法,并掌握它们的相互转换方法。

二、实验环境

(1)硬件要求:微处理器 Intel 奔腾 IV,内存要在 1GB 以上。

(2)运行环境:Windows 7/8。

(3)应用软件:Photoshop CS5。

三、实验内容与要求

(1)利用快速蒙版创建螺旋状的特殊选区,如图 2-69 所示。

(2)图像合成:渐隐的鸭子,效果如图 2-70 所示。

图 2-69 创建螺旋状选区

图 2-70 渐隐的鸭子

(3)使用矢量蒙版截取部分图像,效果如图 2-71 所示。

图 2-71 矢量蒙版截取部分图像

(4)使用图层蒙版替换部分图像,制作两幅图像拼接的效果,如图 2-72 所示。

图 2-72　两幅图拼接的效果

(5)制作环环相扣的奥运五环旗,效果如图 2-73 所示。

图 2-73　奥运五环旗

(6)制作多幅图拼接的效果,如图 2-74 所示。

图 2-74　多幅图拼接的效果

四、实验步骤与指导

1. 创建螺旋状选区

本例考查利用快速蒙版创建特殊选区的方法。

步骤 1:打开一幅背景图片,在其中任意位置创建一个椭圆选区,如图 2-75 所示。

图 2-75 创建选区

步骤 2:先单击工具箱中【以快速蒙版模式编辑】按钮,如图 2-76 所示,然后选择【滤镜】菜单→【扭曲】→【旋转扭曲】,设置角度为 999 度。

注意:设置角度时,预览可见螺旋形状,与之前第一步椭圆选区的大小和形状有关,如若效果不佳,可按"取消"按钮,返回上一步自行调整选区。

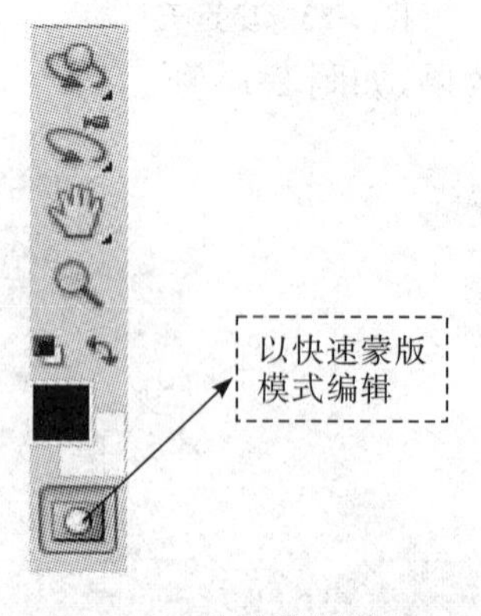

图 2-76 快速蒙版按钮

步骤 3:点击上一步同一按钮,已经变成"以标准模式编辑"按钮,回到标准编辑模式下,此时螺旋状选区创建完毕,填充任意颜色观看效果。

说明:快速蒙版可以快速创建不规则选区,实验 1 的证件照例题已经说明快速蒙版的用法。

2. 渐隐的鸭子

本例考查图层蒙版的使用。蒙版实质上就是遮挡。

步骤 1:在素材中的小鸭图片上使用【魔棒工具】选中小鸭旁边的白色背景,选择【选择】菜单→【反选】,为整个鸭子创建选区。

步骤 2:使用【移动工具】将小鸭拖到沙丘中,此时产生一个新的图层。

步骤 3:按 Ctrl+T 变换鸭子的大小并将其移动到合适的位置。

注意:变换图像大小时,同时按住 Alt 键表示围绕中心点缩放;同时按住 Shift 键表示等比例缩放。

步骤 4:在【图层面板】中选中小鸭图层,单击【添加图层蒙版】按钮(或者使用【图层】菜单中相关选项),如图 2-77 所示。

图 2-77 图层面板

步骤 5:选择【渐变工具】在小鸭身上从下到上拉动黑白线性渐变,此时看到鸭子渐隐在沙丘中,效果如图 2-70 所示。

3. 使用矢量蒙版替换部分图像

本例考查图层蒙版的使用。

步骤 1:打开素材中的沙丘和向日葵两幅图片,分别双击背景层解锁。

步骤 2:先选择工具箱中的【自定义形状工具】,在工具选项栏中选择【路径】和心形图案,如图 2-78 所示,然后在向日葵图片上绘制一个心形的路径。

图 2-78 工具选项栏参数设置

步骤 3:选择【图层】菜单→【矢量蒙版】→【当前路径】,此时可以看到在【图层面板】上产生一个矢量蒙版,黑色表示遮挡的部分,白色表示显示的部分。

步骤 4:使用【移动工具】将心形区域复制到沙丘图片中。

4. 使用蒙版替换部分图像

本例考查图层蒙版的使用。

步骤 1:打开素材中的牧场小屋图片,调整图像模式为 RGB 颜色。

步骤 2:先使用【钢笔工具】选择牧场小屋图片中门的区域,然后按 Ctrl+Enter 将其变换为选区。

注意:

(1)【钢笔工具】绘制的是路径,必须将其转换为选区才能完成后续的操作。

(2)在操作过程中如果不小心取消了选区,可以选择【窗口】菜单→【路径面板】恢复路径和选区。

步骤 3:先设置背景色为白色,按 Ctrl+T 自由变换选区,将门的宽度缩小,如图 2-79 所示,然后选择【编辑】菜单→【变换】→【扭曲】,用鼠标拖动右上和右下两个点实现变形,按 Enter 确认,这就做出了门打开的效果,如图 2-80 所示。

图 2-79 缩小门宽

图 2-80 将门拉动变形

步骤 4:按 Ctrl+D 取消选区,使用魔棒在打开的门外空白处单击,看到门外部分被选中。

步骤 5:打开素材中的棕榈树图片,使用【矩形选框工具】选择图像中所有区域,选择【编辑】菜单→【拷贝】,激活牧场小屋图片,选择【编辑】菜单→【选择性粘贴】→【贴入】。

此时可以看到,粘贴进来的棕榈树成为新的图层,刚才创建的白色选区成为该层的图层蒙版，选区之外的图像都被蒙版遮挡。

5. 制作奥运五环旗

本例考查路径的创建与图层蒙版的应用。

步骤 1:新建文件，尺寸为 700×400、白色背景、RGB 模式。

步骤 2:绘制第一个圆环。

①新建图层，命名为“蓝”。使用【椭圆工具】结合 Shift 键绘制一个正圆。

注意:该图形是一个路径而非选区。

②使用【路径选择工具】选定该圆，选择【编辑】菜单→【拷贝】，然后选择【粘贴】。

③按 Ctrl＋T 自由变换，在工具选项栏中设置缩放 80％，如图 2-81 所示。

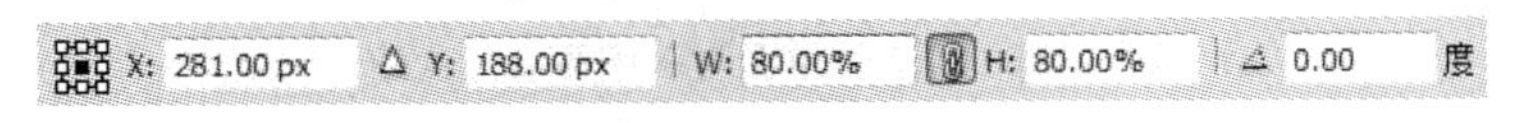

图 2-81　工具选项栏

④使用【路径选择工具】选定 80％的圆，在选项工具栏单击【从形状区域减去】按钮，如图 2-82 所示。

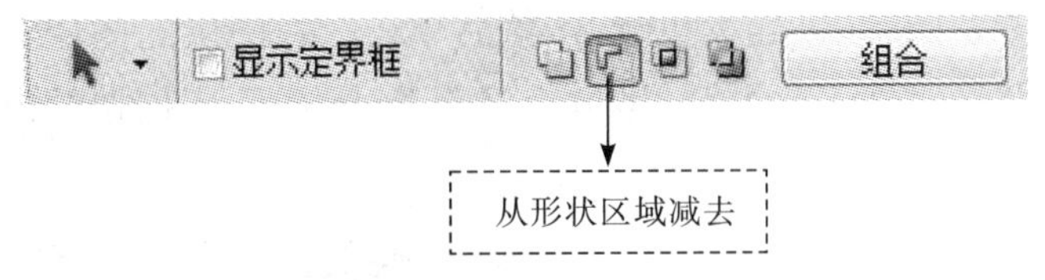

图 2-82　从形状区域减去

⑤使用【路径选择工具】同时选定两个圆，在选项工具栏单击【组合】，至此，第一个圆环制作完成。

⑥打开【路径面板】，此时在该面板中有一个圆环路径，即为刚才绘制的圆环，按住 Ctrl 键的同时单击该路径将其转换为选区，回到【图层面板】，选中“蓝”图层，填充蓝色。

步骤 3:选中“蓝”图层，按 Ctrl＋J 四次，复制四个圆环图层，依次命名为“黄”“黑”“绿”“红”，并将它们移动到合适的位置上。

步骤 4:选中“黄”图层，使用【魔棒工具】选中蓝色区域，填充黄色。依照此方法给其他圆环图层填充相应的颜色，效果如图 2-83 所示。

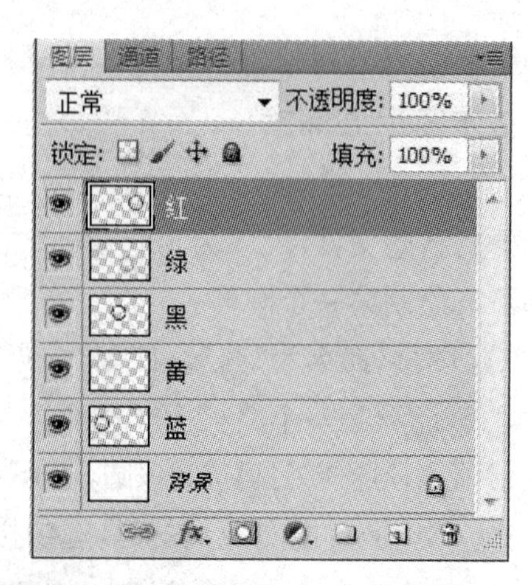

图 2-83 初步效果图与各图层叠放次序

步骤 5:制作环环相套的效果。

①先选中“黄”图层,使用【魔棒工具】选中所有黄色部分,即创建黄色选区,然后添加图层蒙版。

②先选中“蓝”图层,创建蓝色选区,然后单击“黄”图层的图层蒙版,设置背景色为黑色,使用【橡皮擦工具】擦除下方交叉部分,形成两环相扣的效果,如图 2-84 所示。

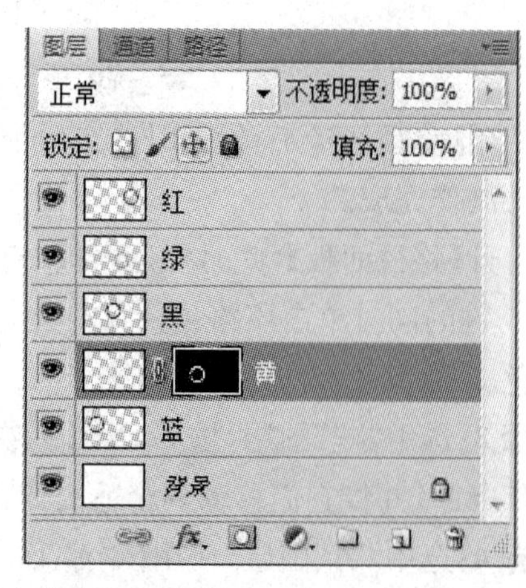

图 2-84 两环相扣效果与图层面板

说明:若此时设置前景色为黑色,则使用【画笔工具】会形成两环相扣的效果。因为在蒙版中,白色表示显示,黑色表示遮挡。

③重复上述步骤制作五环相扣的效果,最终效果如图 2-73 所示。

6. 多幅图片拼接的效果

本例考查蒙版的综合应用。

步骤 1:打开素材中的“蓝天与大海”和“香港建筑物”两幅图片,并以“蓝天与大海”图像作为整个合成图像的背景图片。

步骤 2:拼接建筑物图像。

①将“香港建筑物”图片拷贝到背景图片中，为了便于区分和记忆，在【图层面板】中改变该图层的名称为“建筑物”。

②将“建筑物”图层作为当前图层，按 Ctrl＋T 将它等比例缩小，并移动到背景图片的右上角位置。

③先选择【图层】菜单→【图层蒙版】→【显示全部】，然后选择【渐变工具】，在工具选项栏中选择【前景色到背景色渐变】【径向渐变】选项，设置前景色为白色、背景色为黑色，在图像上自中心到四周拖曳鼠标，效果如图 2-85 所示。

注意：为了更好地融入效果，渐变距离可以缩短。

图 2-85 拖入建筑物并设置效果

④改变图层的不透明度：将【图层面板】中的【不透明度】值调整为 60%。注意观察图像窗口的变化。

步骤 3：拼接汽车图像。

①打开素材中的汽车文件，并将它移到合成图像窗口中。

②选择【橡皮工具】并设置它的大小与硬度，擦除其他内容，只留下汽车图像。

说明：也可以将羽化半径设置为 3 像素，使用【多边形套索工具】选取小汽车的轮廓。

③将汽车调整到合适的大小并移动到合成图的公路上。

④选择【滤镜】菜单→【风格化】→【风】，在弹出的对话框中设置【方法】为风、【方向】从左。

⑤选择【滤镜】菜单→【模糊】→【动感模糊】，在弹出的对话框中设置【角度】为 32、【距离】为 5 像素，给汽车赋予一种运动模糊，表现汽车在行驶中的动感效果。最终效果如图 2-74 所示。

实验 5 通道的使用

一、实验目的

(1)掌握通道的创建方法。

(2)熟练掌握通道与选区的相互转换。

(3)掌握使用通道修正图像色彩的方法。

二、实验环境

(1)硬件要求:微处理器 Intel 奔腾 IV,内存要在 1GB 以上。

(2)运行环境:Windows 7/8。

(3)应用软件:Photoshop CS5。

三、实验内容与要求

(1)给照片制作一个相框,如图 2-86 所示。

(2)制作丝线团的效果图,如图 2-87 所示。

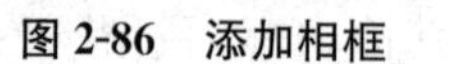

图 2-86 添加相框

图 2-87 丝线团局部效果图

(3)给照片添加特殊的边框和文字效果,如图 2-88 所示。

（a）原图

（b）添加相框和文字

图 2-88　添加效果前后对比图

（4）使用通道校正色彩被损坏的图片，校正前后效果如图 2-89 所示。

（a）图片校正前

（b）图片校正后

图 2-89　使用通道校正偏色图像

四、实验步骤与指导

1. 添加相框

本例考查通道与选区相互转换的方法。

步骤 1：打开素材图片，设置背景色为黑色。

步骤 2：先按 Ctrl＋A 全选，选择【窗口】菜单→【通道】，打开【通道面板】，然后单击面板下方的【将选区存储为通道】按钮，将选区保存为 Alpha 1 通道，如图 2-90 所示。按 Ctrl＋D 取消选区。

步骤 3：切换到【图层面板】，选择【图像】菜单→【画布大小】，调整画布的尺寸，长宽各扩大 100 像素。

步骤 4：切换到【通道面板】，按住 Ctrl 键的同时单击 Alpha 1 通道，此时得到选区。选择【选择】菜单→【反向】命令选中相框部分。

步骤 5：选择【滤镜】菜单→【杂色】→【添加杂色】，参数设置如图 2-91 所示。

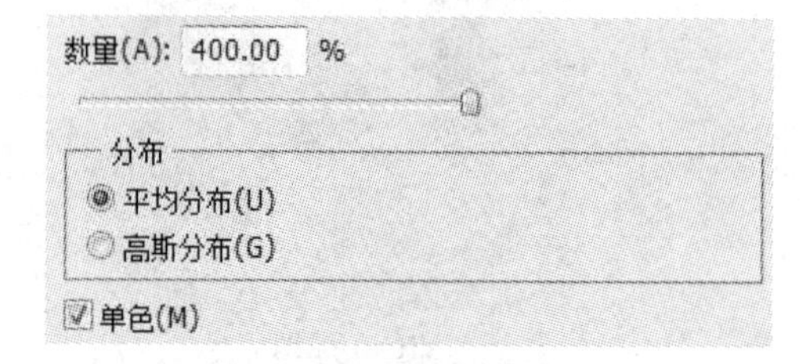

图 2-90 将选区存储为通道

图 2-91 添加杂色参数设置

步骤 6:选择【滤镜】菜单→【模糊】→【动感模糊】,设置【角度】为 0 度、【距离】为 12。

步骤 7:确认相框为选择区域,选择 RGB 通道,按 Ctrl+J 将相框复制一份到新的图层中,并为该图层添加【斜面与浮雕】效果,选中【内斜面】选项,设置【深度】为 200、【大小】为 5、【角度】为 166。

2. 丝线团

本例考查通道存储颜色的方法。

步骤 1:新建文件,设置尺寸为 500×500、分辨率为 72,背景填充黑色。

步骤 2:在【图层面板】中选择【通道】标签,新建通道“Alpha1”,如图 2-92 所示。

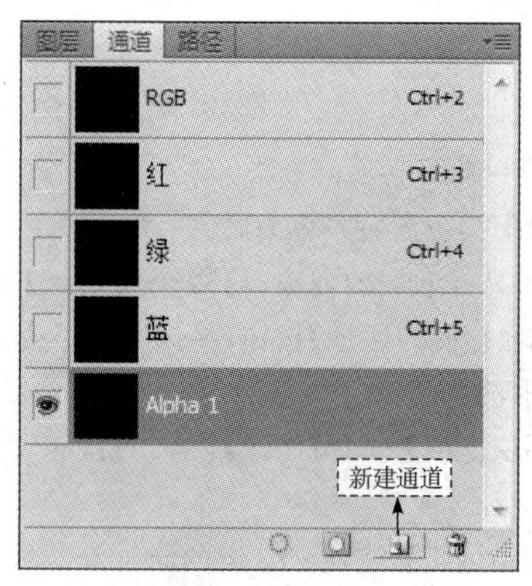

图 2-92 新建通道

步骤 3:选择【滤镜】菜单→【渲染】→【分层云彩】。

步骤 4:选择【滤镜】菜单→【杂色】→【中间值】,将【半径】设置为 30 像素。

步骤 5:选择【滤镜】菜单→【风格化】→【查找边缘】。

步骤 6:选择【图像】菜单→【调整】→【色阶】,参数设置如图 2-93 所示。

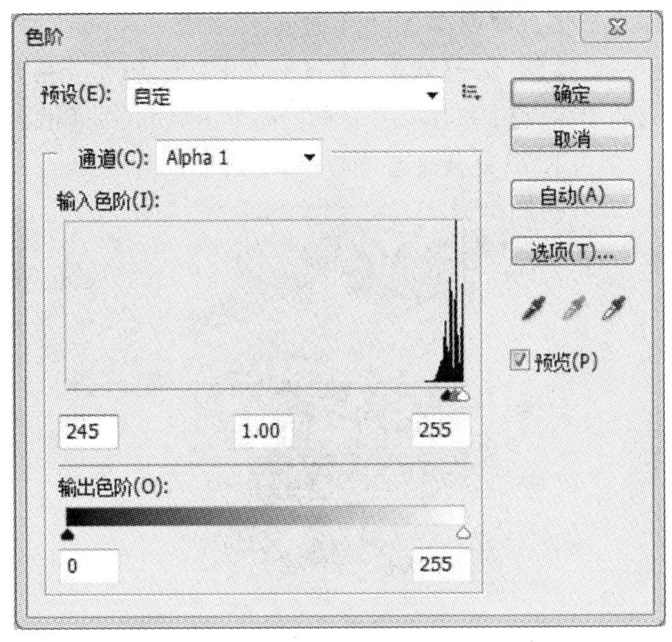

图 2-93 调整色阶

步骤 7:按住 Ctrl 并单击 Alpha1,此时转换为选区,返回图层面板,新建图层 1,观察窗口可以发现已经载入了 Alpha1 的选区。

步骤 8:选择【选择】菜单→【反选】,并用白色填充选区。

说明:通道可以用来保存选区或存储颜色。

3. 为照片添加特殊边框及文字

本例考查通道的灵活运用、像素化等滤镜的使用。

步骤 1:打开素材图片。

步骤 2:选择【矩形选框工具】,在工具选项栏中设置羽化半径为 80 像素,然后创建一个选区,如图 2-94 所示。

图 2-94 创建选区

步骤 3:先选择【选择】菜单→【反向】命令反选选区,在【通道面板】中单击【将选区存储为通道】按钮,此时创建 Alpha1 通道,然后激活 Alpha1 通道视图。

步骤 4:选择【滤镜】菜单→【像素化】→【晶格化】,设置【单元格大小】为 86。

步骤 5:在【通道面板】中按住 Ctrl 键的同时单击 Alpha1 通道载入选区,如图 2-95 所示。然后单击 RGB 复合通道关闭 Alpha1 通道。

图 2-95 载入选区

步骤 6:返回【图层面板】,设置前景色为＃F29A75,新建图层,用 Alt＋Del 填充前景色。

步骤 7:选择【滤镜】菜单→【锐化】→【USM 锐化】,设置【数量】为 500％、【半径】为 5 像素、【阈值】为 10 色阶,确定后重复执行 USM 锐化一次。

说明:USM 锐化简单地说就是可控制色阶范围和像素范围的锐化。其主要参数的意义如下。

①数量:控制锐化效果的强度。

②半径:用来决定边沿强调的像素点的宽度。如果半径值为 1,则从亮到暗的整个宽度是 2 个像素;如果半径值为 2,则边沿两边各有 2 个像素点,那么从亮到暗的整个宽度是 4 个像素。半径越大,细节的差别越清晰,但同时会产生光晕。需要注意的是,最好在设置的时候不要超过 1 个像素,需要的话,可以重复锐化的次数。

③阈值:决定高于多大反差的相邻像素边界可以被锐化处理,而低于此反差值就不可以被锐化处理。阈值的设置是避免因锐化处理而导致斑点和麻点等问题的关键参数,正确设置后就可以使图像既保持平滑的自然色调(例如背景中纯蓝色的天空),又可以对变化细节的反差进行强调。此项在设置的时候,推荐值在 3 或 4。需要注意的是,过度锐化会伤害图片。

步骤 8:设置图层 1 的【图层混合模式】为【差值】、【不透明度】为 65％。

步骤 9:先输入文字,设置合适的字体和大小,颜色为＃1AD615,然后栅格化文字。

步骤 10:在文字层选择【滤镜】菜单→【像素化】→【彩色半调】,参数设置如图 2-96 所示。

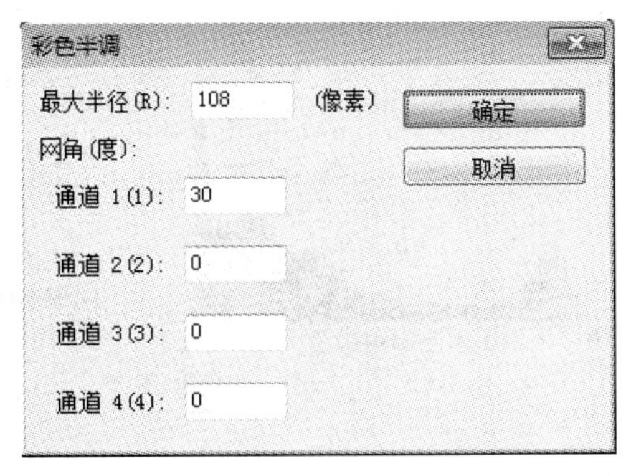

图 2-96　彩色半调参数设置

步骤 11:设置文字层的【图层混合模式】为【正片叠底】、【不透明度】为 50%,效果如图 2-88(b)所示。

说明:在【彩色半调】对话框中,【最大半径】用来设置半调图案中最大圆点的大小。

4. 校正图片

本例考查通道在调整图像色彩方面的应用。

步骤 1:打开素材图片。

步骤 2:这是一幅严重偏黄的照片。下面打开【通道面板】检查 RGB 三个通道是否正常,RGB 通道图如图 2-97 所示。依次点击红、绿、蓝通道,发现红、绿通道比较正常,而蓝色通道几乎全黑,下面主要针对蓝色通道进行修复。

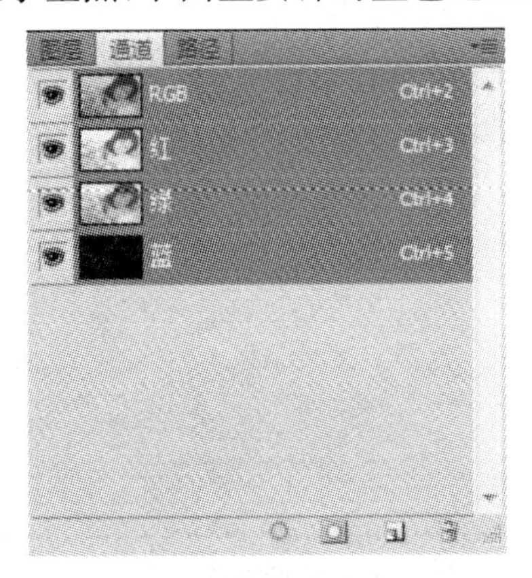

图 2-97　通道面板

步骤 3:首先点击红色通道,选择【图像】菜单→【调整】→【色阶】,发现直方图两端都欠缺,移动左右两个黑白滑标,使它们与峰线对齐后,如图 2-98 所示,此时可以发现图像明暗开始增强。

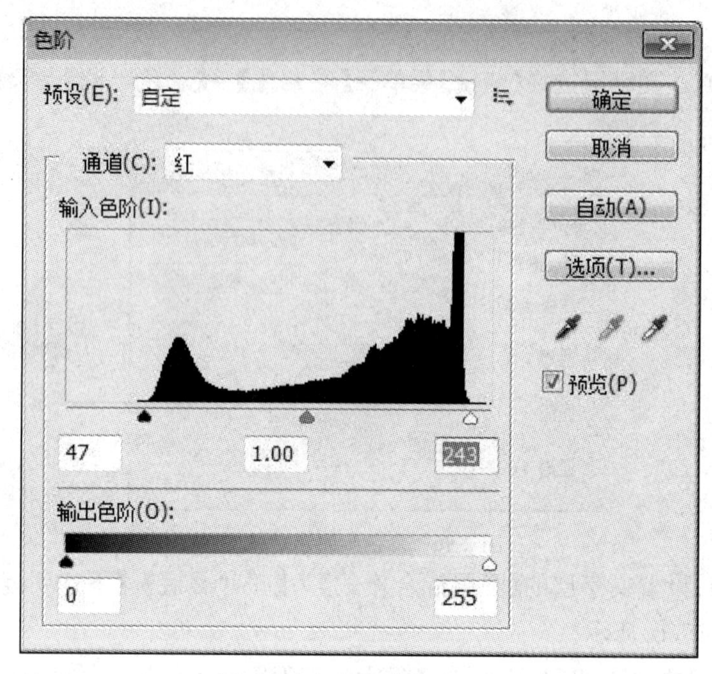

图 2-98 红色通道色阶调整

步骤 4:在【通道面板】中点击绿通道,按照上述调整方法对绿通道进行色阶调整。

步骤 5:在【通道面板】中点击蓝通道,选择【图像】菜单→【应用图像】,在弹出的对话框中设置【通道】为绿,即表示用比较好的绿通道来替换已经损坏的蓝通道,将【不透明度】设置为 90%,这样做的目的是保留少许黄色。其他参数设置如图 2-99 所示。

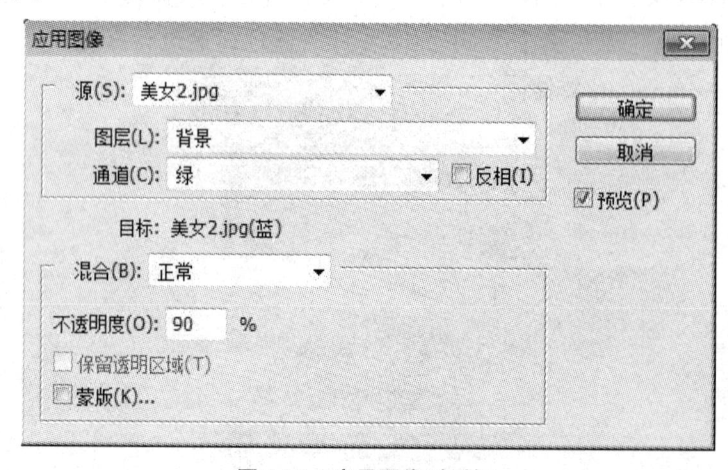

图 2-99 应用图像对话框

说明:通过修复通道的方法校正受损的图像,图像质量比使用色阶、曲线和色彩平衡等工具校正的质量更优异。最明显的就是图像的色彩和细节很圆滑,没有头发边缘的锯齿或残色分裂。

实验6 综合实验

一、实验目的

(1)熟练掌握染色玻璃等滤镜的使用方法。

(2)灵活运用图层样式制作一些特殊效果。

(3)训练运用PS基本工具和操作技能制作创意图像的能力。

二、实验环境

(1)硬件要求:微处理器Intel奔腾IV,内存要在1GB以上。

(2)运行环境:Windows 7/8。

(3)应用软件:Photoshop CS5。

三、实验内容与要求

(1)制作一份园林艺术展的海报,效果如图2-100所示。

图2-100 拼接海报

(2)制作香浓巧克力,效果如图2-101所示。

图 2-101 巧克力

(3)手绘制作冬夜雪景,效果如图 2-102 所示。

图 2-102 冬夜雪景

四、实验步骤与指导

1. 拼接海报

本例考查滤镜、通道、图层样式等的综合应用。

步骤 1: 设置前/背景色为白/黑色,新建一个文件,设置尺寸为 15 厘米×20 厘米,填充背景色。

步骤 2: 选择【滤镜】菜单→【纹理】→【染色玻璃】,设置【单元格大小】为 45、【边框粗细】为 8、【光照强度】为 0,效果如图 2-103 所示。

步骤 3: 使用【魔棒工具】与 Shift 键选择所有黑色区域,打开【通道面板】,单击【将选区存储为通道】按钮,创建 Alpha1 通道。

说明: 也可以使用【路径面板】中的【将选区变换为路径】以备后用。

步骤 4: 按 Ctrl+D 取消选区并激活【图层面板】。打开素材图片,选择其中一幅,点击【拷贝】,然后返回海报中,使用魔棒选择一块黑色的区域,选择【编辑】菜单→【选择性粘贴】→【贴入】，然后按 Ctrl+T 变换大小。并依照此方法依次将素材图片粘贴到海报中，效果如图 2-104 所示。

图 2-103　染色玻璃效果　　图 2-104　初步效果图

步骤 5：打开【通道面板】，单击 Alpha1 通道的同时按住 Ctrl 键，将通道转换为选区后，选择【选择】菜单→【反向】，然后回到【图层面板】中，新建一个图层，给选区填充白色。

步骤 6：双击这个新图层，在【图层样式】对话框中设置【斜面与浮雕】效果，参数设置如图 2-105 所示。

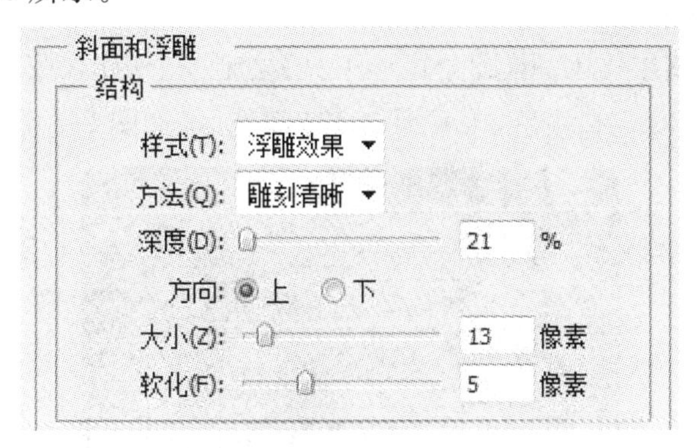

图 2-105　边框的斜面与浮雕设置

步骤 7：输入与修饰文字。

①选中背景图层，使用【魔棒工具】点选第一块黑色区域，回到图层 0 中，填充由＃FFFFFF 到＃8EC840 的线性渐变，效果如图 2-100 所示。

②打开【通道面板】，单击 Alpha1 通道，使用魔棒点选图 2-104 第二块黑色区域，按 Ctrl+J 复制到新图层中，然后将素材中的红砖墙图片粘贴进去，缩放为50％，并将其移动到合适的位置，效果如图 2-100 所示。

③双击这个新图层，在【图层样式】对话框中设置【斜面与浮雕】效果，参数设置如图 2-106 所示。

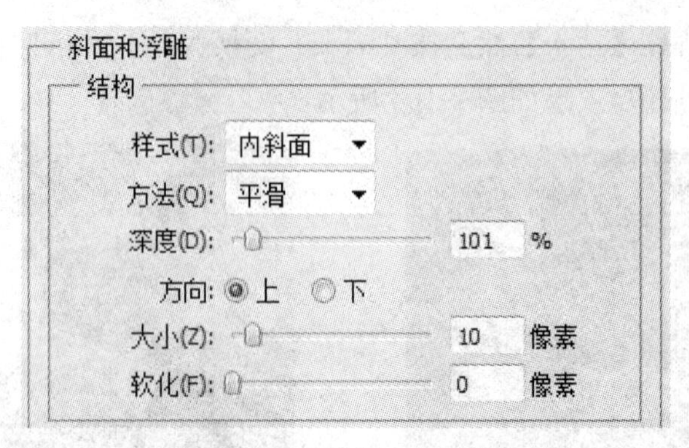

图 2-106 红砖墙斜面与浮雕设置

④分别输入文字“园林”“艺术”和“展”，放置在合适的位置，并做如下设置。

“园林”：设置为黑色，栅格化文字后，描边 2 像素、白色。

“艺术”：设置为白色，栅格化文字后，描边 2 像素、黑色。

“展”：栅格化文字后，单击【图层面板】上的【锁定透明像素】按钮，然后给文字填充由白到黑的线性渐变，并描边 3 像素、白色，整体效果如图 2-100 所示。

2. 香浓巧克力

本例考查图层样式的设置，路径的相关操作等。

步骤 1：新建一个文件，尺寸为 600×400 像素、分辨率为 200、颜色模式为 RGB、背景为白色。

步骤 2：新建图层 1，使用【圆角矩形工具】绘制一个矩形，按 Ctrl+Enter 转换为选区后，填充＃966348 颜色，按 Ctrl+D 取消选区，如图 2-107 所示。

图 2-107 绘制圆角矩形

注意：选择【圆角矩形工具】后，在窗口上方的工具选项栏中点选【路径】。

步骤 3：双击图层 1，设置【图层样式】如下。

【斜面与浮雕】：参数设置如图 2-108 所示。

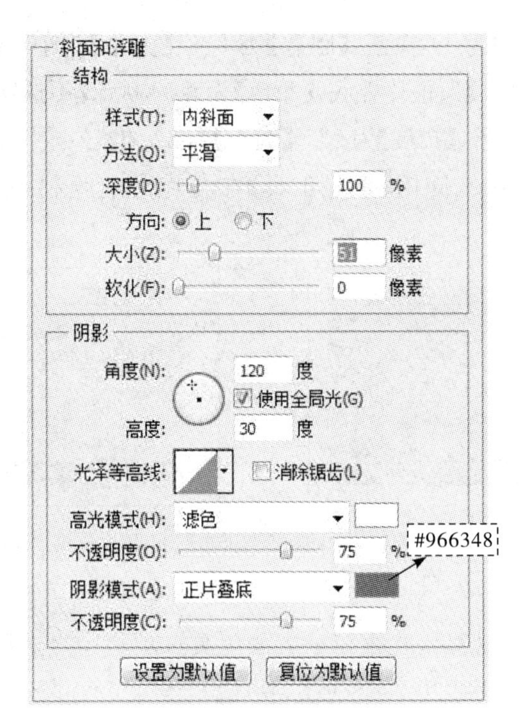

图 2-108　斜面与浮雕

【等高线】:参数设置如图 2-109 所示。

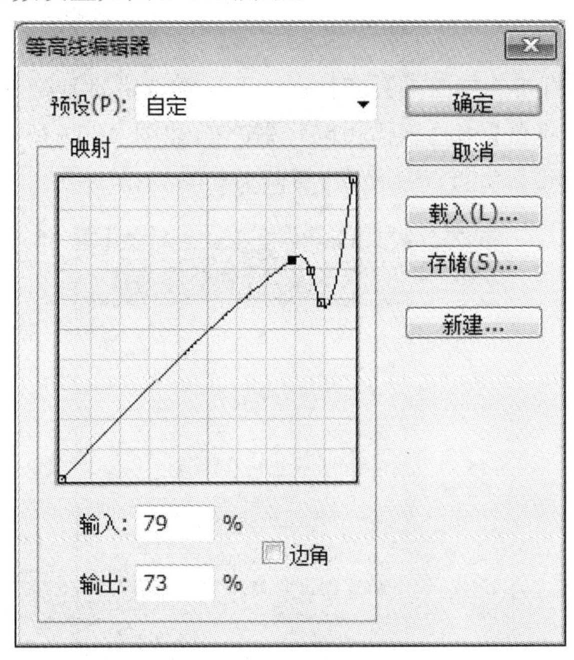

图 2-109　等高线编辑器

【内发光】:【混合模式】为正片叠底、【不透明度】为 55%、【杂色】为 0%、【颜色】为#966348、【方法】为柔和、【源】为边缘、【阻塞】为 12%、【大小】为 51 像素。

【内阴影】:【混合模式】为正片叠底、【颜色】为#966348、【不透明度】为 75%、

【角度】为 132、【距离】为 11 像素、【阻塞】为 6%、【大小】为 16 像素。

【投影】:【混合模式】为正片叠底、【颜色】为#000000、【不透明度】为 60%、【角度】为 124、【距离】为 17 像素、【扩展】为 0%、【大小】为 32 像素。效果如图 2-110 所示。

步骤 4:新建图层 2,使用【钢笔工具】在巧克力上绘制一些线条,如图 2-111 所示。

图 2-110 初步效果图

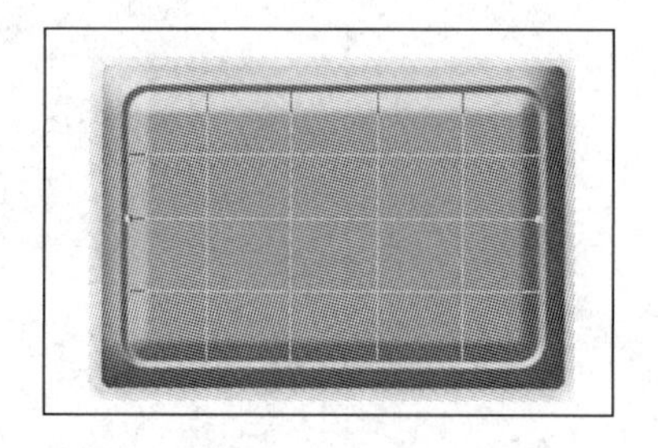

图 2-111 绘制线条

注意:

(1)选择【钢笔工具】后,在窗口上方的工具选项栏中点选【路径】。

(2)绘制线条时,每画完一个线条,按 ESC 结束,再进行下一线条的绘制,否则线条就会连在一起。

(3)线条绘制完毕后,可以使用【钢笔工具】结合 Ctrl 键修改线条的长度、走向等。

步骤 5:使用【直接选择工具】同时按住 Shift 键选定所有绘制的线条,打开【路径面板】,单击面板上的【用画笔描边路径】按钮,如图 2-112 所示。然后选择【编辑】菜单→【描边】,设置宽度为 3 像素,颜色为#966348。

图 2-112 给路径描边

步骤 6:回到【图层面板】中,选中图层 2,设置它的【斜面和浮雕】图层样式,如图 2-113 所示。

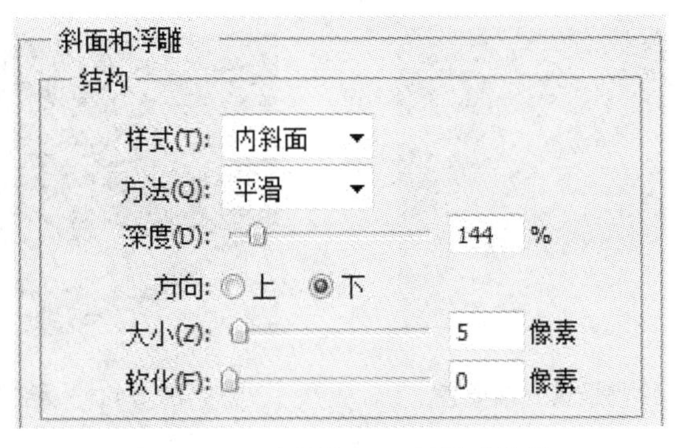

图 2-113　为线条层设置浮雕效果

步骤 7：输入需要的文字，设置字体颜色为＃966348，栅格化文字图层，并设置【斜面和浮雕】样式，参数设置如图 2-114 所示。

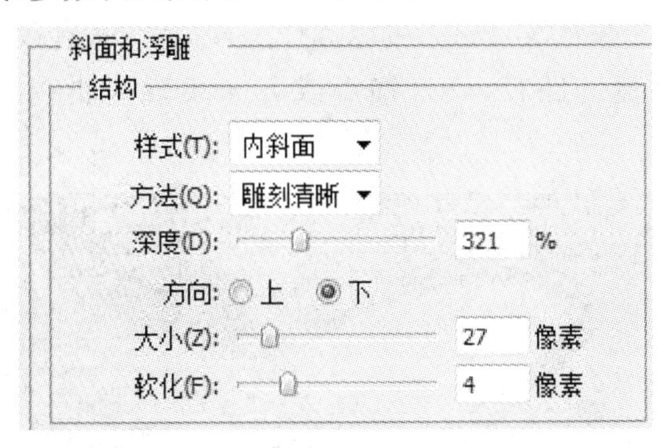

图 2-114　为文字层设置浮雕效果

注意：将文字和巧克力设置为相同颜色后，会造成后续操作不方便的情况，此时可以将巧克力层隐藏起来。

3. 圣诞贺卡

本例考查钢笔、画笔工具的灵活运用，滤镜和图层混合模式的综合应用等。

步骤 1：新建一个尺寸为 1044×700、颜色模式为 RGB、分辨率为 72、背景为白色的文件。

步骤 2：选择【渐变工具】，前景色和背景色分别设置为深蓝(＃153E65)和浅蓝(＃465DEB)，在图像中由上到下填充深蓝到浅蓝的渐变，如图 2-115 所示。

步骤 3：使用【钢笔工具】在背景层上绘制一个小岛的形状，按 Ctrl＋Enter 变换选区后，新建一个图层，填充由浅蓝色到白色的线性渐变。

步骤 4：重复步骤 3，再绘制一个曲线型小岛，填充步骤 3 中的渐变效果，如图 2-116 所示。

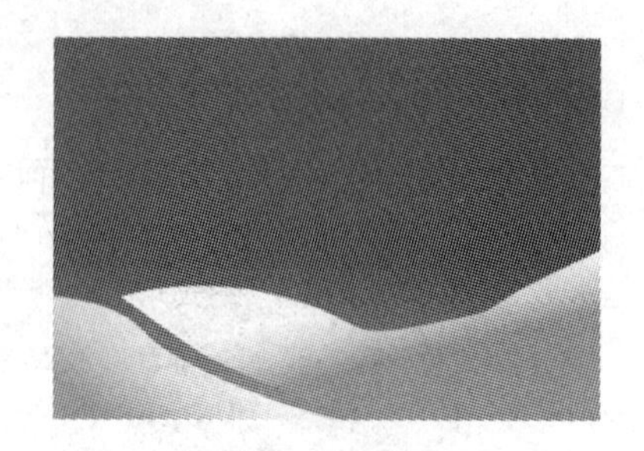

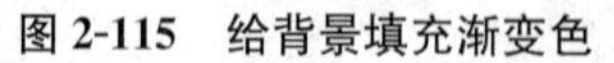

图 2-115 给背景填充渐变色

图 2-116 绘制小岛

注意:

(1)按 Ctrl+D 取消选区后,如果想再选中选区,可以单击图层面板上的【路径】标签,选中该路径后,按 Ctrl+Enter 恢复原选区。

(2)如果对创建的路径不满意,可以选择工具箱中的【直接选择工具】,然后选中【路径面板】中创建的路径,修改锚点或方向线改变曲线的弧度,如图 2-117 所示。

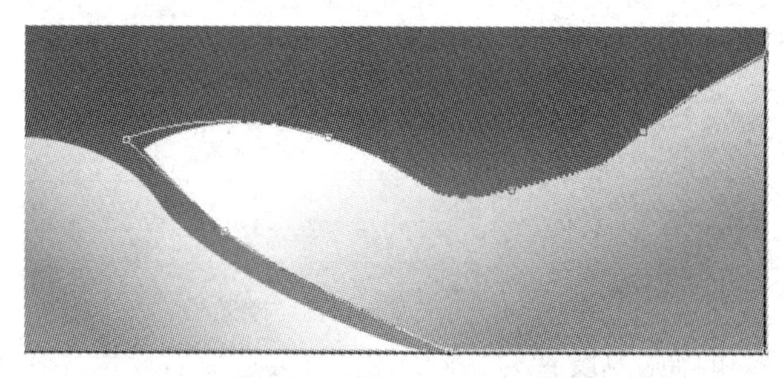

图 2-117 使用直接选择工具修改路径

(3)也可以使用【自由钢笔工具】绘制小岛形状。

步骤 5:新建一个图层,设置前景色为白色,选择【画笔工具】,设置画笔大小为 200,绘制月亮,在工具选项栏中修改【画笔大小】,绘制出一些大大小小不同的圆点,模拟类似星星的形状,如图 2-118 所示。

图 2-118 绘制月亮和星星

步骤 6:在【图层面板】中将该图层的【不透明度】调整为 60%左右,这样可以达到朦胧的效果。

步骤 7:新建一个图层,使用工具箱中的【自定义形状工具】,在上方出现的【工具选项栏】的【形状】中加载【自然】类别,如图 2-119 所示。选择其中的杉树形状,绘制出几棵杉树,然后按 Ctrl+Enter 转换为选区,填充白色。

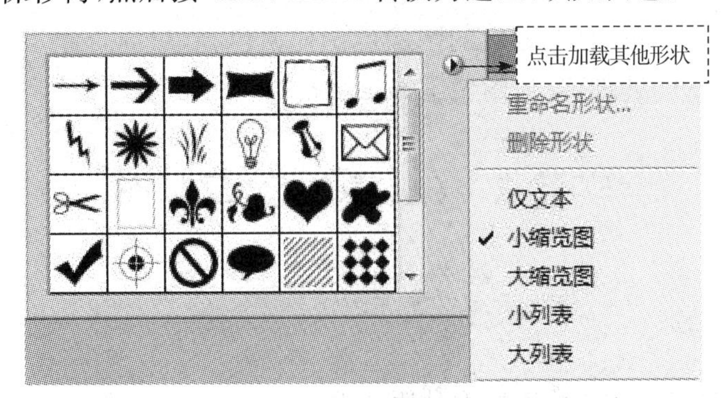

图 2-119　工具选项栏中的"形状"选项

步骤 8:按 Ctrl+J 复制几个图层,用 Ctrl+T 变换大小,多复制几棵杉树,达到由远及近的效果,然后将这些图层的【不透明度】调整为 75%,如图 2-120 所示。

图 2-120　添加杉树

步骤 9:制作下雪的效果。

①在所有图层上方新建一个图层,填充黑色。

②选择【滤镜】菜单→【像素化】→【点状化】,设置【单元格大小】为 5。

③选择【图像】菜单→【调整】→【阈值】,设置【阈值色阶】为 255。

说明:阈值是对颜色进行特殊处理的一种方法。具体来讲,阈值是一个转换临界点,不管图片是什么色彩,阈值最终都会将图片当成黑白图片来处理。也就是说,当用户设定了一个阈值之后,图片会以此值为标准,凡是比该值大的颜色都被转换为白色,而低于该值的颜色则被转换为黑色,最后得到一张黑白图片。

④选择【滤镜】菜单→【模糊】→【动感模糊】,设置【角度】为 61、【距离】为 6

像素。

⑤再次使用阈值调整雪花大小(将阈值色阶适当调整为128或其他),再次使用动感模糊。

⑥将图层面板中的图层模式改为【滤色】,得到雪花的效果。

说明:在Photoshop其他的版本中,滤色模式也被称为屏幕(Screen),属于使图像的色调变亮的系列,混合后的图像色调比原色亮,对混合图层图像色调中的黑色部分进行透明处理,背景图像维持原始状态。

实验7 Gif基本动画制作

一、实验目的

(1)掌握帧的概念和现代动画制作原理。

(2)熟悉动画面板的各个组成部分。

(3)熟练掌握gif动画制作的方法。

二、实验环境

(1)硬件要求:微处理器Intel奔腾IV,内存要在1GB以上。

(2)运行环境:Windows 7/8。

(3)应用软件:Photoshop CS5。

三、实验内容与要求

(1)制作金属小球在4个方位不断弹跳的动画效果,如图2-121所示。

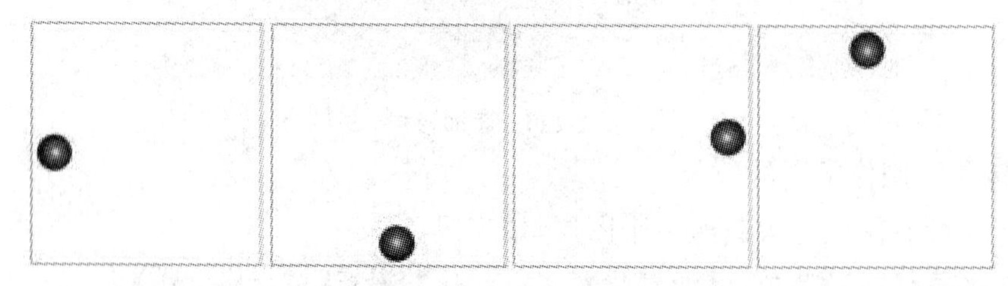

图2-121 弹跳小球的四帧

(2)制作变形的文字,效果如图2-122所示。

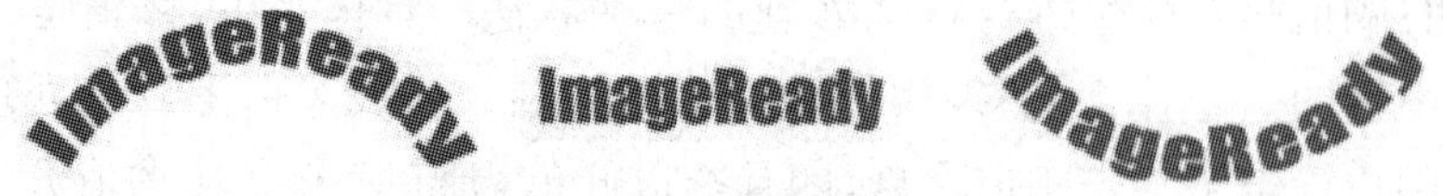

图2-122 变形文字的三帧

(3)制作挥手的动画,效果如图 2-123 所示。

图 2-123　挥手的动画效果

(4)制作渐隐效果,如图 2-124 所示。

图 2-124　渐隐动画

四、实验步骤与指导

1. 弹跳小球的制作

小球弹跳的位置如图 2-125 所示。

位置4

位置1　　　　位置3

位置2

图 2-125　各位置分布

本例考查在 PS 中制作动画的基本方法。

步骤 1: 在 PS 中新建一个尺寸为 400×400 像素、白色背景、分辨率为 72 的 RGB 图像文件。

步骤 2: 新建图层,命名为"层 1",选择【椭圆选框工具】,并在工具选项栏中设置:选择【固定大小】,宽度和高度均为 60px,如图 2-126 所示。然后使用鼠标在画布中的位置 1 单击,即出现一个圆形选区。

羽化: 0 px　☑消除锯齿　样式: 固定大小 ▾　宽度: 60 px　⇄　高度: 60 px

图 2-126　工具选项栏

步骤 3:选取【油漆桶工具】,给椭圆形选区填充黑色。

步骤 4:按 Ctrl+D 取消选区。选中“层 1”,选择【滤镜】菜单→【渲染】→【镜头光晕】,在小球任意位置单击,即给小球加一个发光点,制作立体金属球效果。

步骤 5:在【图层面板】中,分 3 次将“层 1”拖到【图层面板】下方的【创建新图层】按钮,即复制了 3 个图层,分别将它们重命名为“层 2”“层 3”“层 4”。

步骤 6:使用【移动工具】,将各层的小球分别拖到位置 2、位置 3、位置 4 上。

步骤 7:选择【窗口】菜单→【动画】,打开【动画面板】。单击面板中的【复制帧】按钮,如图 2-127 所示,建立 4 个新帧。

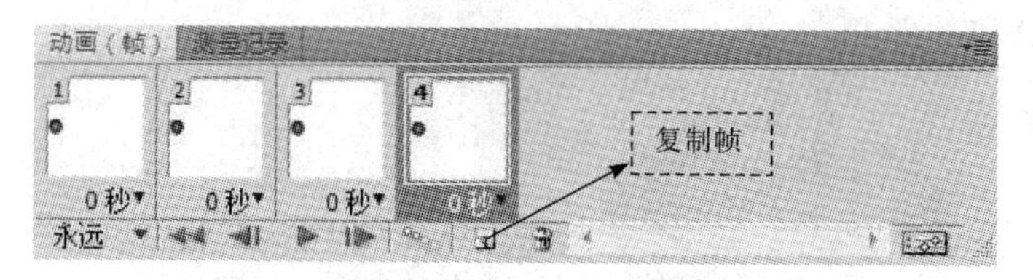

图 2-127　动画面板

步骤 8:选中第 1 帧,在【图层面板】中做如下操作:将“层 2”“层 3”“层 4”图层前的眼睛隐藏起来;将“层 1”和“背景层” 图层前的眼睛显示出来。图层面板如图 2-128 所示。

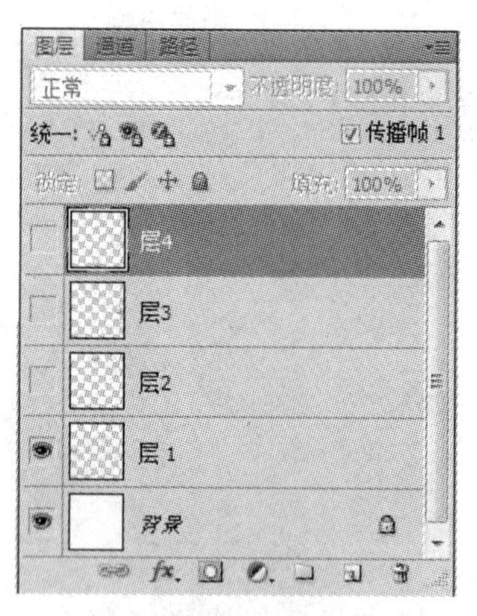

图 2-128　图层面板

步骤 9:依照上一步操作,继续设置其余 3 帧:

①选中第 2 帧,隐藏层 1、层 3、层 4,只显示层 2 和背景层;

②选中第 3 帧,隐藏层 1、层 2、层 4,只显示层 3 和背景层;

③选中第 4 帧,隐藏层 1、层 2、层 3,只显示层 4 和背景层。

步骤 10:在【动画面板】设置每一帧的延迟时间为 0.2 秒,如图 2-129 所示。

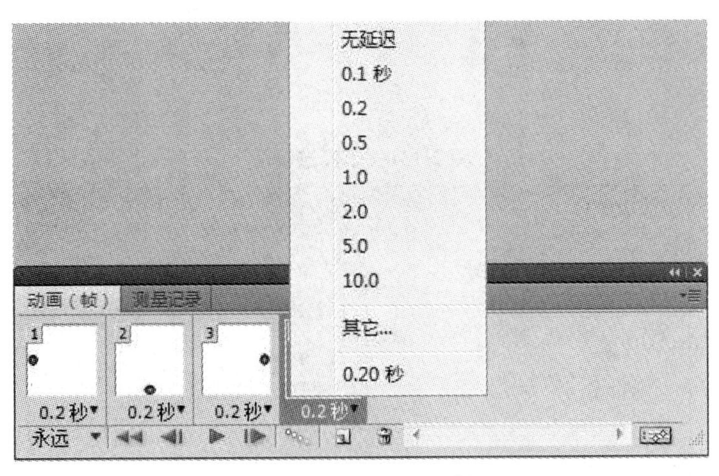

图 2-129　设置延迟时间

步骤 11:点击【动画面板】中的【播放】按钮，观看效果。

步骤 12:选择【文件】菜单→【存储为 Web 和设备所用格式】，在弹出的对话框中设置【优化的文件格式】为 gif、【循环选项】为永远，单击【存储】，选择存盘路径，最后点击【完成】，即可导出 gif 动画文件。

提示:双击 gif 动画文件，默认用照片查看器浏览为静态浏览；若需看到动态效果，可使用浏览器或专业看图软件。

2. 制作变形文字

本例考查 gif 动画制作的方法及文本工具的选项设置方法。

步骤 1:新建 PS 文件，设置尺寸为 400×200、颜色模式为 RGB、分辨率为 72、背景为白色。

步骤 2:输入文字，在窗口上方的工具选项栏中单击【切换字符和段落面板】按钮，打开【字符面板】，设置字体为 Impact、36 号字、红色、文字间距 75，如图 2-130所示。最后将该层重命名为“文字 1”。

图 2-130　字符面板

步骤 3:复制文字层，将该层命名为“文字 2”，在工具选项栏中单击【创建变形文本】，如图 2-131 所示。参数设置如图 2-132 所示。

图 2-131 工具选项栏

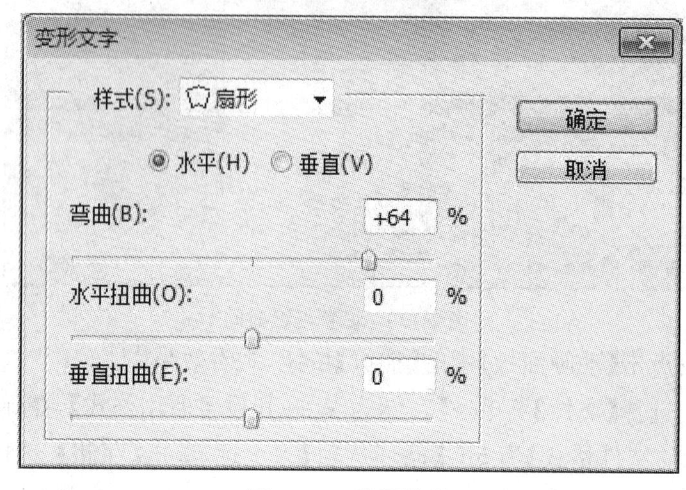

图 2-132 设置样式

步骤 4:再次复制文字层,将该层命名为"文字 3",单击【创建变形文本】,设置弯曲−64%。

步骤 5:选择【窗口】菜单→【动画】,打开【动画面板】。复制三帧,第 1 帧显示"文字 1"和背景层,第 2 帧显示"文字 2"和背景层,第 3 帧显示"文字 3"和背景层,将每帧的延迟时间设置为 0.2 秒。

步骤 6:在【动画面板】中单击【播放动画】按钮,观看效果,然后将文件导出为.gif 格式。

3. 挥手动画的制作

本例考查 gif 动画制作的基本步骤和方法。

步骤 1:打开素材中的图片文件。

步骤 2:使用【魔棒工具】结合 Shift 键创建手形选区,如图 2-133 所示。然后将手图层复制一份,重命名为"手 2"。

图 2-133 创建手形选区

步骤 3:打开【动画面板】,单击【复制帧】按钮,生成两帧。

步骤 4:选中第 2 帧,按 Ctrl+T,将中心点移至手的下方,如图 2-134 所示,旋转手,达到挥手的效果。

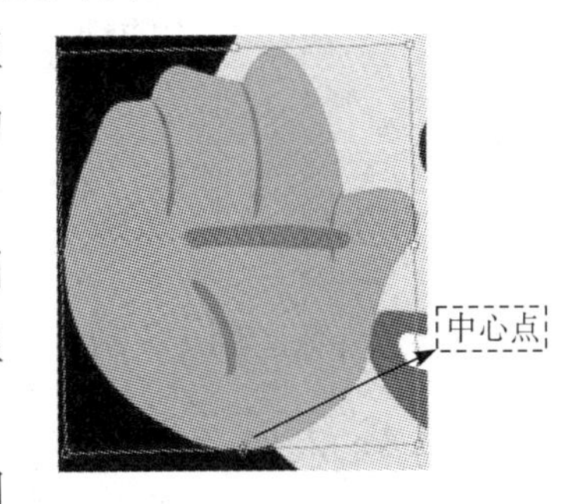

图 2-134　旋转手

步骤 5:选中第 1 帧,将【图层面板】中"手 2"图层前的眼睛隐藏起来,并将"手 1"图层前的眼睛显示出来;选中第 2 帧,执行相反的操作。

步骤 6:在【动画面板】中设置两帧的延迟时间均为 0.5 秒,然后单击【播放动画】按钮,观看效果。

步骤 7:选择【文件】菜单→【存储为 Web 和设备所用格式】选项,保存为.gif 文件。

4. 礼物渐隐的效果

本例考查渐隐动画的创建方法。

步骤 1:在 PS 中打开素材图片并将背景层解锁。

步骤 2:新建图层,填充白色,并拖动到背景层下方。

步骤 3:选择【魔棒工具】,在工具选项栏中设置【容差】为 10,在背景层的白色区域单击,选中除礼物外的选区,按 Del 删除。

步骤 4:打开【动画面板】,单击【复制帧】按钮,设置第 1 帧显示"图层 0"和"图层 1",设置第 2 帧只显示"图层 1",并设置两帧的延迟时间均为 0.1 秒。

步骤 5:选中第 1 帧,在【动画面板】中单击【过渡帧】按钮,如图 2-135 所示,参数设置如图 2-136 所示。

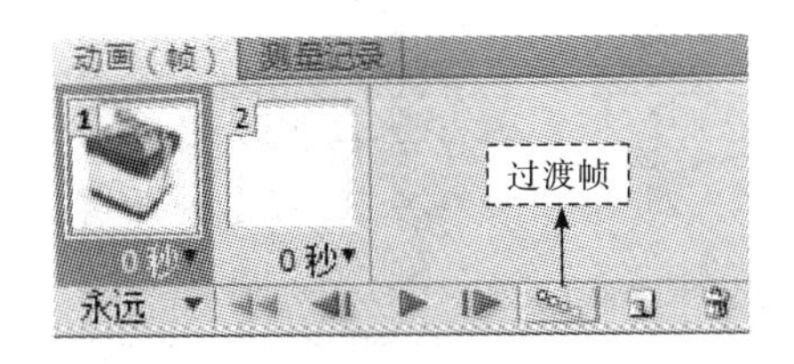

图 2-135　动画面板

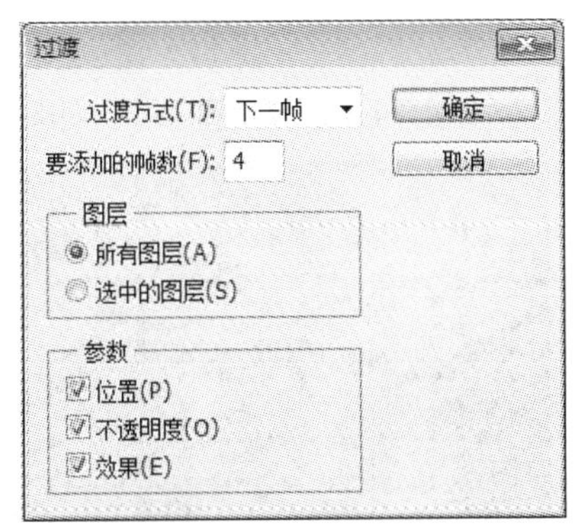

图 2-136　过渡参数设置

步骤 6:在【动画面板】中单击【播放动画】按钮,观看效果。然后选择【文件】菜单→【存储为 Web 和设备所用格式】选项,保存成.gif 文件。

实验8　Gif综合动画制作

一、实验目的

训练熟练运用PS制作复杂动画的能力。

二、实验环境

(1)硬件要求:微处理器Intel奔腾IV,内存要在1GB以上。

(2)运行环境:Windows 7/8。

(3)应用软件:Photoshop CS5。

三、实验内容与要求

(1)制作网店的霓虹灯招牌动画效果,效果如图2-137所示。

图2-137　网店招牌动画

(2)制作LED文字动画效果,如图2-138所示。

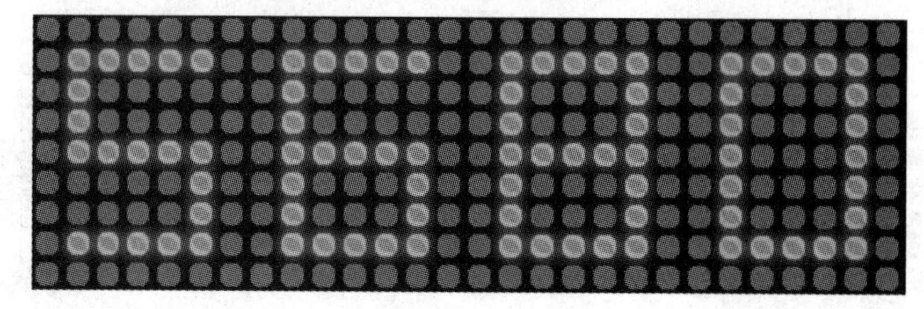

图2-138　LED文字

四、实验步骤与指导

1.制作网店霓虹灯招牌

本例考查较复杂动画的制作技能。

步骤 1:新建文件,设置尺寸为 600×350 像素、背景为白色、分辨率为 72。

步骤 2:输入文字,设置合适的字体、大小、颜色等。新建一个图层,然后按 Shift+Ctrl+Alt+E,得到盖印图层。

说明:盖印就是在处理图片的时候将处理后的效果盖印到新的图层上,功能和合并图层类似,但比合并图层更好用。因为盖印是重新生成一个新的图层而不会影响之前所处理的图层,这样做的好处就是如果觉得之前做的效果不满意,可以删除盖印图层,之前做的效果依然存在,极大程度地方便用户处理图片。

步骤 3:在盖印图层上,选择【滤镜】菜单→【模糊】→【高斯模糊】,设置半径为 4 像素。

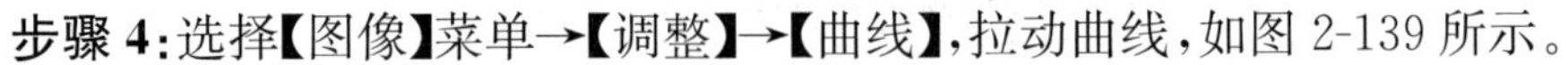

步骤 4:选择【图像】菜单→【调整】→【曲线】,拉动曲线,如图 2-139 所示。

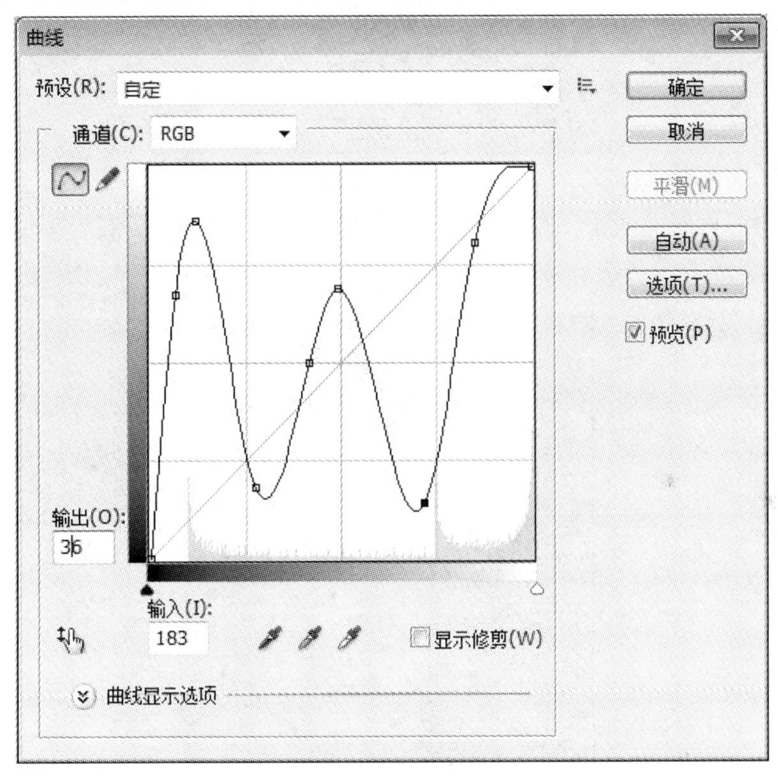

图 2-139　调整曲线

步骤 5:选择【图像】菜单→【调整】→【反相】,此时画面变成黑色。

步骤 6:新建一个图层,命名为“边框”,设置前景色为黑色,选择【圆角矩形工具】,在工具选项栏中选中【路径】按钮,然后绘制外边框,按 Ctrl+Enter 将其作为选区载入,选择【编辑】菜单→【描边】,设置宽度为 20,颜色为#FFFF00。

步骤 7:按 Ctrl+D 取消选区。在边框图层上,选择【滤镜】菜单→【模糊】→【高斯模糊】,设置半径为 3 像素。

步骤 8:新建图层,命名为“花朵”,将素材中的花拖入作为装饰。

步骤 9:新建图层,使用一种七彩渐变色在该层上拉动一个线性渐变,将【图层模式】改为颜色,如图 2-140 所示。

图 2-140 设置图层混合模式

步骤 10:再新建四个图层,分别拉动各种渐变色,将【图层混合模式】都设置为颜色,如图 2-141 所示。

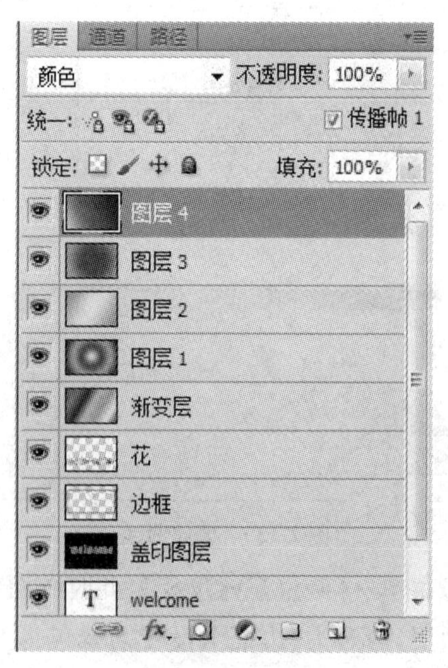

图 2-141 五个渐变层

步骤 11:打开【动画面板】,设置延迟时间为 0.2 秒,然后复制 4 帧。动画一共有 5 帧,每一帧都只显示一种渐变色。

步骤 12:分别选中 5 帧,单击【复制帧】按钮,这样就得到一共 10 帧的动画,每两帧是相同的。分别选中第 2、4、6、8、10 帧,在【图层面板】中设置它们的图层不透明度为50%，而第1、3、5、7、9帧图层的透明度仍为100%。

步骤13：还可以在"花"图层中加入卡通图像等元素使动画效果更好。

2. LED文字动画

本例考查较复杂动画的制作技能。

步骤1：新建文件，设置尺寸为600×200、分辨率为72，背景填充#121117，新建"图层1"，使用【椭圆选框工具】，在图像左上角绘制很小的正圆选区，填充#676668，如图2-142所示。

图2-142 创建正圆选区并填充灰色

步骤2：打开【动作面板】，如图2-143所示，单击按钮创建新动作，默认动作名，将快捷键设置为F2，按住Alt拖拽鼠标，将圆点复制并向下移动，单击【停止记录】按钮。然后多次按F2，直到竖行排列满圆点。

图2-143 动作面板

步骤3：打开【动作面板】，新建动作，将快捷键设置为F3，复制竖排圆点并向右移动，结束记录。多次按F3，直到图像排满圆点后，合并除背景层外的所有图层，效果如图2-144所示。

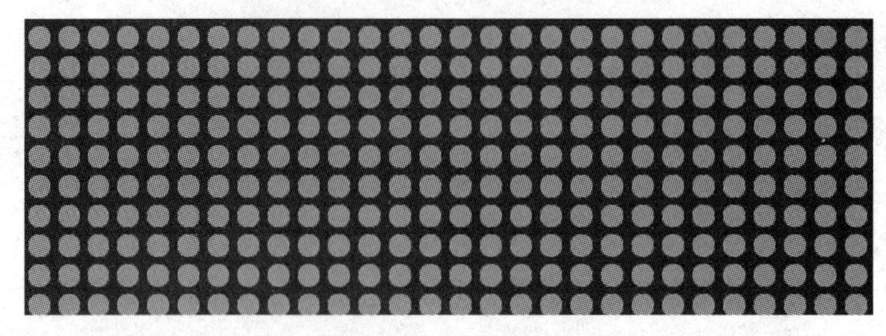

图 2-144 布满圆点

步骤 4:复制“圆点层”,重命名为“文字”,隐藏“圆点”层,打开【标尺】,使用鼠标拉出参考线,然后再用【矩形选框工具】删掉多余的点,留出字,如图 2-145 所示。

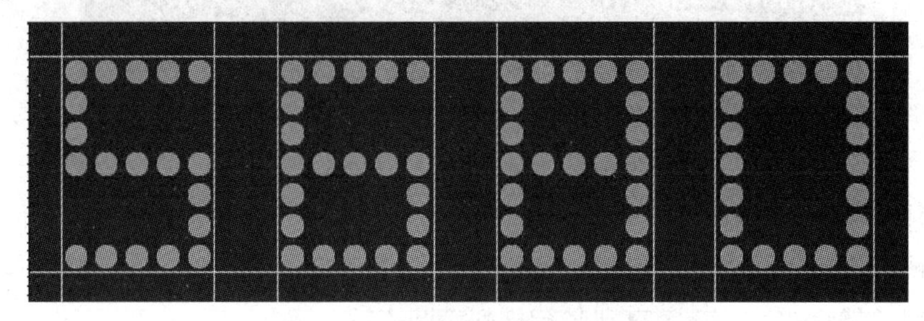

图 2-145 通过删除得到字的轮廓

步骤 5:给文字层添加如下的【图层样式】。

①【外发光】:红色光(#FF0000),扩展 5,大小 10。

②【内发光】:红色光,阻塞 15,大小 95。

③【光泽】:红色,不透明度 35%,角度 60,距离 4,大小 0。

④【颜色叠加】橘黄色,不透明度 95%。

如果觉得效果不明显,可以将文字层再复制一份,然后和原来的文字层合并,加强效果。

步骤 6:打开【动画面板】,制作动画。设置第一帧秒数为 0.1 秒,显示“圆点层”后,对照圆点的位置,将文字层的文字拉到最右边。

注意:操作时,文字的圆点一定要与“圆点层”的圆点对齐。

步骤 7:打开【动作面板】,新建动作,将快捷键设置为【F4】,添加帧,并将文字向左移动一个圆点的位置后,结束记录。按【F4】,直到文字从左边消失。单击【播放】按钮观察动画效果。

第3章　Flash 动画制作

相关知识

随着网络技术的发展和宽带网络的出现,人们对网页效果的要求越来越高,静态网页已经不能满足人们的需求,因此动态网页制作,即网页动画,成为网页制作的重要组成部分。但是由于网络带宽的限制,在网页上放置过大的动画文件是不现实的,而目前广泛使用的 gif 动画不支持交互操作和音效,而且色彩深度较低,难以满足用户的视听需求。Flash 的出现解决了上述问题。Flash 是一种集动画创作与应用程序开发于一身的创作软件,它具有体积小、流式播放、强大的交互功能和丰富的多媒体效果等特点,并且易学易用,赋予动画设计与制作更多的创意空间。

Flash 为创建数字动画和交互式 Web 站点,开发桌面应用程序和手机应用程序提供了功能全面的创作和编辑环境。用户可以快速设计简单的动画,使用 ActionScript 开发高级的交互式项目。学习 Flash,首先必须明确以下几个基本概念。

(1)帧。动画的原理是利用人的视觉暂留现象,即物体从眼前经过后,其影像仍会在人们的视网膜中停留 1/16 秒的现象。当画面连续播放时,就会产生动起来的感觉。动画就是用逐格(帧)制作工艺和逐格(帧)拍摄技术创造性地还原自然运动形态的技术手段。动画中的每个画面在 Flash 中称为一帧,动画就是由这些一帧一帧的画面组成的。因此,在 Flash 中,帧就是画面、画格的意思,它是构成 Flash 动画的基本单位。

(2)时间轴。时间轴是由控制影片播放的帧和图层组成的,是 Flash 动画的关键部分,用于组织和控制播放的层数和帧数,Flash 动画作品都以时间为顺序,由先后排列的一系列帧组成。

(3)图层。可以将时间轴面板中的图层看成透明胶片。这些图层相互叠加在一起,形成了一定的遮挡关系。用户可以在每个图层上绘制、编辑文档中的插图、动画和其他元素,图层间相互独立,编辑时不会互相影响。

(4)场景。场景在 Flash 动画中相当于一场或者是一幕,主要用来组织动画。例如,可以使用单独的场景用于简介、出现的消息及片头片尾字幕。使用场景类似于将几个 swf 文件组织在一起创建一个较大的动画文件。每个场景都有各自的时间轴面板。当播放头到达一个场景的最后一帧时,播放头将前进到下一个场景。本章以 Flash CS5 为平台，通过六个实验，要求学生熟练掌握使用 Flash 制作动画的方法。

实验 1　常用工具的使用

一、实验目的

（1）熟悉 Flash CS5 的工作界面。

（2）熟练掌握工具箱中各种常用工具的使用方法和操作技巧。

（3）熟悉变形面板、属性面板和颜色面板的功能及使用。

（4）掌握时间轴面板的使用。

（5）熟悉图层的相关操作。

（6）掌握初步的绘图技能。

二、实验环境

（1）硬件要求：微处理器 Intel 奔腾 IV，内存要在 1GB 以上。

（2）运行环境：Windows 7/8。

（3）应用软件：Flash CS5。

三、实验内容与要求

（1）制作彩虹字，效果如图 3-1 所示。

（2）绘制心形图案，效果如图 3-2 所示。

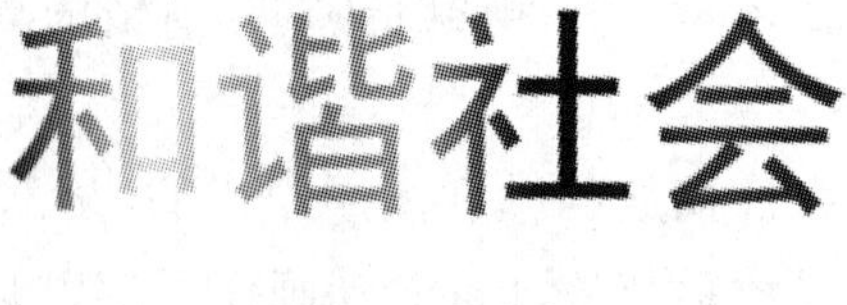

和谐社会

图 3-1　七彩字

图 3-2　心形

（3）使用图片填充文字，效果如图 3-3 所示。

（4）制作发光字，效果如图 3-4 所示。

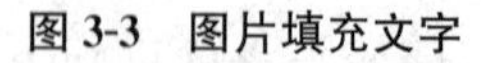

图 3-3　图片填充文字

图 3-4　发光字

(5)绘制漂亮的花朵图案,效果如图 3-5 所示。

(6)制作邮票图案,效果如图 3-6 所示。

图 3-5 花朵

图 3-6 邮票

(7)绘制草原夜色美景图,效果如图 3-7 所示。

图 3-7 草原夜色

(8)利用系统提供模板制作浏览照片的动画效果。

(9)绘制卡通形象小熊,如图 3-8 所示。

(10)绘制 QQ 笑脸表情,效果如图 3-9 所示。

图 3-8 小熊

图 3-9 笑脸

四、实验步骤与指导

1. 制作七彩文字

本例考查文字属性的设置、分离功能的应用、颜料桶工具的使用。

步骤 1:新建 Flash 文档。

步骤 2:使用工具箱中的【文本工具】输入文字,选择【窗口】菜单→【属性】,在【属性面板】中给文字设置合适的字体和大小。

步骤 3:选择【修改】菜单→【分离】,两次执行分离操作,第一次将文字分成单个的个体,第二次将一个个独立的文字分离成形状。

注意:只有将文字分离为形状后才能对其填充渐变色,否则只能填充纯色。但是当文字分离为形状时,不可再修改文字的字形、字号等。

步骤 4:选择工具箱中的【颜料桶工具】,选择七彩色填充文字。

步骤 5:选择【文件】菜单→【保存】,选择存盘路径后,保存 fla 文件。

2. 绘制心形图案

本例考查选择工具、部分选取工具在改变图形形状方面的灵活运用。

步骤 1:新建文档,选择【窗口】菜单→【属性】,在【属性面板】中设置文档属性为 400×400 像素、帧频为 18fps。

步骤 2:选择【椭圆工具】,设置笔触为无色,按住 Shift 键的同时拖动鼠标,绘制一个无边框色的正圆。

步骤 3:复制此圆,并调整它的位置。

步骤 4:使用【部分选取工具】单击两个圆的边界,如图 3-10 所示。

步骤 5:使用【部分选取工具】拖动舞台中最下边的锚点到一个合适的位置,如图 3-11 所示。

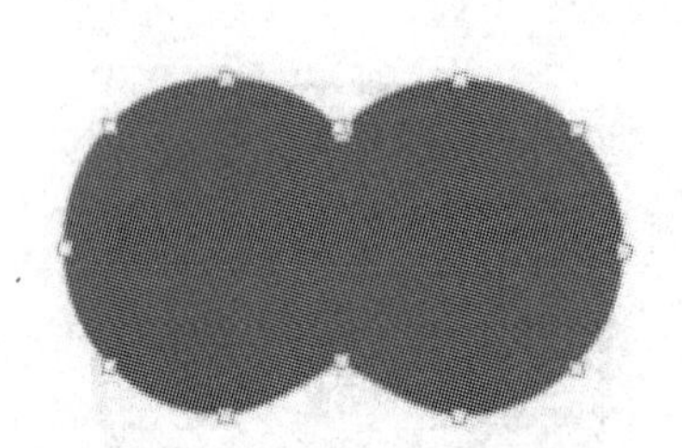

图 3-10 用部分选取工具选中边界

图 3-11 将形状变形

步骤 6:分别选中两侧多余的锚点,按 Del 键删除。心形制作完毕。

步骤 7:打开【颜色面板】,设置由白到红的径向渐变,如图 3-12 所示。并填充到心形图案上。

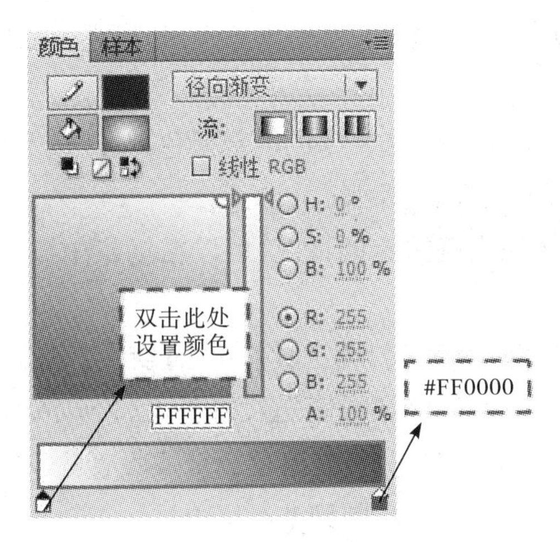

图 3-12　颜色面板

步骤 8:保存文件。

3. 图片填充文字特效

本例考查文本工具的使用,以及使用图片填充文字的功能。

步骤 1:新建 Flash 文档,在【属性面板】中设置文档背景色为＃9966FF,如图 3-13 所示。

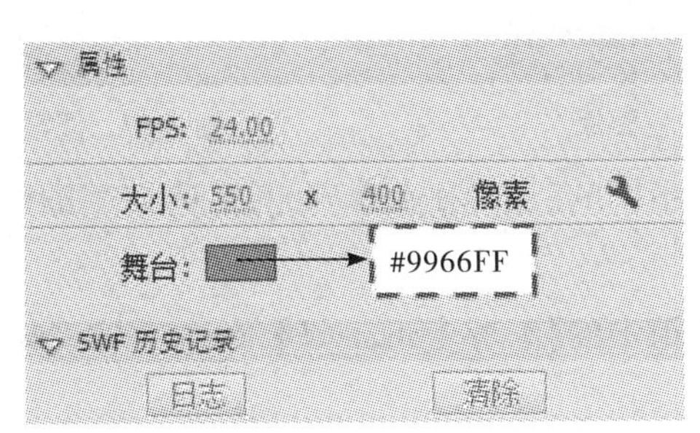

图 3-13　属性面板

步骤 2:选择【文件】菜单→【导入】→【导入到库】,将背景图片导入库待用。

步骤 3:选择工具箱中的【文本工具】输入文字,设置合适的字体、字号,设置文字颜色为黑色。

步骤 4:连续两次选择【修改】菜单→【分离】,将文字分离成形状。

步骤 5:选择工具箱中的【墨水瓶工具】,将【笔触颜色】设置为红色,反复单击文字边框,勾出文字的轮廓,如图 3-14 所示。

图 3-14　勾出文字的边框

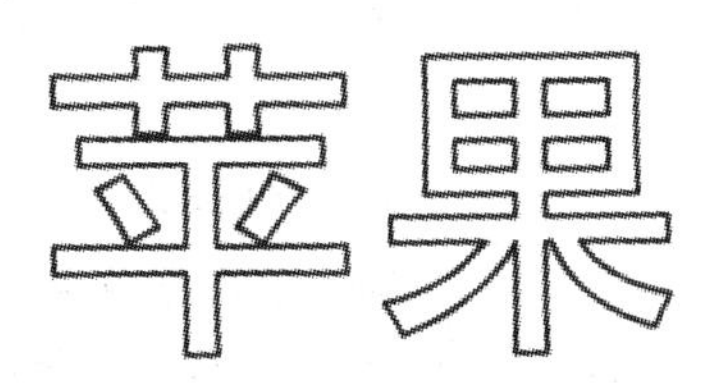

图 3-15　空心字

注意:在使用【墨水瓶工具】为文字添加边框时,事先不要使文字处于被选中的状态。

步骤 6:使用【选择工具】点选文字的内部黑色部分,按 Del 删除文字中黑色的色块,制作成空心字,如图 3-15 所示。

注意:如果发生无法准确选定的情况,可以在场景中放大舞台的缩放比例为 200%,甚至更高。

步骤 7:选择工具箱中的【颜料桶工具】,单击【窗口】菜单的【颜色】,打开【颜色面板】,在【颜色类型】框中选择【位图填充】,如图 3-16 所示,然后将鼠标指针移动到【颜色面板】下方的位图缩略图上,此时鼠标变成吸管状,在缩略图上点击一下,然后将鼠标移到舞台中,填充背景图到空心字中。

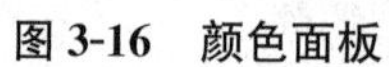
图 3-16 颜色面板

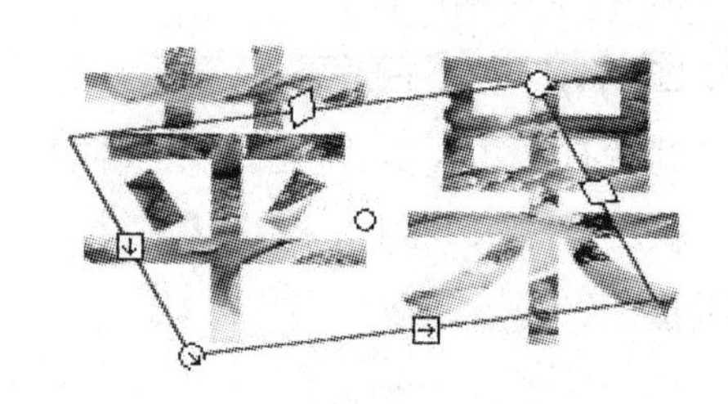

图 3-17 调整填充效果

步骤 8:使用工具箱中的【选择工具】,双击点选文字的边框线,然后按 Del 删除文字的边框线。

步骤 9:选择工具箱中的【渐变变形工具】,单击文字,拖动变形手柄调整填充效果,如图 3-17 所示。

步骤 10:选择工具箱中的【任意变形工具】,选中所有文字,然后点击工具箱下方【工具选项栏】的【封套】按钮,文字周围出现许多控制点,这时用鼠标拖动控制点,可以调整文字的形状将其修改为波浪字等。

步骤 11:保存文件。

4. 制作发光字

本例考查墨水瓶工具的使用、柔化填充边缘功能的使用。

步骤 1:新建一个文档,使用【文本工具】输入文本,设置合适的字体、大小和颜色。

步骤 2:选中文字,选择【修改】菜单→【分离】,分离两次,将文字打散。

步骤 3:使用工具箱中的【墨水瓶工具】,在【属性面板】中设置【笔触高度】为 3、【笔触颜色】为 # FFFF66,将鼠标移到舞台中,依次选中文字的各个边框,如图 3-18 所示。

步骤 4:使用【选择工具】和 Del 键,将文字除边框以外的所有内容删除,然后结合 Shift 键,选中文字的全部边框。

步骤 5:选择【修改】菜单→【形状】→【将线条转换为填充】命令,然后选择【修改】菜单→【形状】→【柔化填充边缘】命令,参数设置如图 3-19 所示。

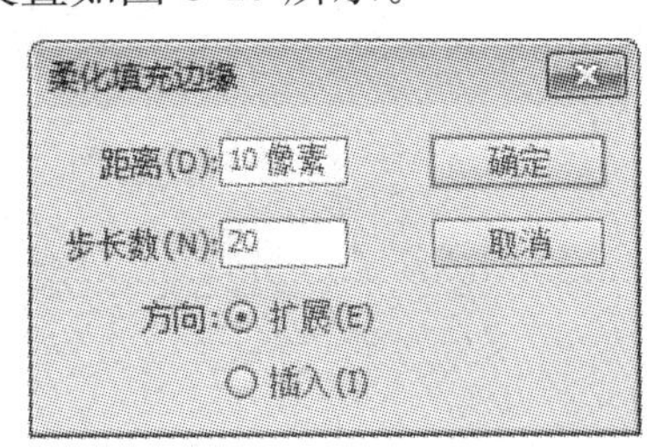

图 3-18　用墨水瓶工具点选文字边框　　**图 3-19　柔化填充边缘参数设置**

说明:【柔化填充边缘】常常用于为图形的边缘增加朦胧效果。其中,【距离】表示柔化边缘的宽度,【步骤数】用来控制柔化边缘效果的曲线数。

步骤 6:选择【文件】菜单→【导出】→【导出图像】,将文件导出为 swf 格式。

5. 绘制花朵图案

本例考查常用工具和变形面板的使用。

步骤 1:使用工具箱中的【椭圆工具】绘制一个黑色边框的椭圆,填充由白色到橘红色的渐变色。

步骤 2:使用【部分选取工具】点击椭圆的边框线,这时发现边框线四周出现多个锚点,用鼠标将最上方的点往下拖动。制作过程如图 3-20 所示。

步骤 3:使用【选择工具】,将鼠标移到边框周围,当鼠标下方出现一个弧线时,拖动进行调整,最后双击边框线,按 Del 删除。

步骤 4:使用【部分选择工具】,拖动最下方那个锚点,如图 3-20 所示。

步骤 5:反复使用【选择工具】调整弧度,使它看起来更像一个花瓣。

步骤 6:使用【任意变形工具】选中花瓣,将中心点移到花瓣最下方。如图3-21所示。然后在【对齐面板】中选择【变形】,打开【变形】面板,设置旋转角度为 36 度,单击【复制并应用变形】按钮 9 次,如图 3-22 所示,做成花朵的形状。

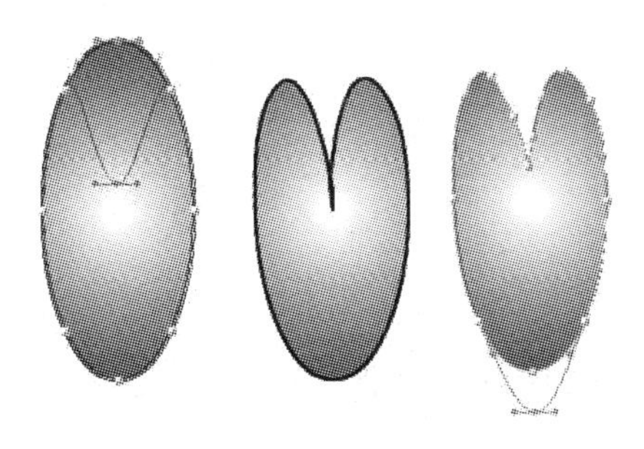

图 3-20　花瓣制作过程

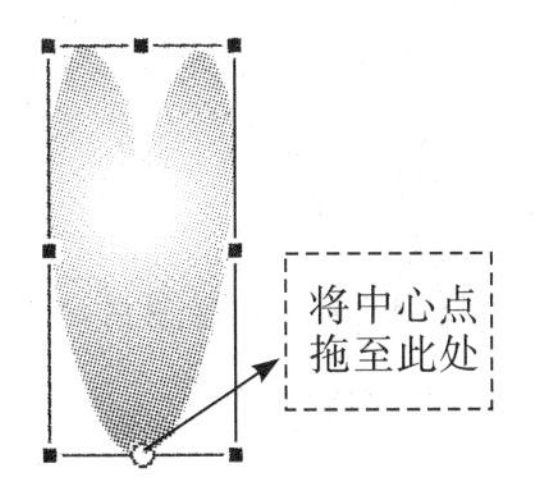

图 3-21　拖动中心点

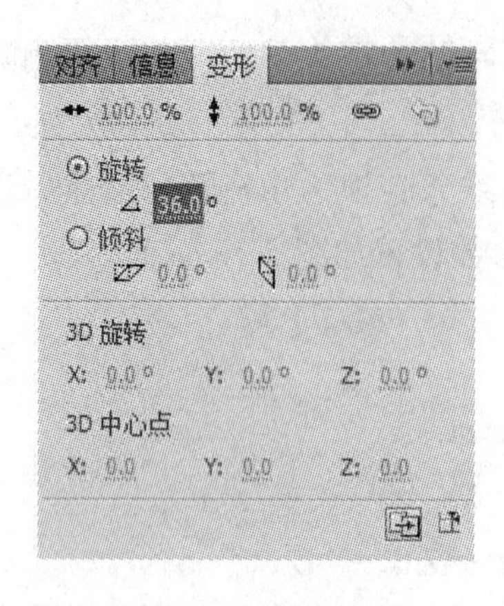

图 3-22 变形面板

图 3-23 制作成背景

步骤 7:可以进一步将做好的花朵布局成图案作为网页的背景。

①选中所有花瓣,选择【修改】菜单→【组合】,组合为一个对象。

②选中花朵,按 Ctrl 键拖动,复制几份,同时选中几个花朵,单击【对齐面板】中的【水平居中分布】,使它们均匀排列。

③复制一个花朵,等比例缩小,再复制几份,使其均匀分布在舞台中。

④将做好的两排花朵复制几份,直至布满整个舞台,如图 3-23 所示。

6. 制作邮票图案

本例考查图形边框的特殊设置方法。

步骤 1:新建文档,设置尺寸为默认值 550×400 像素。

步骤 2:选择【文件】菜单→【导入】→【导入库】,将素材图片导入库,并将图片拖入舞台中。然后使用【属性面板】调整图片大小为 520×377,如图 3-24 所示。选择【窗口】菜单→【对齐】,打开【对齐面板】,勾选【与舞台对齐】,点击【水平中齐】【垂直中齐】,使之位于舞台中央。如图 3-25 所示。

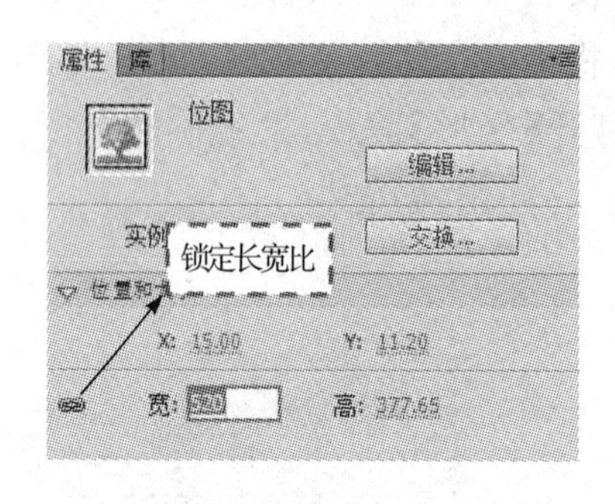

图 3-24 设置图片尺寸

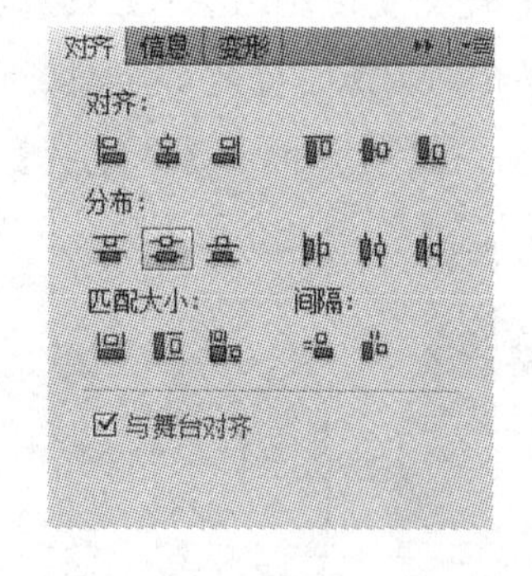

图 3-25 对齐面板的设置

步骤 3:在当前图层的左下角、右上角分别输入“80 分”“中国邮政 CHINA”等字样,如图 3-6 所示。

步骤 4:新建图层,使用工具箱中的【矩形工具】绘制比图片尺寸略大的矩形

(可以设置与文档尺寸相同),调整其位置使它刚好覆盖整个文档。然后设置它的边框线为红色、填充色为黑色。

步骤5:在【时间轴面板】上调整两图层的位置,然后使用【选择工具】双击矩形的边框,在【属性面板】中设置【笔触宽度】为20,单击【编辑笔触样式】按钮,做如图3-26所示的设置。

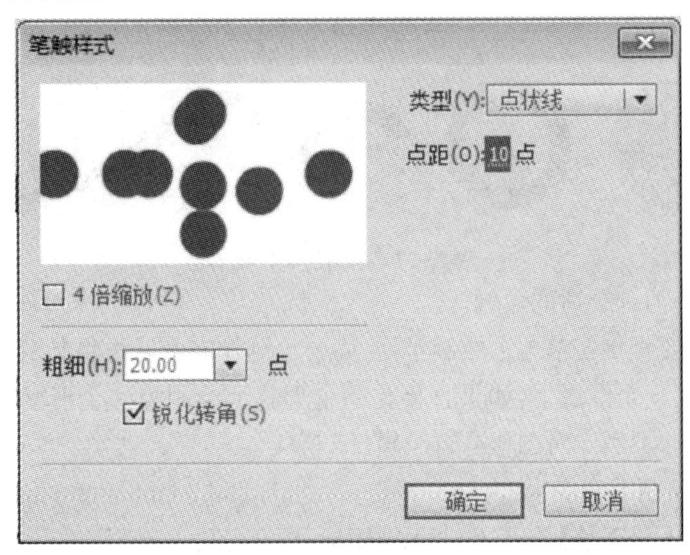

图3-26 设置笔触样式

步骤6:继续选中矩形的边框线,选择【修改】菜单→【形状】→【将线条转换为填充】,使用【选择工具】选中矩形内部黑色的部分,单击【剪切】。

步骤7:删除图层2(矩形层),新建一个图层,单击右键→选择【粘贴到当前位置】,将刚才剪切掉的白色部分都粘贴过来。

注意:如果锯齿孔较小,可以将图片的尺寸调小一些,然后对齐。

步骤8:选择【文件】菜单→【导出】→【导出图像】,将文件导出为swf格式。

7. 绘制草原夜色效果图

本例训练基本绘图能力和绘图技巧。

步骤1:绘制草地。

①新建文档,设置背景颜色为#1E4564。其他为默认值。

②选择工具箱中的【矩形工具】,绘制一个无边框的矩形,填充色为#0B2604。

③使用【对齐面板】上的【匹配宽度】和【底对齐】,调整矩形的位置和大小。

④选择工具箱中的【选择工具】,将鼠标移到矩形右上角的边角处,当鼠标下方出现一个直角形状时,微微向上拖动鼠标,如图3-7所示。

步骤2:绘制小河。

①选择【椭圆工具】,绘制一个无边框的正圆,填充色为#A2AFC0。

②在旁边再绘制一个小的正圆(填充其他颜色),选中两个圆,分别点击【对齐

面板】上的【垂直中齐】【水平中齐】，选择【修改】菜单→【分离】，然后选择中间的小圆，按 Del 删除，得到一个圆环。

③使用【选择工具】选择圆环下半部分，按 Del 删除。

④继续使用【选择工具】调整半圆环的形状，再将鼠标移到半圆环端点，当鼠标下方出现一个直角形状时，拖动鼠标继续调整半圆环的形状。绘制过程如图 3-27所示。

图 3-27 小河绘制过程

⑤拖动小河到合适的位置。

注意：不要直接在草地上绘制小河，而要等制作完毕后再将其移动到草地上。这是因为在同一个图层上，如果直接在一个形状上绘制另一个形状，两个形状就容易互相影响，不利于对图形进行编辑。

步骤 3：绘制毛毡房。

①选择【矩形工具】，绘制一个无框矩形，填充色为＃3C2B33。

②使用【选择工具】，将鼠标移到矩形的两个角上拖动，将矩形改为梯形。

③复制画好的梯形，尺寸改小一些，将填充色调整为＃FFFF80，并移动到大梯形的内部。

④继续使用【矩形工具】在梯形下方画一个无框矩形，填充＃2B1E24。

⑤选择【线条工具】，设置【笔触颜色】为＃3C2B33，在矩形上画两条线段。绘制过程如图 3-28 所示。

图 3-28 毛毡房绘制过程

⑥复制一个房子，调整好大小，再移动到草地的合适位置上。

步骤 4：绘制月牙。

①选择【椭圆工具】，绘制一个无边框的正圆，填充白色。

②再在旁边绘制一个无边框略大的正圆，填充另一种颜色。

③将大圆移动到小圆上，分离后选中大圆，按 Del 删除，得到月牙形状。绘制过程如图 3-29 所示。

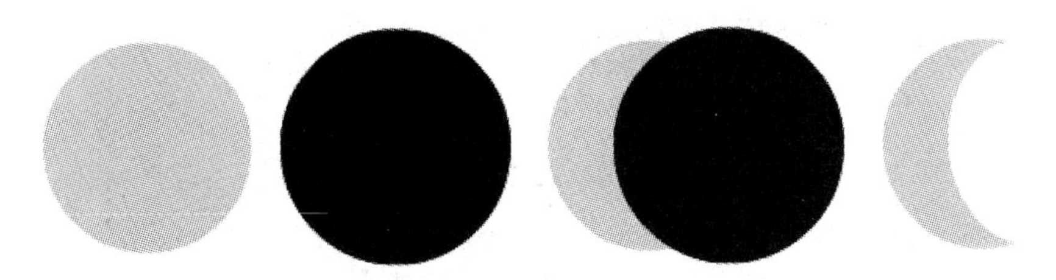

图 3-29 月牙的绘制过程

④选中月牙，选择【修改】菜单→【形状】→【柔化填充边缘】，在弹出的对话框中设置【距离】为 10 像素，【步骤数】为 4，使月牙的边缘处变得朦胧。

步骤 5：绘制星星。

①选择工具箱中的【多角星形工具】，在【属性面板】中设置【笔触颜色】为无、【填充颜色】为白色。单击【属性面板】中的【选项】按钮，在【样式】下拉列表中选择【星形】，【边数】为 4，如图 3-30 所示。

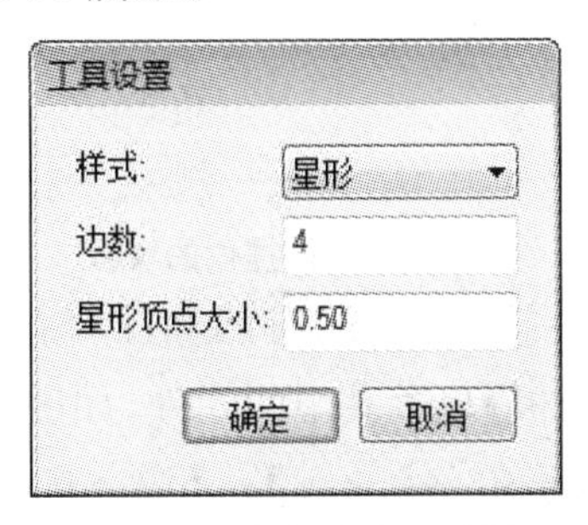

图 3-30 多角形选项设置

②在舞台上复制多个星星，调整它们的大小和位置。

步骤 6：保存文件为 fla 格式。

8. 使用系统模板做浏览照片的动画效果

本例考查系统提供模板的使用。

步骤 1：选择【文件】菜单→【新建】，选择【模板】标签卡，在【类别】列表中选择【媒体播放】，在【模板】中选择【简单相册】，如图 3-31 所示。

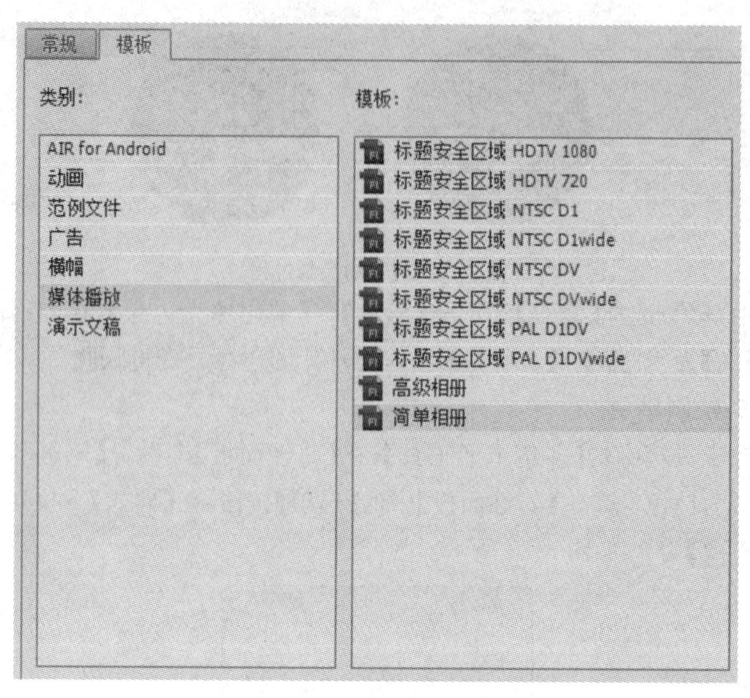

图 3-31 系统提供的模板

步骤 2:该模板文档是一个完整的有四幅图片的动画,此时可以按 Ctrl+Enter 观看效果。打开【库面板】观察其中的元件,如图 3-32 所示。如果想放入自己的图片,可以选择【文件】菜单→【导入】→【导入库】,将自己的图片导入库中待用。

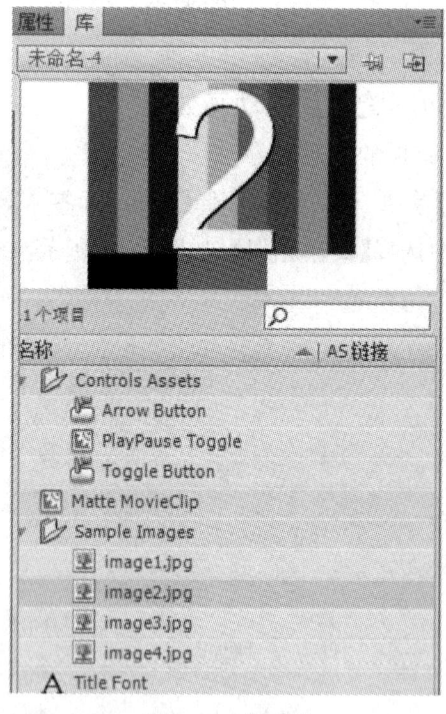

图 3-32 库面板

步骤3:观察【时间轴面板】,如图3-33所示。找到图像所在的图层“图像/标题”。并选中第1帧的第一幅图,在【属性面板】中单击【交换】按钮,如图3-34所示。在随即弹出的【交换图像】对话框中选择自己要展示的图像文件的名称,单击【确定】后可以在原位置交换图像,然后改变图片的大小以适应屏幕。

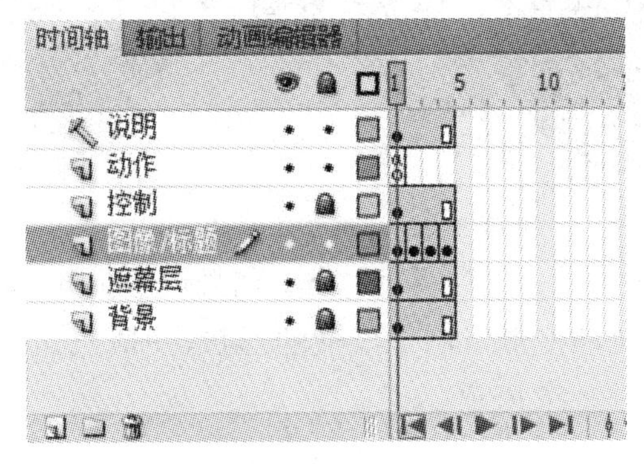

图3-33 时间轴面板

图3-34 交换元件

步骤4:依照上面的方法,变更其他三幅图片。按Ctrl+Enter测试影片。

注意:

(1)也可以不用【交换】按钮,直接选择模板文件中包含图片的那一层,选择图片,删除后再拖动想要的图片到舞台中。

(2)如果导入库的图片尺寸过大,可以先创建元件,将图片依次拖入元件舞台中,调整使之与模板里的图片大小相同。

步骤5:选择【文件】菜单→【导出】→【导出影片】,将文件导出为swf格式。

9. 绘制小熊

本例考查Flash基本绘图能力。

步骤1:新建文档,选择【椭圆工具】,设置边框为黑色、【笔触高度】为1.5、填充色为#663300,分别绘制三个圆,然后将小圆拖成耳郭的形状,过程如图3-35所示。

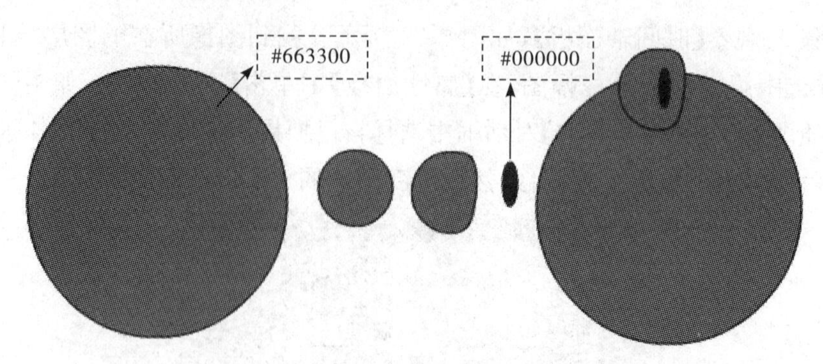

图 3-35 小熊头部绘制过程

步骤 2:新建两个图层:“嘴”“鼻子”。选择【椭圆工具】绘制一个椭圆,使用【选择工具】拖动边缘处拉动变形以制作成嘴的形状,并填充＃E6D3AA。然后绘制黑色的鼻子,过程如图 3-36 所示。

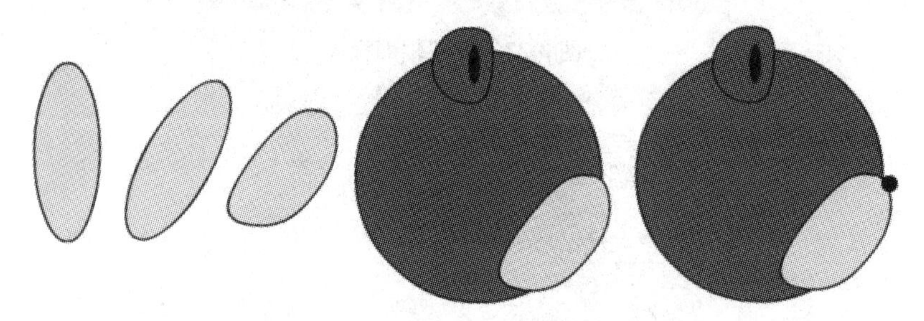

图 3-36 嘴唇和鼻子的绘制过程

步骤 3:新建图层“线条”,分别使用【线条工具】绘制出眼睛和嘴的线条,然后用【选择工具】拉动弧度,如图 3-37 所示,最后导出 swf 格式的文件。

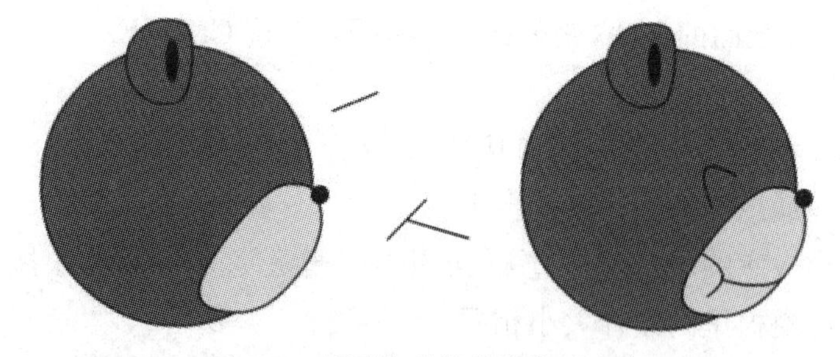

图 3-37 眼睛和嘴线条的绘制过程

10. 绘制 QQ 表情中的笑脸图形

本例考查渐变变形工具的使用,并训练 Flash 基本绘图的能力。

步骤 1:新建文档。

步骤 2:使用工具箱中的【椭圆工具】,按住 Shift 键,绘制一个正圆,同时设置边框线的【笔触高度】为 5.5,打开【颜色面板】,在【颜色类型】下拉列表中选择【径向渐变】,设置四个渐变色块的透明度及颜色分别为(50％,＃FDE99B)、(80％,＃FDEB66)、(100％,＃F9BE3D)、(80％,＃F9BE3D),如图 3-38 所示。

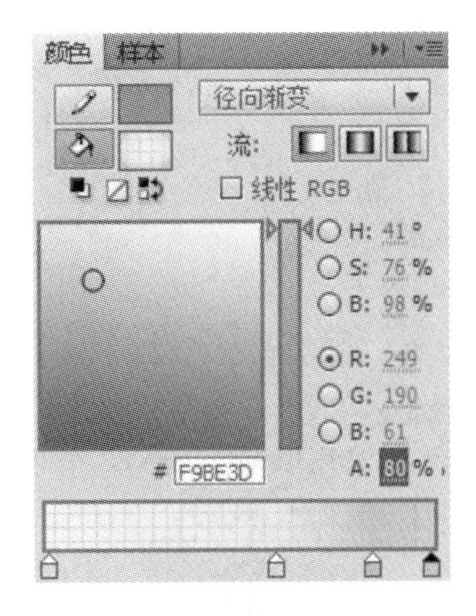

图 3-38　混色器面板

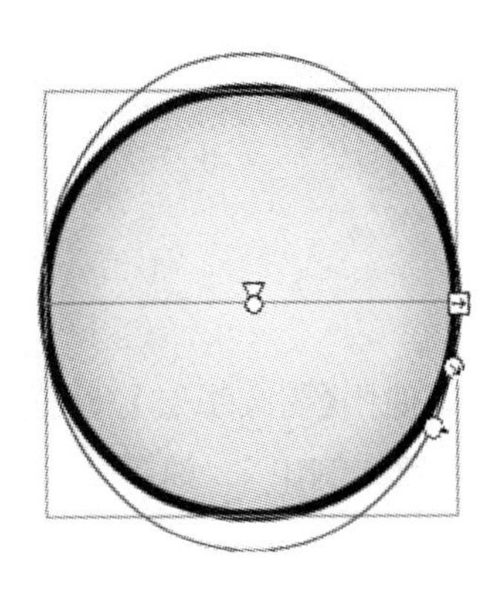

图 3-39　调整高光位置

步骤 3:使用工具箱中的【渐变变形工具】选择刚才绘制的圆,调整正圆的高光位置,如图 3-39 所示。

步骤 4:使用【椭圆工具】,设置笔触颜色为无、填充色为黑色,绘制眼睛,如图 3-40 所示。

步骤 5:选择绘制的一只眼睛,同时按住 Ctrl 拖动,这时又复制了另一只,调整好它们的位置。可以在选中后,使用【变形面板】,使它们微微转动。

步骤 6:在舞台空白处使用【椭圆工具】绘制两个无边框色、填充色不同、大小不同的椭圆。同时选中两个圆,选择【修改】菜单→【分离】,再选中上面的椭圆,按 Del 键,即得到嘴的形状。如图 3-41 所示。

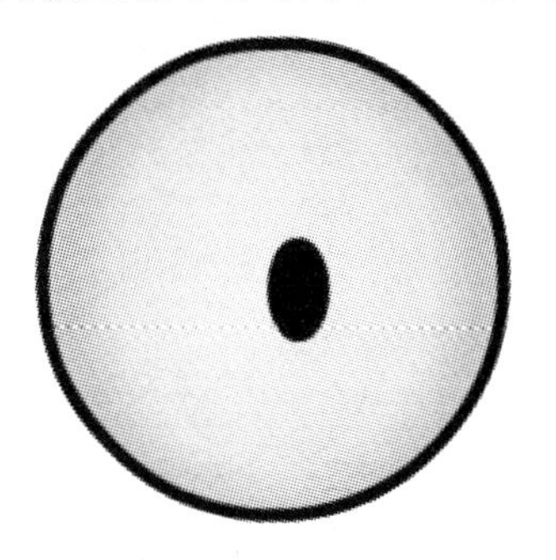

图 3-40　绘制眼睛

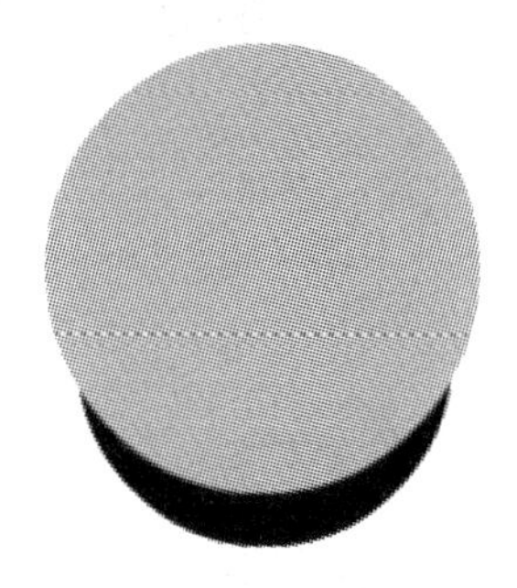

图 3-41　制作嘴

步骤 7:使用【任意变形工具】调整嘴巴的位置。

注意:为了避免绘制的各个图形相互影响或组合,可以将各图形放到不同的图层中以方便后面的移动等操作。

五、拓展练习

绘制卡通形象流氓兔,效果如图 3-42 所示。

图 3-42　流氓兔

步骤 1:使用【椭圆工具】,设置笔触为黑色,禁用填充色,绘制几个椭圆,将兔子的外形大致绘制出来,如图 3-43 所示。

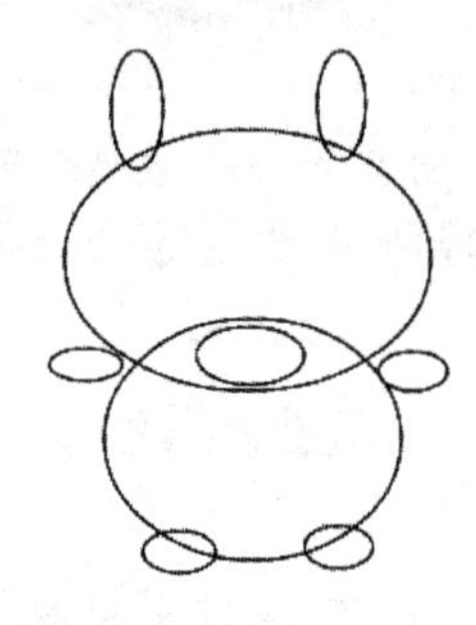

图 3-43　大致外形

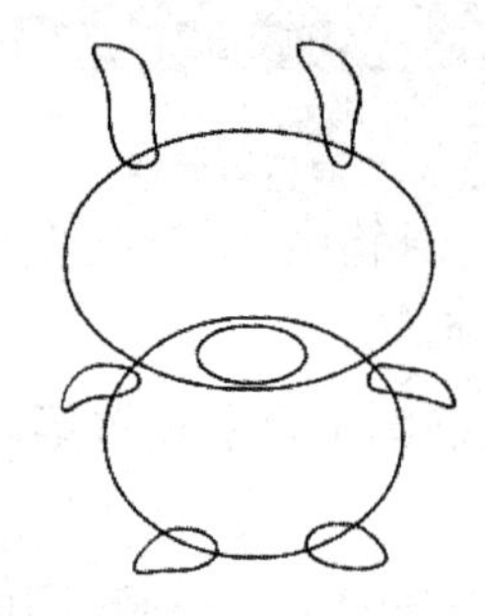

图 3-44　调整四肢弧度

步骤 2:使用【选择工具】将鼠标移至兔子的耳朵、胳膊、腿等处,调整边框的弧度,完善它的外形。如图 3-44 所示。

步骤 3:使用【线条工具】绘制兔子的眼睛和嘴,如图 3-45 所示。选中所有图形,单击【修改】菜单→【分离】,然后删除多余的线条,再用【选择工具】修改嘴的部分,如图 3-46。

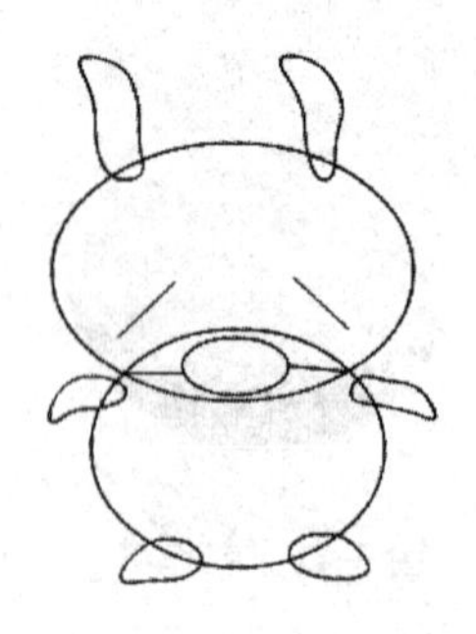

图 3-45　绘制眼睛和嘴

图 3-46　进一步修饰

步骤 4:绘制鼻子,填充黑色。使用【铅笔工具】勾画出兔子的阴影部分。如图 3-47 所示。

图 3-47 绘制阴影

注意:选择【铅笔工具】后,在工具箱下方选择【平滑】。

如果对绘制的弧线不满意,可以用选择工具选中弧线后,使用工具箱下方的【平滑】按钮逐渐增加弧线平滑度。

步骤 5:分离后,用浅灰色填充阴影部分,然后使用【选择工具】将明暗分界线删除。最终效果如图 3-42 所示。

注意:为阴影部分填充颜色时,可能出现无法填充的情况,此时可以将整个舞台放大,看清楚是否有个别地方因没有闭合而无法上色。

实验 2 基本动画制作

一、实验目的

(1)掌握运动动画和变形动画的创建方法。

(2)初步掌握图形元件和影片剪辑元件的创建及使用方法。

(3)掌握滤镜在 Flash 中的应用。

(4)掌握补间的制作方法并了解 Flash 三类补间的区别。

(5)初步训练制作综合动画的能力。

二、实验环境

(1)硬件要求:微处理器 Intel 奔腾 IV,内存要在 1GB 以上。

(2)运行环境:Windows 7/8。

(3)应用软件:Flash CS5。

三、实验内容与要求

(1)制作倒计时动画效果,如图 3-48 所示。

图 3-48 倒计时动画的开头和结束

(2)模拟电影中镜头由远及近的效果,制作成动画,如图 3-49 所示。

(a) 远镜头

(b) 近镜头

图 3-49 模拟电影镜头

(3)制作文字跳动的动画效果,如图 3-50 所示。

(4)利用滤镜功能,制作汽车广告的宣传动画效果,如图 3-51 所示。

图 3-50 文字逐一跳动的效果

图 3-51 滤镜动画

(5)制作夜空中的七彩星,如图 3-52 所示。

图 3-52 夜空中的七彩星

(6)制作小熊吹泡泡的动画,如图 3-53 所示。

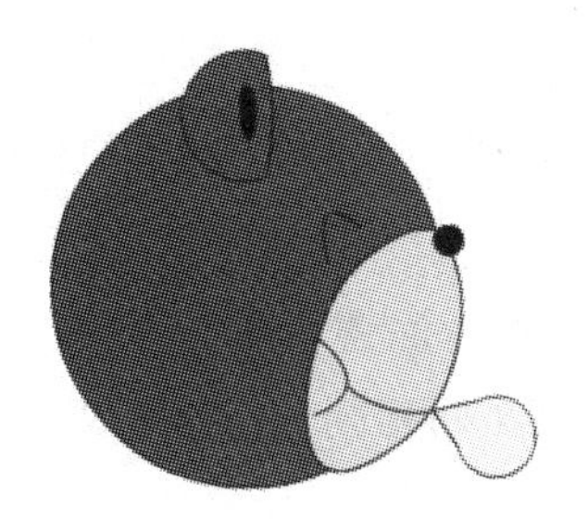
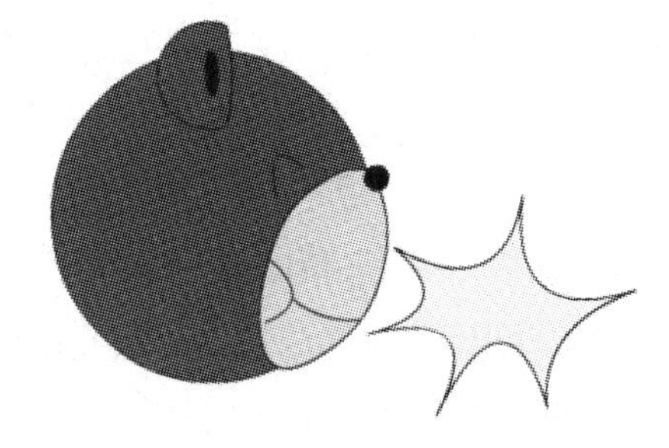

图 3-53 小熊吹泡泡

四、实验步骤与指导

1. 倒计时动画制作

本例考查逐帧动画的创建方法。

步骤 1:新建文档,设置尺寸为 200×200 像素,帧频为 12fps。

步骤 2:重命名当前图层为“背景”,选择【椭圆工具】,设置【笔触高度】为 2,黑色,然后绘制三个圆,将大圆填充为#999999,两个小圆填充为#CCCCCC。最后,打开【对齐面板】调整三个圆的位置,使它们居中,如图 3-54 所示。

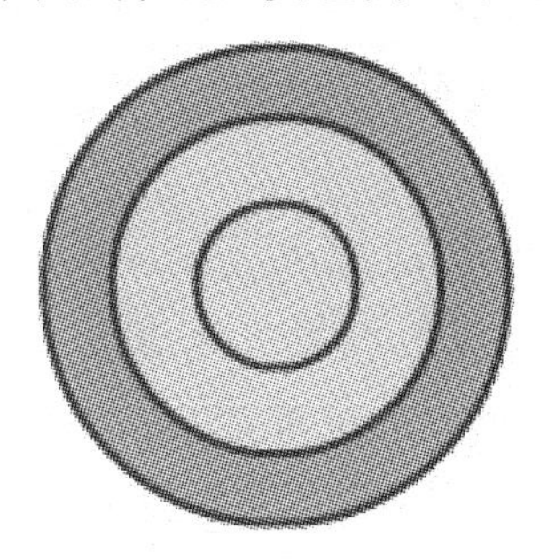

图 3-54 背景

步骤 3:在“背景层”的第 15 帧单击右键,选择【插入帧】,表示将背景层延长到第 15 帧。

步骤 4:新建图层“数字”,使用【文本工具】输入 9,并设置合适的字体、大小。

步骤 5:在该层第 9 帧插入关键帧,选中第 2 到 8 帧,单击右键,选择【转换为关键帧】。

步骤 6:选中第 2 帧,使用【文本工具】修改其中的数字为 8。

步骤 7:选中第 3 帧,使用【文本工具】修改其中的数字为 7,以此类推,直到 1 为止。

步骤 8:按 Ctrl+Enter 测试影片观看效果。

步骤 9:选择【文件】菜单→【导出】→【导出影片】,将文件导出为 swf 格式。

2. 模拟电影镜头的效果

本例考查位移动画和缩放动画的制作。

步骤 1:新建文档，选择【文件】菜单→【导入】→【导入库】，选择素材图片入库待用。

步骤 2:在“图层 1”中将图片拖入舞台，为了使后面镜头的效果更加明显，可使用【对齐面板】中的【匹配高度】使图片的高度与文档相同，并设置图片水平方向左对齐、垂直方向居中对齐。

步骤 3:在第 50 帧插入关键帧，使用【对齐面板】使图片水平方向右对齐、垂直方向居中对齐。

步骤 4:在两个关键帧之间创建传统补间。

步骤 5:制作镜头由远及近的效果：在第 100 帧插入关键帧，使用【任意变形工具】将图片放大 2～4 倍，并放置在合适的位置上。

步骤 6:在第 50 帧和第 100 帧之间创建传统补间，然后在第 120 帧插入帧。

步骤 7:测试影片观看效果。

3. 跳动文字

本例考查运动动画的创建及文字透明度等属性的设置方法。

步骤 1:新建 Flash 文档，设置大小为 500×250 像素、背景为淡黄色、帧频为 12fps。

步骤 2:新建图层，将其重命名为“F”。选择【文本工具】，在“F”层上输入文字。单击屏幕右侧的【属性面板】，设置文字颜色为红色、大小为 260、Alpha 为 30%，并将文字调整到中央偏下方的位置，如图 3-55 所示。

注意: Alpha 为透明度，选择文字后，在【颜色面板】中设置相关参数。

步骤 3:在第 10 帧插入关键帧，设置文字的 Alpha 为 100%、大小为 100，调整到左上方合适的位置，如图 3-56 所示。

图 3-55 第 1 帧上文字的位置　　**图 3-56 第 10 帧上文字的位置**

步骤 4:选中两个关键帧之间的任意 1 帧，单击右键，选择【创建传统补间】，在窗口左侧的【属性】面板中勾选【同步】【贴紧】【缩放】，如图 3-57 所示。

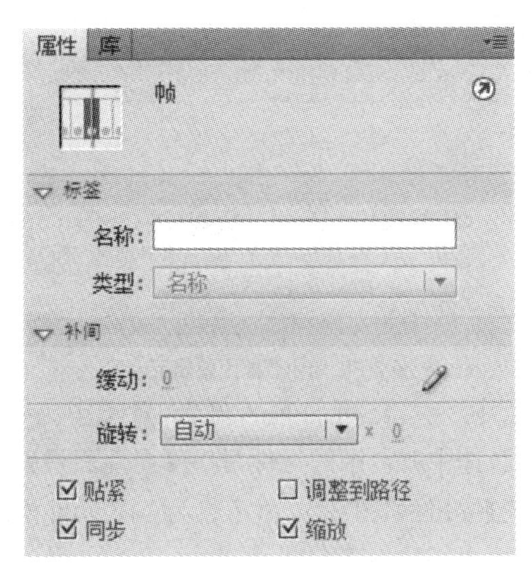

图 3-57 属性面板

步骤 5:新建图层,取名为"L",在第 5 帧插入关键帧,输入文字,设置大小为 260、Alpha 为 30%,并拖动到窗口下方;在该层的第 15 帧插入关键帧,设置文字大小为 100、Alpha 为 100%,并拖动到窗口左上方;创建传统补间,勾中【同步】【贴紧】【缩放】。

步骤 6:在后面若干帧上选择"F"层,单击【插入帧】。这样在"L"层上的第 10 帧以后也可以看到"F"层的效果。

步骤 7:依照以上步骤输入其他文字(每个字为一个图层)。

注意:也可以新建图层,选择"F"层的第 1 帧到第 10 帧,选择【复制帧】,在新层开始动画的那一帧单击右键,选择【粘贴帧】,然后在新图层的首尾两个关键帧上修改文字和位置。

步骤 8:按 Ctrl+Enter 测试影片并导出 swf 文件。

4. 汽车广告

本例考查影片剪辑元件的使用和多种滤镜效果的应用。

步骤 1:新建文档,设置帧频为 12fps。导入素材中的汽车图片。打开【库面板】,选中图片,单击右链,选择【属性】,可以看到素材图片的大小,然后将 Flash 文档的尺寸调整成和图片尺寸相同。

步骤 2:选择【插入】菜单→【新建元件】,选择影片剪辑元件,命名为"车",如图 3-58 所示。然后将素材图拖至舞台中央。

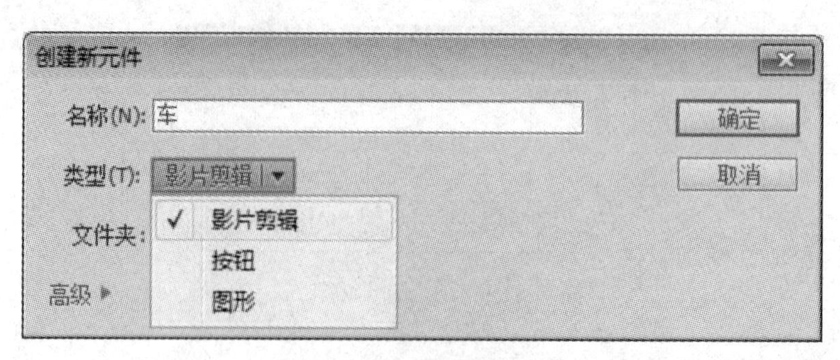

图 3-58 创建影片剪辑元件

步骤 3:回到场景中,将“车”元件拖入舞台,置于中央,使其刚好覆盖文档。在第 15 帧插入关键帧,选中舞台中的元件,打开【属性面板】,弹开【滤镜】选项,单击左下角的【添加滤镜】按钮,如图 3-59 所示。为“车”元件添加【调整颜色】和【模糊】滤镜,各参数设置如图 3-60 所示。

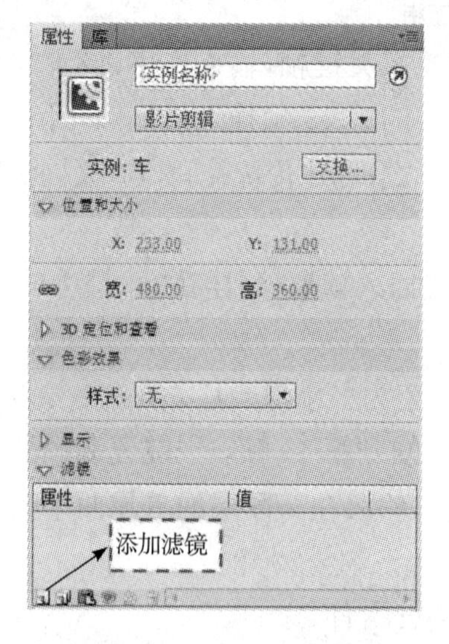

图 3-59 在属性面板中添加滤镜

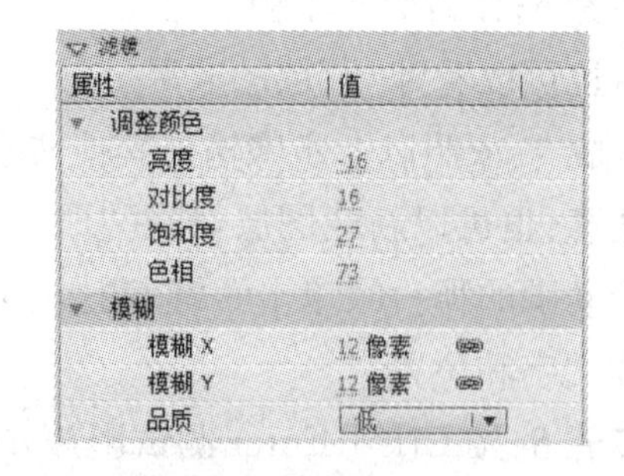

图 3-60 第 15 帧元件的滤镜参数设置

注意:在 Flash 中,只能对三类对象设置滤镜效果:文本、影片剪辑元件和按钮元件。

步骤 4:将第 1 帧复制粘贴到第 35 帧、第 45 帧。选择第 35 帧上的汽车元件,添加【调整颜色】和【发光】滤镜,在【发光】滤镜面板中设置颜色为黄色。其他各参数设置如图 3-61 所示。

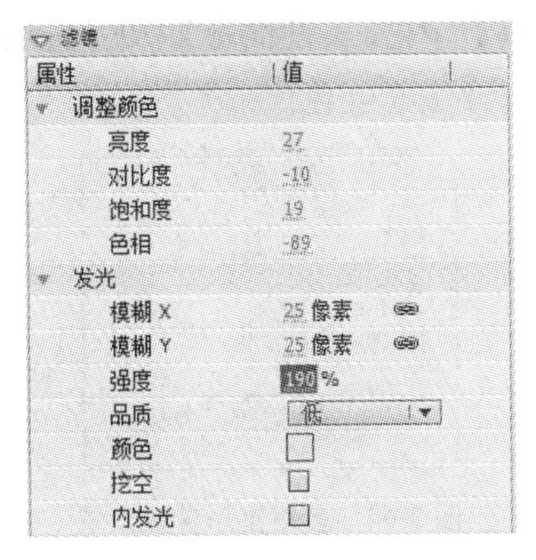

图 3-61 第 35 帧元件的滤镜参数设置

步骤 5:在【时间轴窗口】创建三段传统补间,如图 3-62 所示。

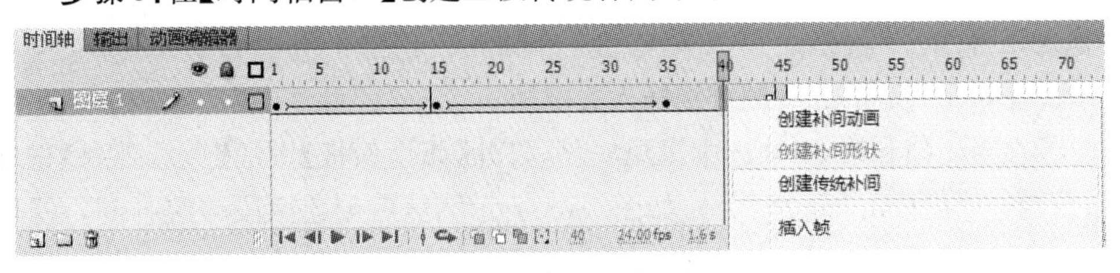

图 3-62 创建传统补间

步骤 6:制作边框效果。

①新建一个名为"边框"的影片剪辑元件,使用工具箱中的【矩形工具】绘制一个没有边框、填充色任意的矩形。

②回到场景中,新建一个名为"边框"的图层,将刚才制作的图形元件拖入舞台,使用【对齐面板】中的【匹配宽和高】【水平中齐】【垂直中齐】,使矩形刚好覆盖文档。

③选中矩形,在【滤镜面板】中添加【斜角】和【发光】滤镜,在【发光】滤镜的面板中设置颜色为蓝色。其他各参数设置如图 3-63 所示。

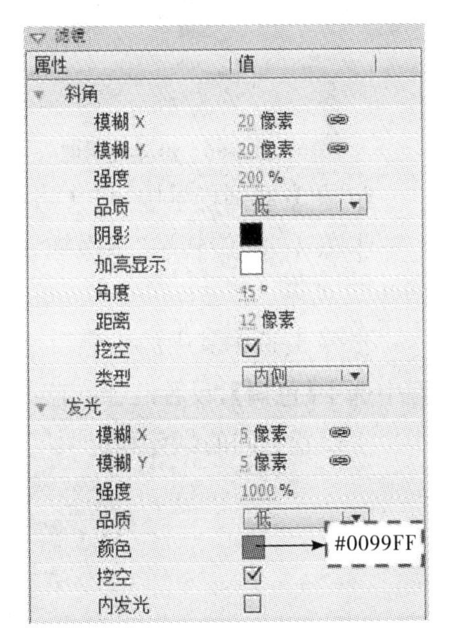

图 3-63 边框的滤镜参数设置

步骤 7:按 Ctrl+Enter 测试影片观看效果,并导出 swf 格式的文件。

5. 七彩星

本例考查影片剪辑元件的使用及实例的参数修改方法。

步骤 1:制作星星。

①新建空白文档,插入一个图形元件,命名为"星星"。

②选择【多角星形工具】,单击【属性面板】中的【选项】,参数设置如图 3-64 所示。在舞台中绘制一颗星,并填充红色。

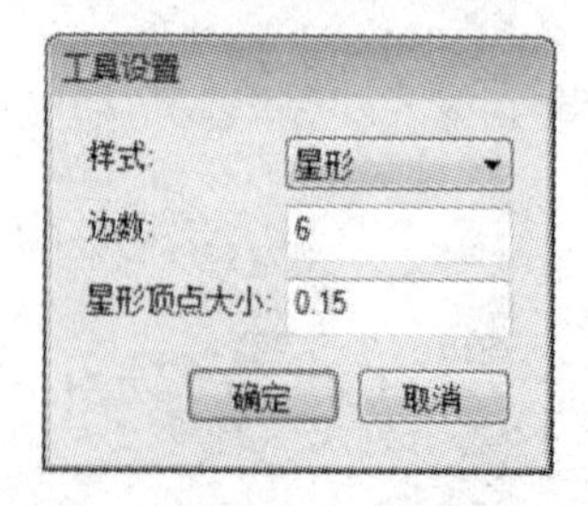

图 3-64 多角星形参数设置

步骤 2:制作旋转的星星。

①插入一个影片剪辑元件,将其命名为“旋转星”,再将刚才制作的“星星”元件拖入舞台。

②在第 15 帧和第 30 帧分别插入关键帧。

③在第 1 帧和第 30 帧选中星星实例,打开【属性面板】中的【色彩效果】选项栏,设置透明度(Alpha)为 20%,如图 3-65 所示。然后创建两段传统补间,在【属性面板】设置旋转效果分别为顺时针和逆时针,如图 3-66 所示。

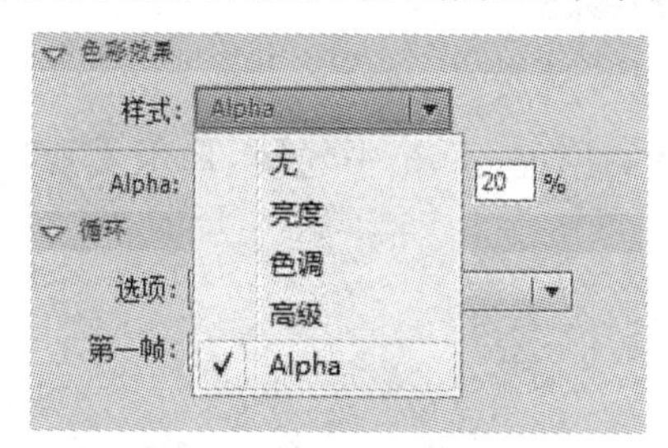

图 3-65 设置透明度

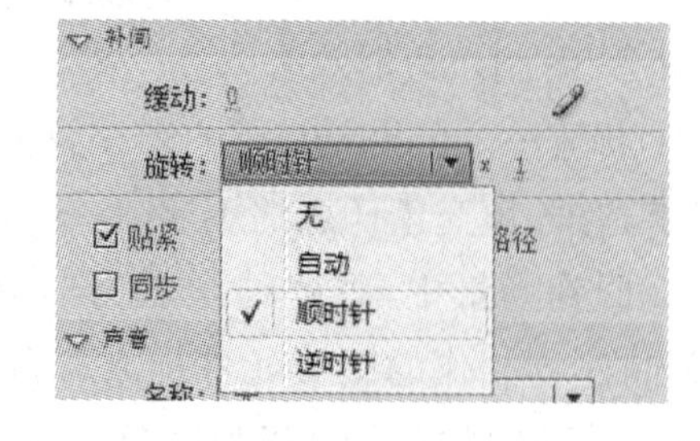

图 3-66 设置补间

步骤 3:回到场景中,将文档背景设置为黑色,将帧频设置为 12fps。

步骤 4:将“旋转星”多次拖入舞台,调整合适大小,将它们排列在舞台中,如图 3-52 所示。

步骤 5:选中其中的一颗星,打开【属性面板】中的【色彩效果】选项,在【样式】框中选中【色调】,设置红、绿、蓝的比重,如图 3-67 所示。然后按相同的方法给每个星星设置不同的颜色和透明度。

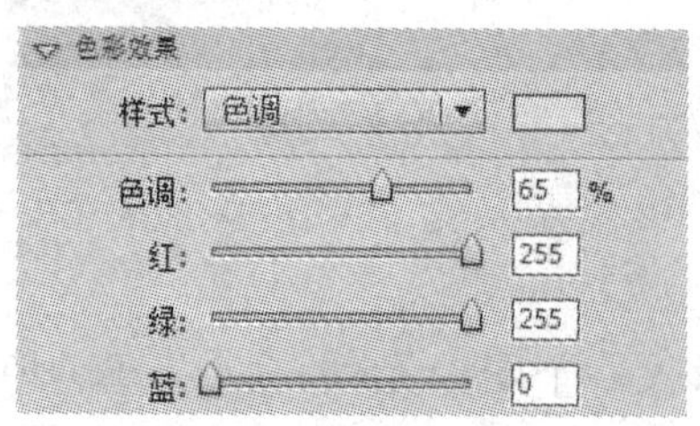

图 3-67 调整颜色

步骤 6:测试影片,选择【文件】菜单→【导出】→【导出影片】,将文件导出为swf 格式。

6. 小熊吹泡泡的动画

本例考查形状变形动画的制作。

步骤 1:新建文档,设置帧频为 12fps。

步骤 2:新建图形元件,按照本章实验 1 第 9 题的方法绘制小熊。

步骤 3:返回场景中,将当前图层重命名为"小熊",将图形元件拖入该层。新建图层 2,将其重命名为"三角",绘制一个边框为黑色、填充色为#FFFF99 的三角形,然后移动到小熊的嘴边,并删除其中一条边,如图 3-68 所示。

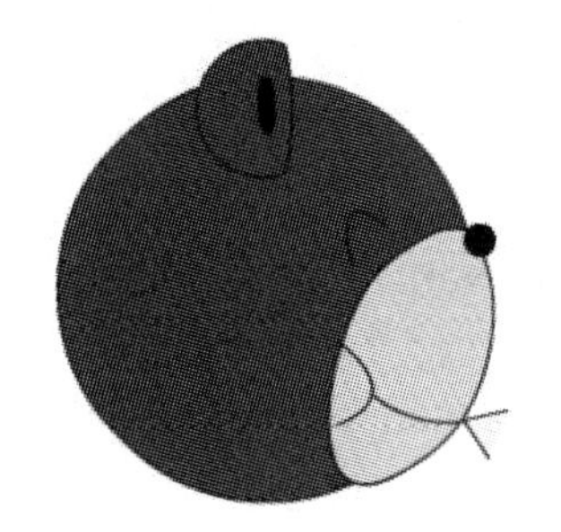

图 3-68　绘制三角形

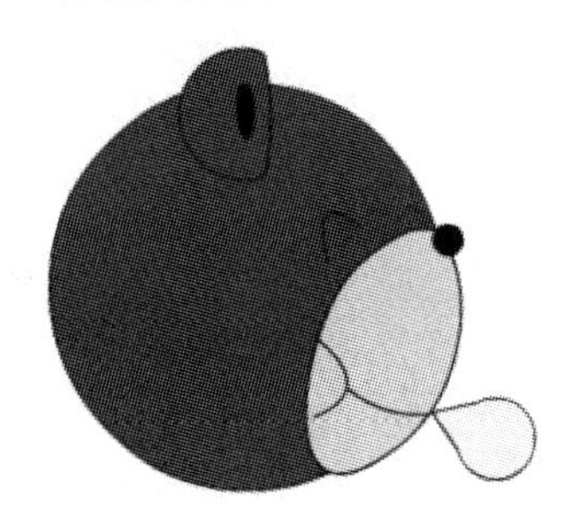

图 3-69　绘制小圆

步骤 4:新建图层"泡泡",在第 1 帧绘制一个小圆,如图 3-69 所示。然后将"泡泡"图层拖到"三角"图层下方。

步骤 5:在"泡泡"层的第 20 帧插入关键帧,在其他两层插入帧。在"泡泡"层的第 20 帧上将圆放大,如图 3-70 所示,并创建补间形状。

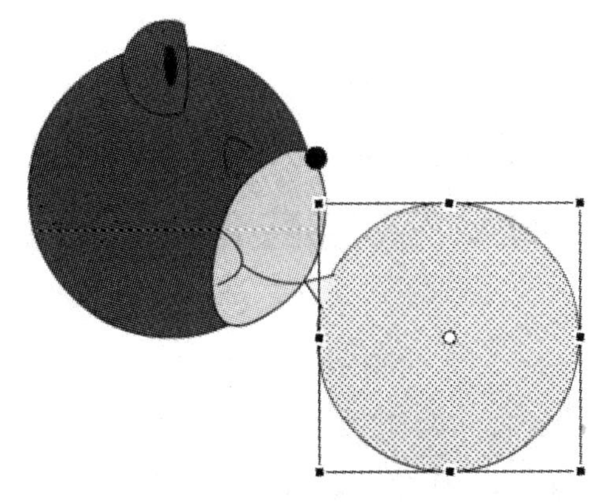

图 3-70　将泡泡放大

步骤 6:在"泡泡"层的第 25 帧插入关键帧,即让动画停留 5 帧的时间,分别在"三角"层的第 25 帧、"小熊"层的第 30 帧插入帧。

步骤 7:在"泡泡"层的第 26 帧插入空白关键帧。【时间轴面板】如图 3-71 所示,在该帧绘制一个不规则的六边形,然后使用【选择工具】拉动变形为爆炸图案,如图 3-72 所示。

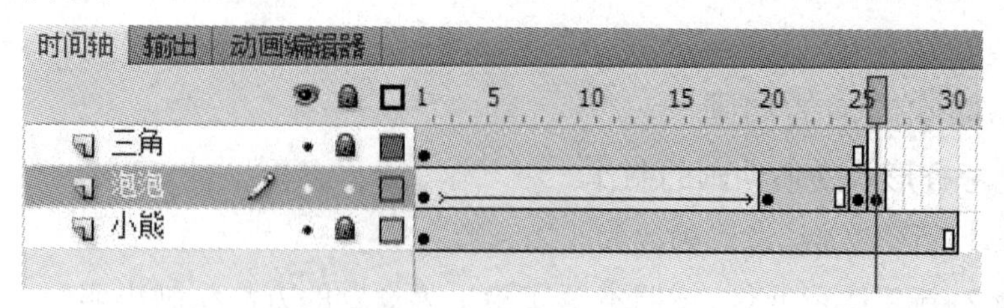

图 3-71　时间轴面板

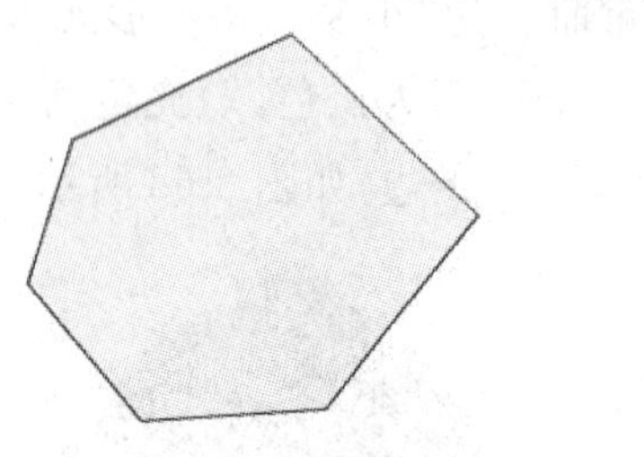
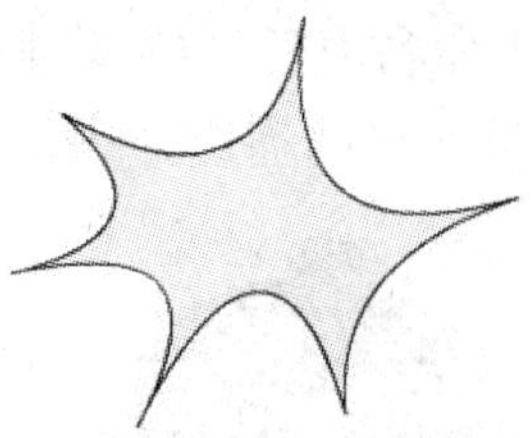

图 3-72　爆炸图案的制作

步骤 8:测试影片观看效果。

五、拓展练习

制作照片展示的相册,如图 3-73 所示。

图 3-73　相册

步骤 1:新建文档,设置尺寸为 600×300 像素、背景色为淡黄色、帧频为 12fps。

步骤 2:选择【文件】菜单→【导入】→【导入库】,将素材中的四幅图片导入库待用。

步骤 3:选择【插入】菜单→【新建元件】,新建一个名为“1”的图形元件,将第一张照片拖入舞台,设置图片宽度为 150(尺寸为 150×100,等比例缩放),在【对齐面板】选择【水平中齐】【垂直中齐】,使图片位于舞台中央。

步骤 4:仿照上面的操作,建立 2、3、4 图形元件,分别将其他 3 幅图片拖入。

步骤 5:制作图片框架。

①选择【插入】菜单→【新建元件】,新建一个名为“框架”的图形元件。

②使用工具箱中的【矩形工具】,绘制一个无填充色的矩形,尺寸调整和上述图片的图形元件大小一样(150×100)。

步骤 6:制作标题逐字出现的动画效果。

①选择【插入】菜单→【新建元件】,新建一个名为“标题”的影片剪辑元件。

②在第 5 帧插入空白关键帧,使用工具箱中的【文本工具】,在第 5 帧输入文字“照”,设置合适的字体,大小为 100,文字为橙色,使用【对齐面板】使它位于舞台中央。

③在第 15 帧插入关键帧,继续输入“片”。

④在第 20 帧插入关键帧,继续输入“展”。这样即制作了标题逐字出现的动画效果。

⑤在第 80 帧插入延长帧。

说明:也可以将标题制作成其他的动画效果。

步骤 7:设置照片展示框架。

①回到场景中,在“图层 1”的第 1 帧拖入“框架”元件,并缩小为原来的 1/10,使用【对齐面板】中的【左对齐】,使其紧贴舞台左边缘。在第 10 帧插入空白关键帧,将“框架”元件拖入舞台,同样使其紧贴舞台左边缘。

②创建传统补间。

③在第 100 帧插入延长帧。

④新建一个图层“图层 2”,在第 10 帧插入空白关键帧,拖入“框架”元件,并将它缩小为原来的 1/10,位置放在第 1 个框架的左边缘内侧,如图 3-74 所示。

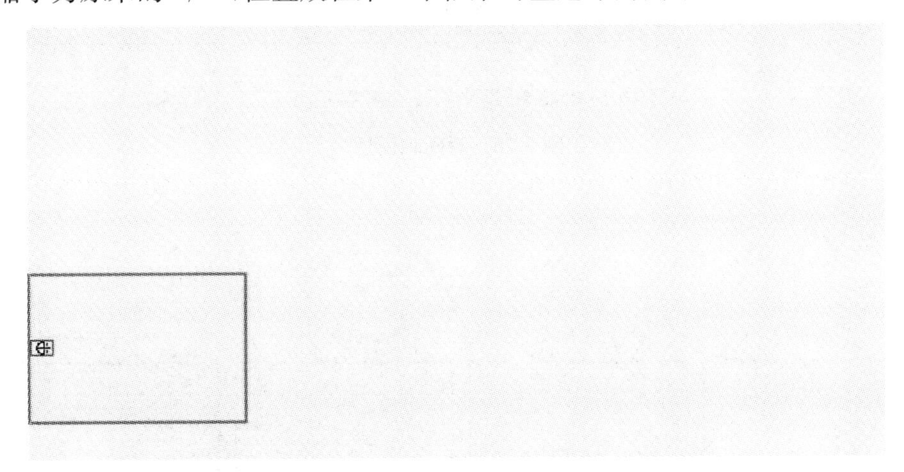

图 3-74 第 2 个框架位于第 1 个框架左边缘内侧

⑤在“图层 2”的第 20 帧插入关键帧,将框架放大为原始大小,位于前一个框架右边,并创建传统补间,如图 3-75 所示。

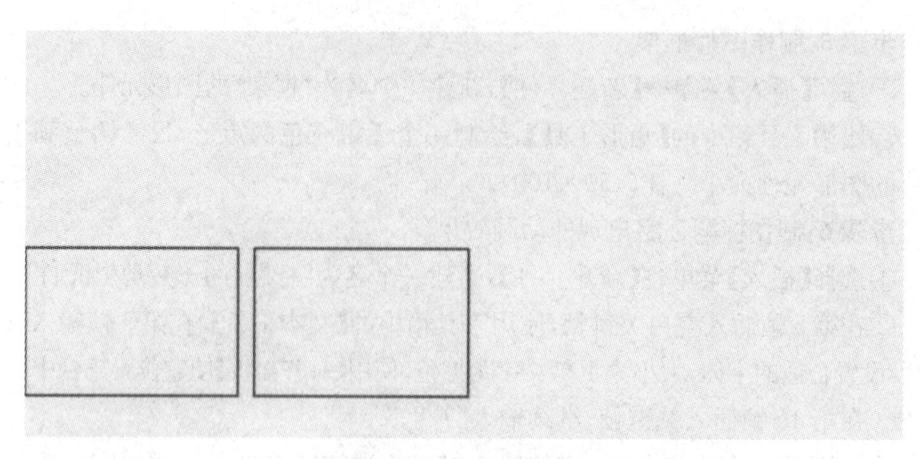

图 3-75 第 20 帧画面

⑥新建“图层 3”，在第 20 帧插入空白关键帧，拖入“框架”元件，将它缩小为原来的 1/10，位置放在前一个框架的左边缘内侧，在第 30 帧插入关键帧，将框架放大为原始大小，放置在前一个框架右侧，并创建传统补间。

⑦新建“图层 4”，在第 30 帧插入空白关键帧，拖入“框架”元件，将它缩小为原来的 1/10，位置放在前一个框架的左边缘内侧，在第 40 帧插入关键帧，将框架放大为原始大小，放置在前一个框架右侧，并创建传统补间，时间轴面板如图 3-76 所示，舞台如图 3-77 所示。

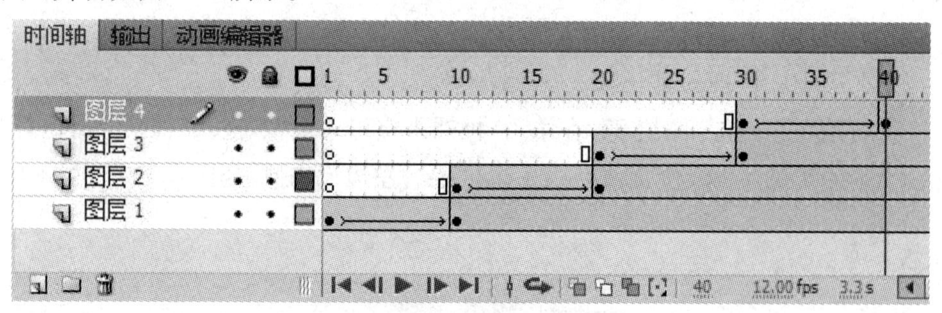

图 3-76 时间轴面板

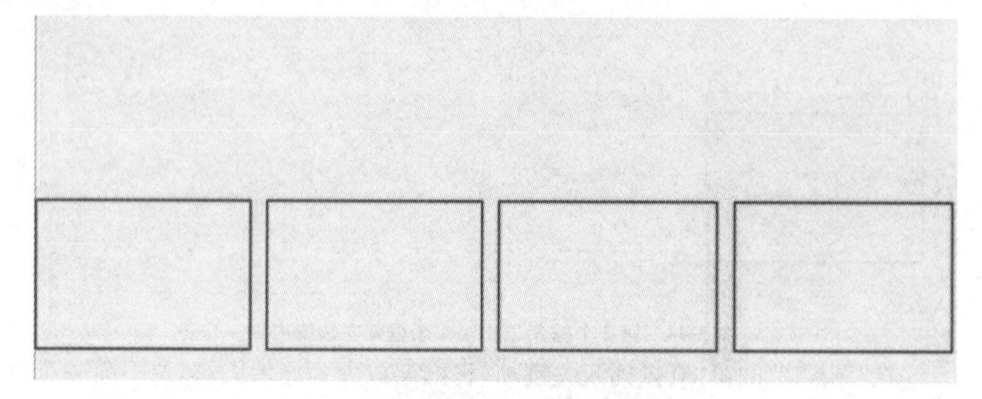

图 3-77 第 40 帧画面

步骤 8：制作照片展示过程的动画。

①新建“图层 5”，在第 40 帧插入空白关键帧，将图形元件“1”拖入舞台，调整位置，使它刚好覆盖最左侧第 1 个框架。如图 3-78 所示。

②在元件“1”的【属性面板】中将颜色的 Alpha 调至 0%。

③在第 50 帧插入关键帧，将 Alpha 设置为 100%，并创建传统补间。

④仿照上面的方法，添加“图层 6”“图层 7”“图层 8”，每一层的照片补间动画都比前一个滞后 10 帧，如图 3-79 所示。

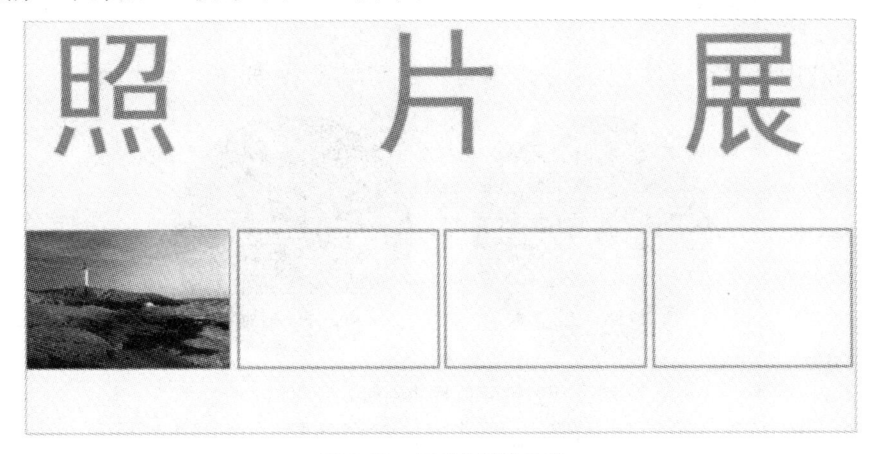

图 3-78 元件“1”的位置

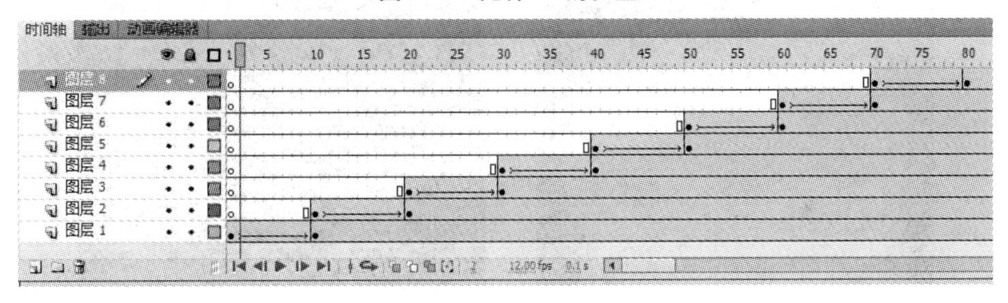

图 3-79 时间轴面板

步骤 9：新建图层，将“标题”元件拖入舞台，调整到合适的位置。

步骤 10：测试影片并导出 swf 影片文件。

实验 3 遮罩动画与引导线动画

一、实验目的

(1)了解遮罩动画的原理。

(2)熟练掌握遮罩层的建立与遮罩动画的创建方法。

(3)熟练掌握引导层的建立与引导线动画的创建方法。

二、实验环境

(1)硬件要求:微处理器 Intel 奔腾 IV,内存要在 1GB 以上。

(2)运行环境:Windows 7/8。

(3)应用软件:Flash CS5。

三、实验内容与要求

(1)利用遮罩动画原理,制作地球自转的动画效果,如图 3-80 所示。

图 3-80 地球自转动画的其中两帧

(2)利用遮罩动画原理,模拟电影结尾的动画效果,如图 3-81 所示。

图 3-81 电影结尾动画的其中两帧

(3)利用遮罩动画原理,制作两幅图片呈百叶窗切换的动画效果,如图 3-82 所示。

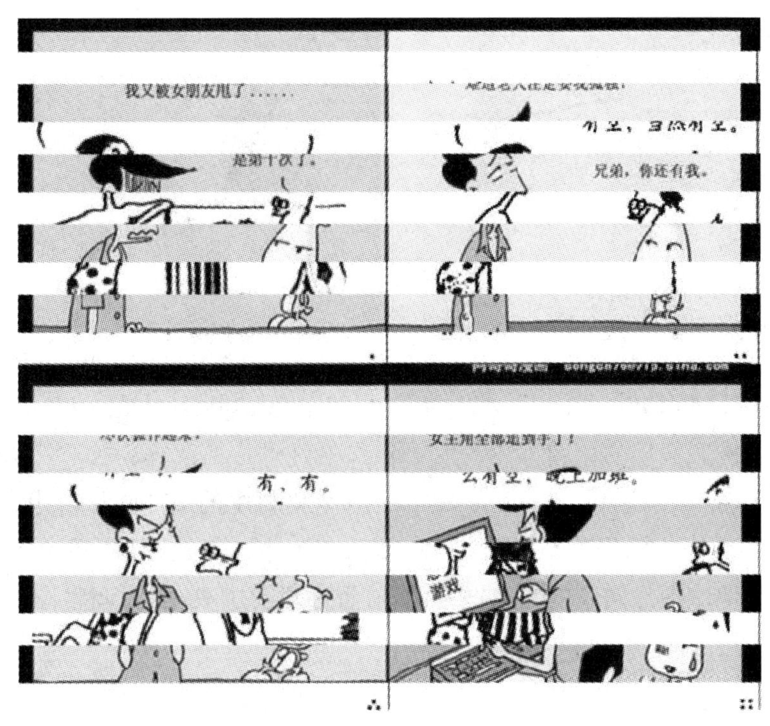

图 3-82 百叶窗切换

(4)利用遮罩动画原理,制作水波文字的动画效果,如图 3-83 所示。

图 3-83 水波字

(5)利用引导线动画原理,制作台风运动的动画效果,如图 3-84 所示。

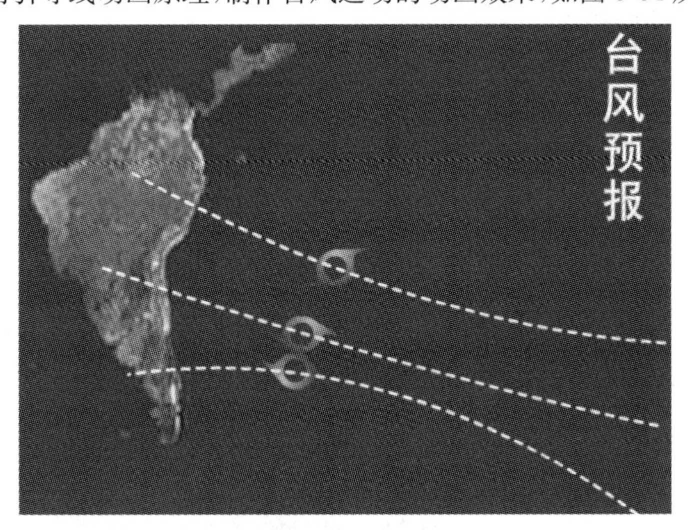

图 3-84 台风运动

(6)利用引导线动画原理,制作蜻蜓点水的动画效果,如图 3-85 所示。

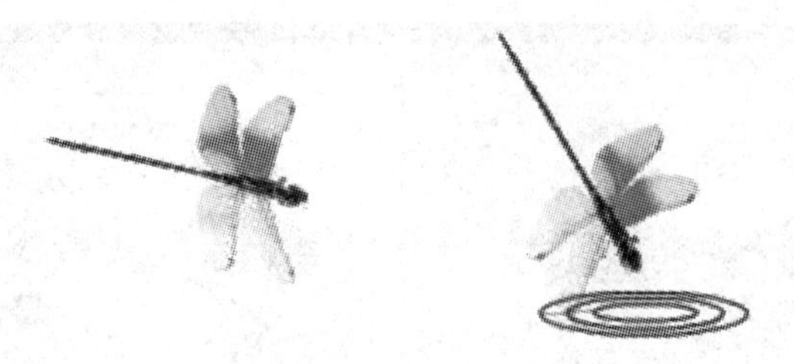

图 3-85 蜻蜓点水

四、实验步骤与指导

1. 地球自转动画

本例考查遮罩层的创建方法。

步骤 1: 新建文档,设置帧频为 12fps。导入素材中的地球图片待用。

步骤 2: 将库中的图片拖入舞台,使其垂直居中。新建图层,重命名为"圆",绘制一个与地球图片同高的无边框正圆,放置在舞台中央,然后调整图片位置,使其与圆的左边界对齐,如图 3-86 所示。

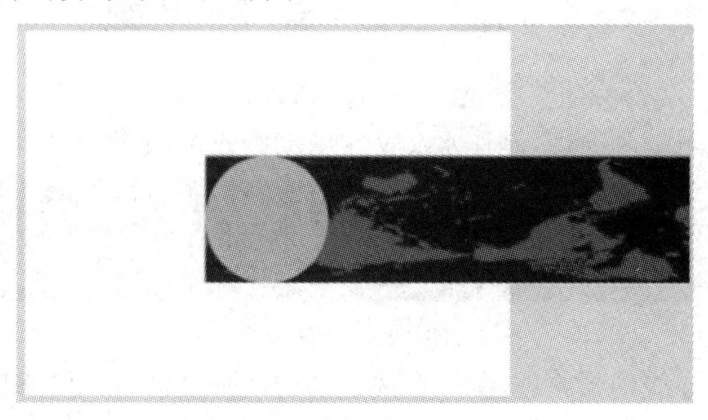

图 3-86 第 1 帧

步骤 3: 在"图层 1"的第 60 帧插入关键帧,在圆的第 60 帧插入帧,将图片与圆右边界对齐,如图 3-87 所示。

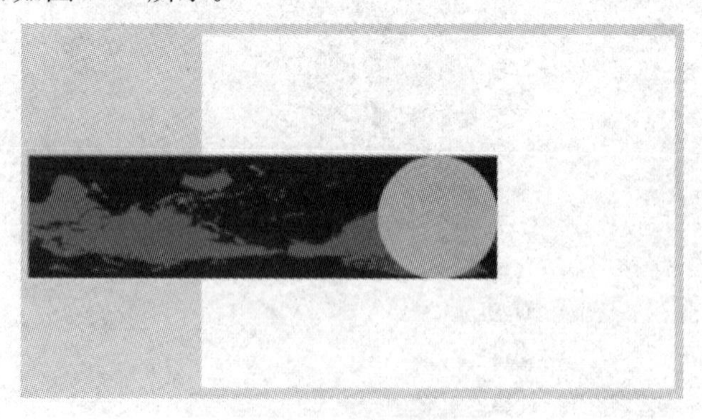

图 3-87 第 60 帧

步骤 4: 在"图层 1"的两个关键帧中间创建传统补间。

步骤 5:在【时间轴面板】中选择“圆”图层,单击右键,选择【遮罩层】,即设置了“圆”图层为遮罩层、“图层 1”为被遮罩层。

步骤 6:测试影片并导出 swf 格式的动画文件。

2. 模拟电影片尾效果

本例考查遮罩动画的创建方法。

步骤 1:新建文档,设置背景颜色为黑色、帧频为 12fps。将素材中的底图导入库。

步骤 2:打开【库面板】,右击素材图,选择【属性】,看到图片大小后,可以将 Flash 文档的大小也调为相同尺寸。

步骤 3:将当前图层重命名为“背景”,拖动素材图到舞台,在【属性面板】中将 X 和 Y 的坐标值都设置为 0,如图 3-88 所示。

图 3-88 设置图片的位置

步骤 4:新建图层,命名“圆”,在第 1 帧用椭圆工具在舞台中央绘制一个无边框的小圆,在该层第 36 帧插入关键帧,使用工具箱中的【任意变形工具】将圆放大,直至覆盖整个文档。然后在“背景”图层上的第 36 帧插入帧。

注意:使用【任意变形工具】放大圆时,同时按住 Shift 键表示等比例放大;同时按住 Alt 键表示围绕中心点放大图形。

步骤 5:为“圆”图层创建形状补间。

步骤 6:选择“圆”图层,右击选择【遮罩层】,形成遮罩动画效果。

步骤 7:将“背景”层延长至第 80 帧,在“圆”层上的第 70 帧插入关键帧,将圆缩小,调至背景图的人脸上,并创建传统补间。

步骤 8:在“圆”层的第 80 帧插入帧,使第 70 帧的场景停留 10 帧。

测试影片观看效果。

3. 百叶窗切换效果的制作

本例考查影片剪辑元件的使用与遮罩动画的创建。

步骤 1:新建文档,设置大小为 550×500、帧频为 12,导入素材中的两幅图片。

步骤 2:在当前层的第 1 帧拖动第 1 幅图到舞台中。由于图片大小和文档不一样,可以选择【对齐面板】中的【匹配宽】【匹配高】【水平中齐】和【垂直中齐】,使图片和文档大小相同,刚好覆盖舞台。

步骤 3:新建图层,拖动第 2 幅图到舞台,同样使图片覆盖舞台。

步骤 4: 新建影片剪辑元件,命名为“窗格条”,用“矩形工具”画一个无框矩形,填充色任意,设置矩形大小为 550×50。

说明: 由于制作的是水平百叶窗,因此将矩形宽度调整为和文档宽度相同,将矩形高度调整为 50,这样复制粘贴 9 份刚好可以覆盖文档。

步骤 5: 在第 40 帧插入关键帧,设置矩形高度为 1,并在两个关键帧之间单击右键,选择【创建补间形状】。

步骤 6: 新建影片剪辑元件,命名为“水平百叶窗”,将“窗格条”拖进舞台,按住 Ctrl(或 Alt)不松手,复制粘贴 9 个,并排列整齐,如图 3-89 所示。

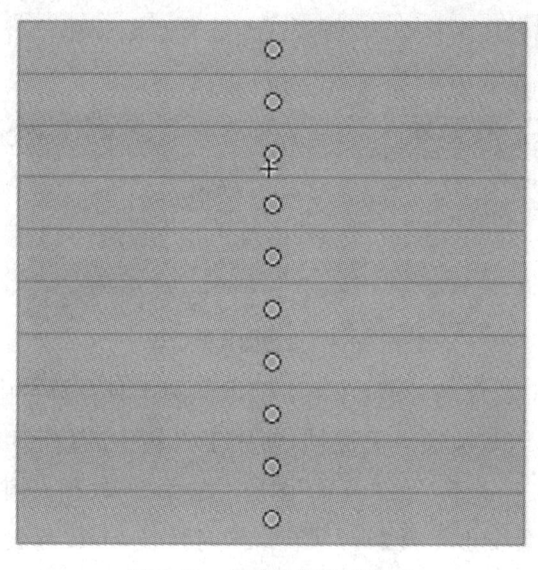

图 3-89 将窗格条排列整齐

注意: 可以用窗口右侧的【属性面板】调整 10 个矩形的位置,使它们紧密整齐排列,如:设置第 1 个矩形条的坐标为(0,0)、第 2 个矩形条的坐标为(0,50)、第 3 个矩形条的坐标为(0,100)……

步骤 7: 回到场景中,新建图层,将“百叶窗”元件拖入舞台,使用【对齐面板】使该元件刚好覆盖舞台。

步骤 8: 单击该层右键,选择【遮罩层】。测试影片观看效果并导出。

4. 水波文字

本例考查颜色面板的使用、遮罩动画的创建方法。

步骤 1: 创建图形元件,命名为“字”。输入文字,在【属性面板】中选择文字的字形、大小、颜色等。在【对齐面板】中选择【水平中齐】【垂直中齐】。在【属性面板】观察文字尺寸约为 560×90。

步骤 2: 制作被遮罩层。

①插入名为“矩形”的图形元件,绘制一个无边框的矩形,设置它的高度和宽

度都略大于文字(约为 600×120)。

②为矩形填充黑白的线性渐变:打开【颜色面板】,在【类型】中选择【线性渐变】,在【流】中选择【反射颜色】,如图 3-90 所示。

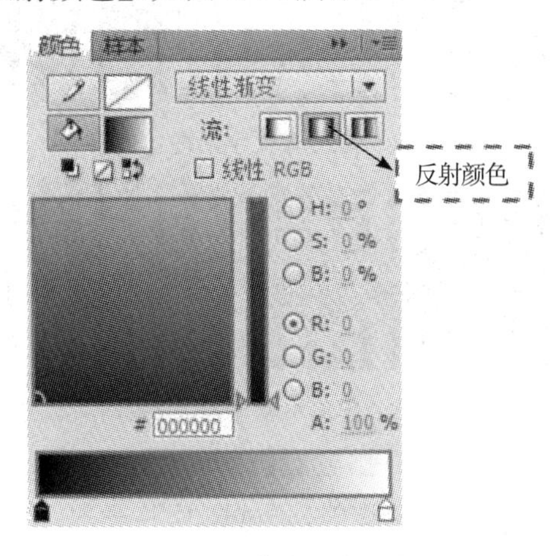

图 3-90　颜色面板设置

③使用工具箱中的【渐变变形工具】按住矩形右边的箭头,从右边拖到中心附近,这时看到矩形填充了黑白、白黑、黑白的反复渐变效果,如图 3-91 所示。

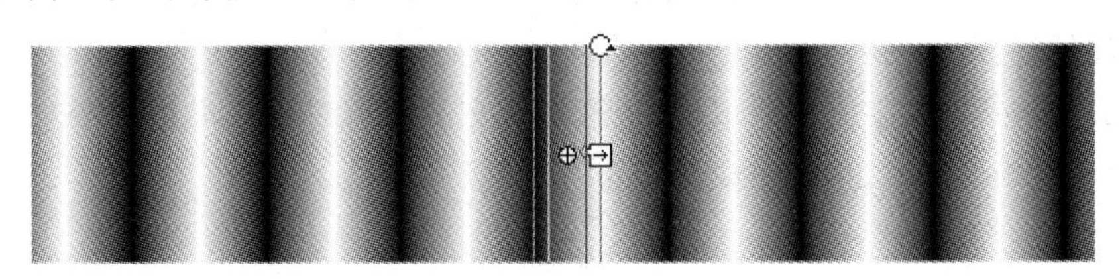

图 3-91　使用渐变变形工具修改渐变效果

注意:也可以填充七彩色或多种颜色渐变的效果。操作步骤同上。

④选中所有矩形,选择【修改】菜单→【组合】,组合成一个对象,然后在【对齐面板】中选择【水平中齐】【垂直中齐】。

注意:当点击某种对齐按钮却发现没有效果时,需要检查是否已经勾选【与舞台对齐】复选框。

步骤 3:回到场景中,将图层 1 命名为"矩形框",在第 1 帧拖动矩形元件进舞台,水平垂直中齐。

步骤 4:插入新图层"字 1",在第 1 帧拖动字元件进入舞台,使它居中对齐。然后选中文字,用键盘上的【上、下、左、右】键将文字向左微调一点(左移 2 次)。

步骤 5:插入新图层"字 2",拖动字元件进入舞台,使它居中对齐后,在【属性面板】的【颜色】下拉列表中将 Alpha 设置为 60%。

步骤 6:在"字 1"和"字 2"层的第 100 帧添加延长帧。选择"矩形框"图层第 1 帧,将矩形向右移动,使它和文字最左边对齐,如图 3-92 所示。在该层的第 100 帧插入关键帧,将矩形向左移动,使它和文字最右边对齐,如图 3-93 所示,并创建传统补间动画。

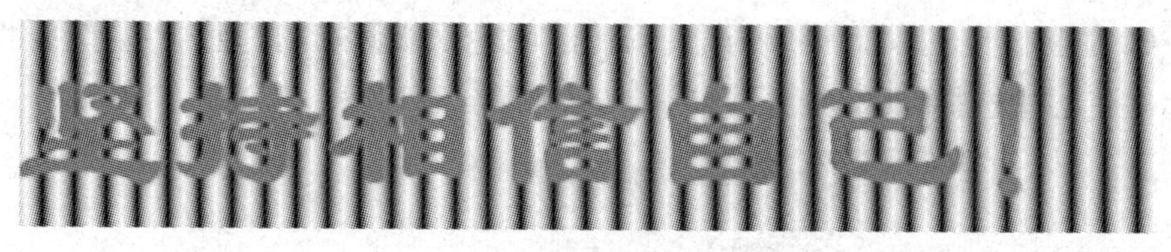

图 3-92 矩形与文字最左边对齐

图 3-93 矩形与文字最右边对齐

步骤 7:在“字 1”层上单击右键,选择【遮罩层】,即形成水波文字。

步骤 8:将文档的背景色改为蓝色,测试影片并导出。

说明:

(1)如果删除“字 2”层,遮罩效果相同,可是文字只能以黑白色显示;当然也可以给“矩形”元件填充其他颜色的渐变效果,这样就算没有“字 2”图层,水波字也可以呈彩色显示出来。

(2)本例是把文字作为遮罩层,把渐变填充的矩形对象作为被遮罩层。通过被遮罩层上矩形的变化,来实现文字的动态效果。

思考:

本例是以文字遮罩矩形,如果采用位图遮罩文字将会是什么效果?

5. 台风运动

本例考查引导线动画的创建方法。

步骤 1:新建文档,将帧频设置为 12fps。将素材中的陆地与海洋图片导入库待用。

步骤 2:将库中的背景文件拖入舞台,使用工具箱中的【吸管工具】吸取背景图片的颜色。然后将文档背景色设置为相同的颜色。

步骤 3:用【选择工具】选中图片,选择【修改】菜单→【分离】,将位图打散为形状。然后用【橡皮工具】擦除图片的背景。

步骤 4:新建“文字”层,使用【文本工具】在舞台右上角输入“台风预报”几个字,设置合适的字体、字号,颜色为白色。

步骤 5:制作圆环。

①新建一个名为“台风”的图形元件。

②在舞台上用【椭圆工具】绘制一个无边框的圆形,填充任意色,使用【对齐面板】使它位于舞台中央。

③再用【椭圆工具】绘制一个无边框的小圆形，填充另一种颜色，使用【对齐面板】中的【垂直中齐】，然后点【水平中齐】，使它位于舞台中央。

④同时选中两个圆，选择【修改】菜单→【分离】，将它们打散，然后选中小圆形，按 Del 即可得到圆环。

⑤给圆环填充由红色到白色的径向渐变。

步骤 6:使用【选择工具】，同时按住 Alt 键，用鼠标在圆环的外围分别向左上方和右下方拉出两个尖角，如图 3-94 所示，这样得到台风图形。

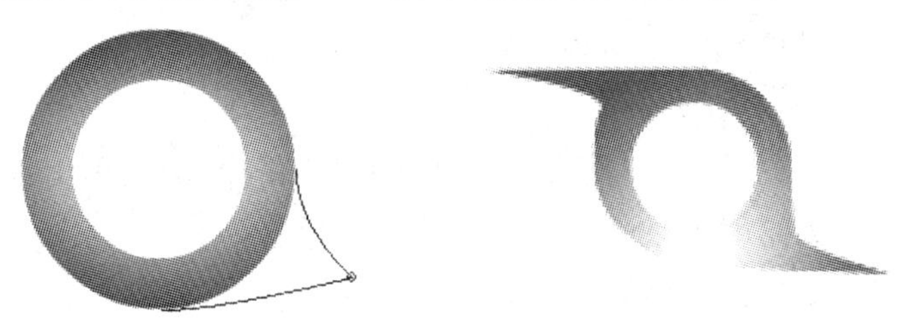

图 3-94 绘制台风形状

步骤 7:制作运动台风。

①新建一个名为“风”的影片剪辑元件。

②在第 1 帧将库中的“台风”图形拖入舞台，并在【色彩效果】中将【样式】的 Alpha 设为 70%。

③在第 15 帧插入关键帧，并创建传统补间，在右侧的【属性面板】中设置【方向】为【顺时针】。

步骤 8:回到场景中，制作台风沿下线运动的动画。

①新建一个图层，命名为“下线”，在第 1 帧将“风”元件拖入舞台右下角，调整合适的大小。

②选中【时间轴面板】上的“下线”层，单击右键，选择【添加运动引导层】，即新建一个引导层，在该层选择【线条工具】，在【属性面板】中设置参数，如图 3-95 所示，绘制一条向下弯的弧线。

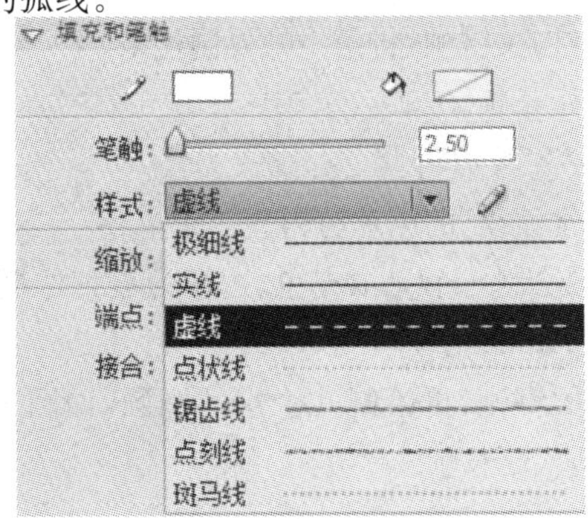

图 3-95 笔触设置

③在“下线”层、“背景层”“文字层”的第 40 帧插入帧。

④在“下线”层的第 1 帧将“风”元件拖到引导线的底端，注意元件的中心点要与线条的一端对齐。

⑤在“下线”层的第 40 帧插入关键帧，将“风”元件拖在引导线的顶端，注意对齐，并创建传统补间。

⑥继续制作台风在中线、上线运动的动画，步骤同上。

步骤 9:测试影片观看效果。发现引导层不显示出来，此时可以新建一个图层，复制引导线到新图层中从而达到显示的目的。

①新建图层，命名为“路径”。

②选择“引导层:下”，选中弧线，点【复制】，在“路径”层上单击鼠标右键，选择【粘贴到当前位置】，这时发现弧线和引导线刚好重合。

注意:这里不要使用【粘贴】，否则还要调整弧线的坐标。

③依次粘贴其他两条引导线。

步骤 10:测试影片观看效果。此时发现三股台风运动的频率相同，可以将中线、下线的第 1 个关键帧调整延后一点(在第 1 个关键帧之前插入空白关键帧和空白帧)，这样可以错开台风运动的频率。

6. 蜻蜓点水效果

本例考查引导线动画的创建与影片剪辑元件的使用。

步骤 1:新建文档，设置帧频为 12fps。将素材中的蜻蜓图片导入库待用。

步骤 2:制作蜻蜓飞舞的影片剪辑。

①新建一个名为“蜻蜓飞舞”的影片剪辑。

②打开【库面板】，将蜻蜓图片拖入舞台，并使用工具箱中的【任意变形工具】将蜻蜓旋转，使它头朝上正向放置，选择【修改】菜单→【分离】，将图片打散。

③在第 2 帧插入关键帧，使用【任意变形工具】将蜻蜓等比例放大。

④在第 3 帧插入关键帧，再放大。

⑤在第 4 帧插入空白关键帧，将第 1 帧复制过来。

⑥在第 10 帧插入延长帧。

步骤 3:制作“水波”影片剪辑。

①新建一个名为“水波纹”的影片剪辑。

②使用【矩形工具】绘制一个无填充色、边框为黑色的椭圆，打开【属性面板】中的【颜色面板】，设置 Alpha 为 50%。

③在第 20 帧插入关键帧，再绘制几个小的椭圆，如图 3-96 所示。设置补间形状，然后在第 40 帧插入延长帧。

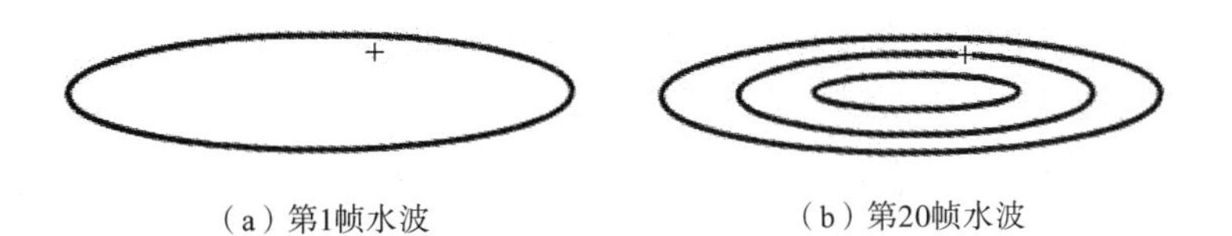

（a）第1帧水波　　（b）第20帧水波

图 3-96　水波纹

步骤 4:切换到场景中，在图层 1 的第 1 帧将“蜻蜓飞舞”的影片剪辑拖入舞台最左边位置，并使用【任意变形工具】调整蜻蜓的角度，如图 3-97(a)图所示。

步骤 5:在第 50 帧插入关键帧，将“蜻蜓飞舞”的影片剪辑拖到舞台右边，并使用【任意变形工具】将蜻蜓调整角度，如图 3-97(b)图所示。选中第 1 帧，创建传统补间，再单击第 60 帧插入延长帧。

（a）第1帧蜻蜓的角度　　（b）第50帧蜻蜓的角度

图 3-97　两个关键帧上蜻蜓的角度

步骤 6:在【时间轴面板】中选中该层，单击右键，选择【添加运动引导层】新增引导层，选择第 1 帧，绘制一条弧线，在第 50 帧插入帧。

步骤 7:在蜻蜓层的第 1 帧将蜻蜓吸附至弧线的左端起始点，在第 50 帧将蜻蜓元件吸附至弧线的右端终止点。

步骤 8:在“引导层”上方插入新图层，在第 50 帧插入空白关键帧，将“水波纹”影片剪辑拖入舞台。在第 60 帧插入延长帧。

步骤 9:测试影片并导出 swf 影片文件。

五、拓展练习

利用遮罩动画原理，制作烟花绽放的动画效果，如图 3-98 所示。

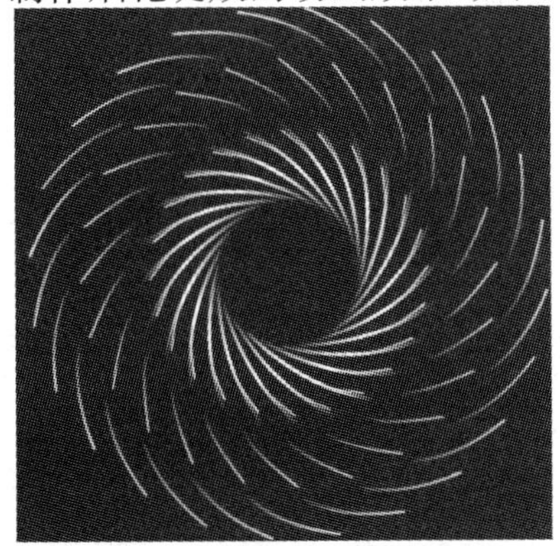

图 3-98　烟花绽放效果

步骤 1:新建文档,设置背景色为深蓝色、尺寸为 700×700、帧频为 12fps。

步骤 2:制作曲线的遮罩效果。

①选择【插入】菜单→【新建元件】,新建一个名为“曲线”的影片剪辑元件。

②选择【铅笔工具】,在工具栏下方选择【平滑】,如图 3-99 所示,在舞台中绘制一段曲线,在【属性面板】中设置【笔触高度】为 2、【笔触颜色】为白色。如图 3-100所示。

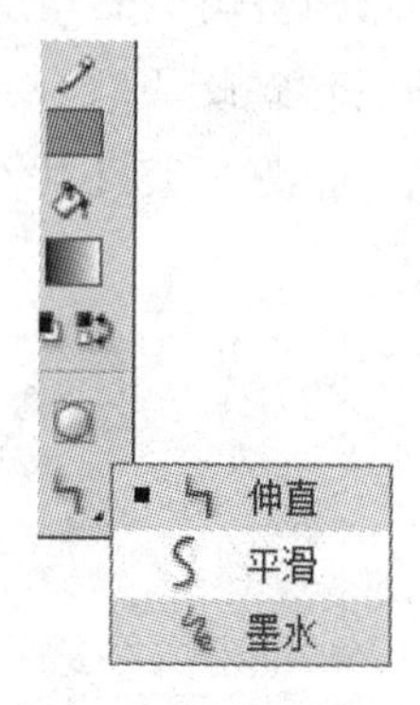

图 3-99 工具选项栏

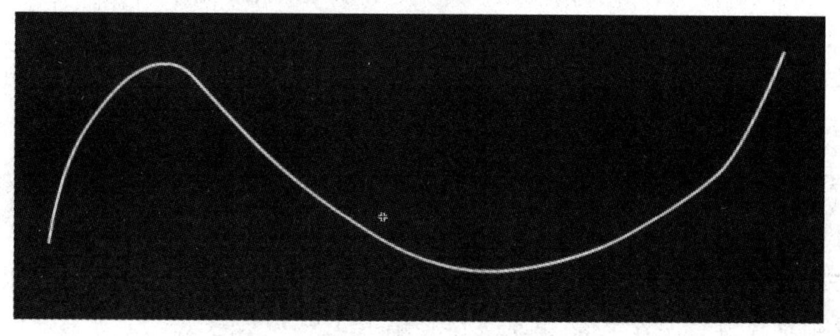

图 3-100 绘制曲线

③选中绘制的线条,选择【修改】菜单→【形状】→【将线条转换为填充】。这样,图形的边框就可以作为形状填充其他颜色。然后将此层延长至 20 帧。

④新建图层,绘制一个无边框的矩形,并填充线性渐变色。线性渐变的三个色块的颜色和透明度分别为(#FFFFFF,0%)、(#FFFFFF,100%)、(#FFFFFF,0%)。如图 3-101 所示。

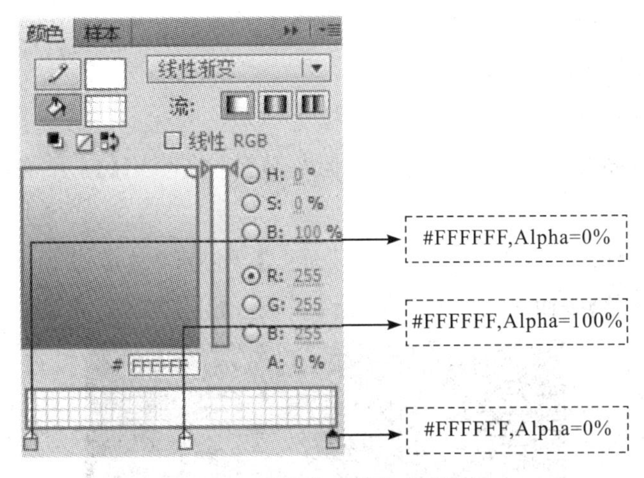

图 3-101　设置各色块相关参数值

⑤将画好的矩形调整到合适的大小后再移动到曲线的左边，如图 3-102 所示。在第 10 帧插入关键帧，将矩形移动到曲线右边，并创建补间形状。

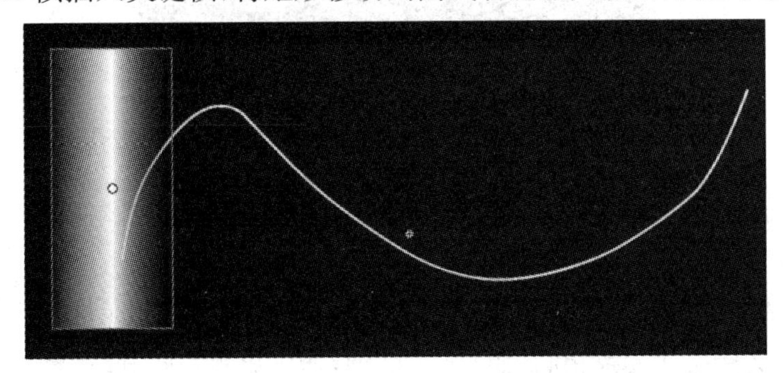

图 3-102　矩形的初始位置

⑥在第 15 帧、20 帧分别插入关键帧，选中第 20 帧的矩形，将其宽度缩小，并在【颜色面板】中更改其线性渐变的中间色块的 Alpha 值为 0%，如图 3-103 所示。矩形完全透明，然后创建补间形状。

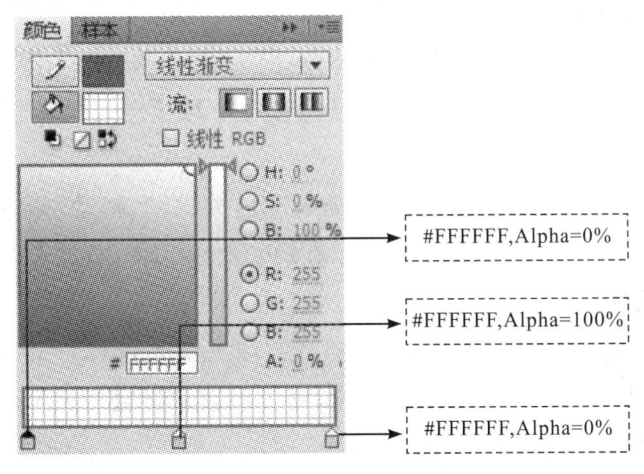

图 3-103　各色块参数值

⑦调整两个图层的位置，将曲线层设置为遮罩层。

步骤 3：制作烟花绽放的影片剪辑。

①创建名为“烟花”的影片剪辑元件。

②打开【库面板】，将“曲线”元件拖入舞台，并使用【对齐面板】，使它位于中央。

③在舞台中选中“曲线”，打开【变形面板】，将旋转角度设为 15 度，然后单击【复制并应用变形】按钮 23 次，使它围成一个圈，如图 3-104 所示。

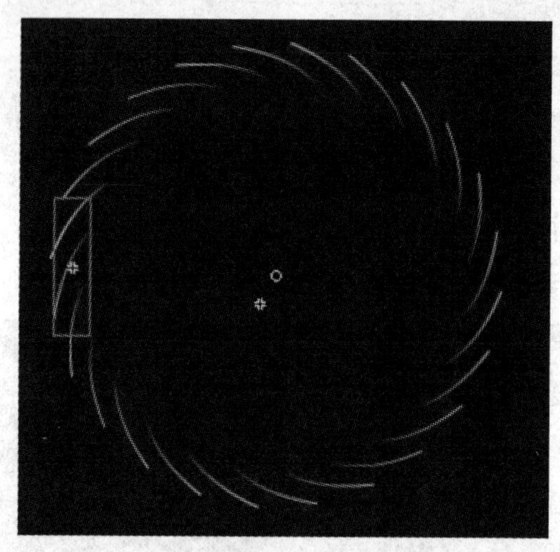

图 3-104　曲线复制 23 次后的效果

步骤 4：回到场景中，将图层 1 重命名为“红”，拖动“烟花”元件进入舞台中，调整其尺寸与文档尺寸大致相同(如 600×600)，居中放置。打开【属性面板】，在【色彩效果】的【样式】下拉列表中选择【色调】，设为红色。然后在“红”图层上的第 25 帧插入帧。

注意：因为“曲线”元件一共有 25 帧动画，所以在场景的层中将动画延长到第 25 帧，这样可以使“曲线”元件里的动画完整播放一次。

步骤 5：新建图层“黄”，在第 5 帧插入空白关键帧，拖动“烟花”元件进入舞台，调整大小(如 400×400)，居中放置。在【色彩效果】的【样式】下拉列表中选择【色调】，设为黄色。

步骤 6：新建图层“紫”，在第 10 帧插入空白关键帧，拖动“烟花”元件进入舞台，调整大小(如 300×300)，居中放置。在【色彩效果】的【样式】下拉列表中选择【色调】，设为紫色。

步骤 7：新建图层“绿”，在第 15 帧插入空白关键帧，拖动“烟花”元件进入舞台，调整大小(如 200×200)，居中放置。在【色彩效果】的【样式】下拉列表中选择【色调】，设为绿色。时间轴面板如图 3-105 所示。

步骤 8：测试影片并导出 swf 影片文件。

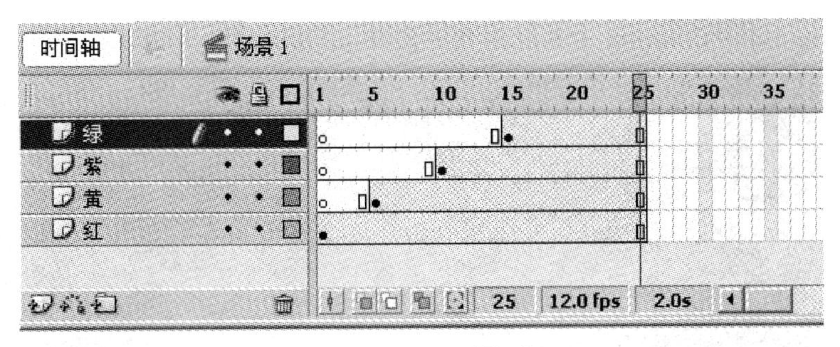

图 3-105　时间轴面板

实验 4　按钮与声音、视频的运用

一、实验目的

(1)熟练掌握按钮元件的制作方法。

(2)熟练掌握动画中声音、视频的编辑方法。

(3)掌握声音与动画同步的技术。

二、实验环境

(1)硬件要求:微处理器 Intel 奔腾 IV,内存要在 1GB 以上。

(2)运行环境:Windows 7/8。

(3)应用软件:Flash CS5。

三、实验内容与要求

(1)制作变色按钮。

(2)制作文字按钮。

(3)制作透明按钮。

(4)为按钮添加一段声音,使操作按钮时背景音乐响起。

(5)制作一个动态按钮,效果如图 3-106 所示。

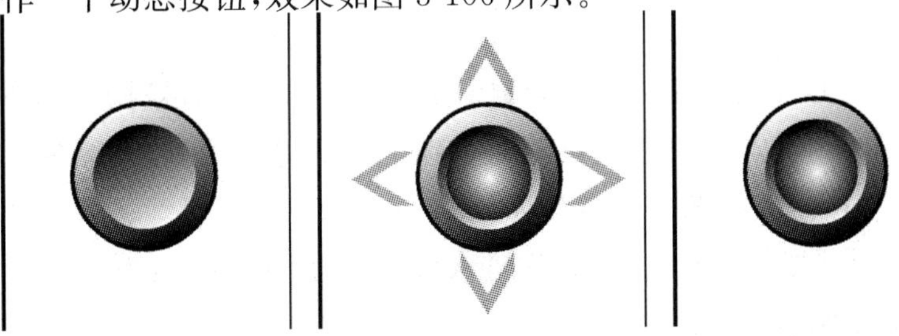

(a) 鼠标弹起时　(b) 鼠标经过时　(c) 鼠标按下时

图 3-106　动态按钮

(6)为素材图片添加雪花飞舞的视频效果,如图 3-107 所示。

图 3-107　添加下雪的视频

(7)制作动画与旁白同步的效果。

四、实验步骤与指导

1. 变色按钮的制作

本例考查按钮元件的基本操作。

步骤 1:新建文档。选择【插入】菜单→【新建元件】,在弹出的对话框中,选择【类型】为按钮,创建按钮元件。

步骤 2:在第 1 帧【弹起】帧中,使用工具箱中的【椭圆工具】绘制一个无边框的圆,填充由黑色到白色的放射状渐变。

步骤 3:选择【时间轴面板】上的【指针经过】帧,插入关键帧,将圆填充为由红色到黑色的渐变色。

步骤 4:选择【时间轴面板】上的【按下】帧,插入关键帧,将圆填充为由绿色到黑色的渐变色。

步骤 5:选择【时间轴面板】上的【点击】帧,插入帧,将绘制的这个椭圆作为鼠标的响应区。

说明:按钮元件共有 4 帧,【弹起】帧用来定义按钮没有被操作时的状态;【指针经过】帧用来定义当鼠标滑过按钮时按钮的状态;【按下】帧用来定义当鼠标在按钮上点击时按钮的状态;"点击"帧用来定义鼠标响应区。

步骤 6:返回场景,拖动上述元件进入舞台,测试影片观看效果。

2. 文字按钮的创建

本例考查将文字制作成按钮的方法。

步骤 1:新建文档,尺寸设置为 500×100px,背景为蓝色,帧频 12fps。然后新建一个按钮元件。

步骤 2:在第 1 帧【弹起】帧中,使用工具箱中的【文本工具】输入文字,并设置合适的字体和大小,将【颜色】设置为白色。

步骤 3:选择【时间轴面板】上的【指针经过】帧,插入关键帧,将文字改为红色。

步骤 4:选择【时间轴面板】上的【按下】帧,插入关键帧,将文字改为黄色。

步骤 5:选择【时间轴面板】上的【点击】帧,插入空白关键帧,使用工具箱中的【矩形工具】绘制一个矩形,矩形覆盖的地方就是【点击】帧上的感应区,即文字的鼠标感应区域。

注意:在【点击】帧上插入空白关键帧后,无法再看到文字,此时绘制的矩形可能会因为错位而最终导致感应区错误。单击【时间轴面板】上的【编辑多个帧】按钮,可以使文字显示出来,帮助创建正确的感应区。如图 3-108 所示。

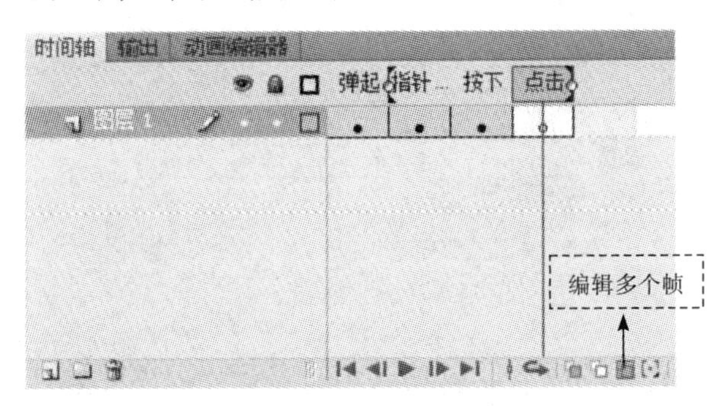

图 3-108 时间轴面板

步骤 6:返回场景,拖动按钮元件进入舞台,测试影片并保存文件。

3. 透明按钮的制作

本例考查按钮元件的灵活运用。

步骤 1:新建文档,设置尺寸为 500×100、背景色为蓝色、帧频为 12fps。

步骤 2:新建按钮元件,在【点击】帧上插入一个空白关键帧,使用【矩形工具】绘制一个矩形,这样,按钮元件只有一个矩形鼠标响应区,没有具体的图形。

步骤 3:回到场景中,用工具箱中的【文本工具】在舞台中输入几组文字。

步骤 4:打开【库面板】,将按钮元件依次拖动到几组文字上,如图 3-109 所示。这样,每组文字均具有鼠标响应区,即具备按钮的功能。

图 3-109 透明按钮

说明:也可以直接在按钮的【弹起】帧绘制一个矩形,回到场景中,将按钮元件拖动到文字上之后,设置元件的 Alpha 为 1%。

步骤 5:返回场景,拖动按钮元件进入舞台,测试影片观看效果,此时发现按钮并不显示。

4. 按钮声效

本例考查声音在按钮元件中的应用。

步骤 1:打开刚才制作的变色按钮文件,选择【导入】菜单,将素材中的背景音乐导入库待用。

步骤 2:打开【库面板】中的按钮元件,新建图层,命名为"声音"。

步骤 3:在"声音"层上的【指针经过】帧插入空白关键帧,将库中的背景声音拖入舞台,这时看到【时间轴面板】上的"声音"层从第 2 帧开始出现了声波线,如果只想在鼠标经过和按下时有声音发生,可将其帧删除,如图 3-110 所示。

图 3-110 时间轴面板

步骤 4:选中【时间轴面板】上的所有声波线,打开【属性面板】,将【同步】选项设置为【事件】且重复 1 次。

步骤 5:返回场景,拖动按钮元件进入舞台,测试影片并导出 swf 影片文件。

5. 动态按钮的制作

本例考查按钮元件的综合应用。

步骤 1:新建文档,将帧频设置为 12fps,其他采用默认设置。

步骤 2:制作立体的圆。

①新建一个名为"圆"的图形元件。

②将当前图层命名为"大圆",选择工具箱中的【椭圆工具】,设置边框线的【笔触高度】为 5、【笔触颜色】为黑色,填充色为由白色到黑色的线性渐变,绘制一个正圆。

③使用工具箱中的【渐变变形工具】,调整圆的渐变角度。如图 3-111 所示。

④复制大圆,新建图层,命名为"小圆",在该层的第 1 帧上选择【编辑】菜单→【粘贴到当前位置】,即在新图层上得到一个相同的大圆。此时打开【变形面板】,

将缩放比例调为 70%，如图 3-112 所示。然后删除小圆的边框线。

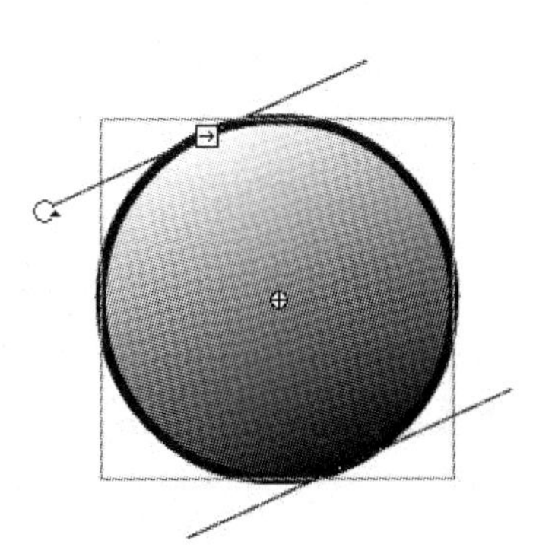

图 3-111　调整渐变角度

图 3-112　变形面板

⑤使用工具箱中的【渐变变形工具】，调整小圆的渐变角度与大圆刚好相反。如图 3-113 所示。此时得到一个有立体感的圆。

步骤 3：绘制动态箭头。

①新建一个名为“箭头”的图形元件。

②使用【矩形工具】【选择工具】绘制一个没有边框的箭头形状，填充色任意。绘制过程如图 3-114 所示。

图 3-113　调整小圆的渐变角度

图 3-114　箭头的绘制过程

注意：得到平行四边形之后，复制一份，然后使用【水平翻转】得到箭头。

③新建一个名为“动态箭头”的影片剪辑元件。将“箭头”元件拖入舞台，移动到中心位置。在第 20 帧插入关键帧，将箭头向右平行移动一段距离，并在【变形面板】中将箭头放大 200%，在【属性面板】中设置 Alpha 为 0%，然后创建传统补间。

④在影片剪辑中新建一个图层，在第 10 帧插入空白关键帧。将“箭头”元件拖入舞台，移动到中心位置。在第 30 帧插入关键帧，将箭头向右平行移动一段距离，并在【变形面板】中将箭头放大 140%，在【属性面板】中设置 Alpha 为 0%，然后创建传统补间。

⑤按 Enter 观看影片剪辑的效果。

步骤 4:创建动态按钮。

①新建一个按钮元件。

②将图层 1 更名为“立体圆”,拖动“圆”元件进入场景,位于中央。

③新建图层,命名为“变色圆”,在【鼠标经过】帧插入空白关键帧,使用椭圆工具绘制一个无框的、填充色为由白色到深蓝色放射状渐变的正圆,如图 3-115 所示。

④新建图层“箭头”,在【指针经过】帧插入空白关键帧,将“动态箭头”影片剪辑元件拖入舞台,调整合适的尺寸放置在圆的左边。然后复制三份,使用【变形面板】中的【旋转 90 度】和【修改】菜单中的【水平翻转】【垂直翻转】等调整到圆的上、下、右位置上。如图 3-116 所示。

图 3-115 绘制小圆

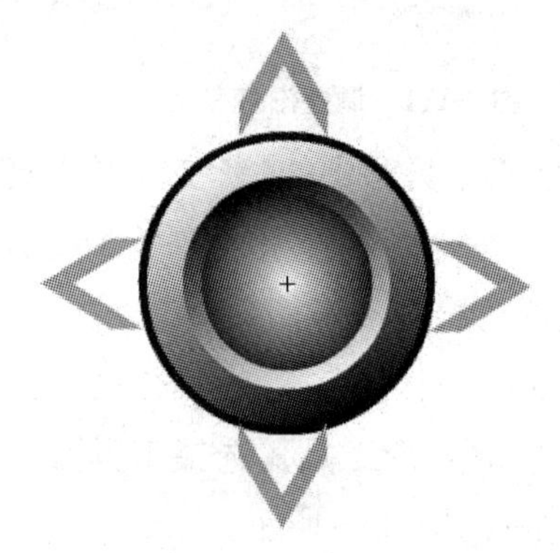

图 3-116 复制箭头

步骤 5:在“立体圆”“变色圆”图层的【按下】帧、【点击】帧插入延长帧。如图 3-117所示。

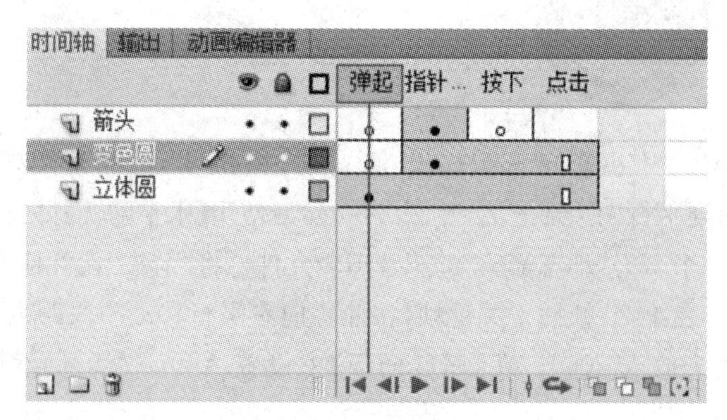

图 3-117 按钮元件的时间轴面板

注意:【按下帧】为鼠标按下时按钮的状态,这里沿用了【鼠标经过】帧,也就是说,当鼠标按下时和鼠标经过时按钮均为蓝色;【点击】帧为鼠标感应区,这里沿用了【弹起帧】,也就是说,感应区与大圆尺寸相同。

6. 添加视频

本例考查视频在动画中的运用。

步骤 1:新建文件,将素材中的雪地背景图片导入库待用。

步骤 2:选中导入的文件,单击右键选择【属性】,看到图片尺寸后,在窗口右侧的【属性面板】中将 Flash 文档的尺寸调至相同。

步骤 3:选择【文件】菜单→【导入】→【导入视频】,在弹出的【导入视频】对话框中选择下雪文件的路径,点击【下一步】,在随即弹出的对话框中勾选【在 SWF 中嵌入视频并在时间轴上播放】,取消【将实例放置在舞台上】选项,其他都使用默认选项,如图 3-118 所示,确定后完成视频文件的导入工作。

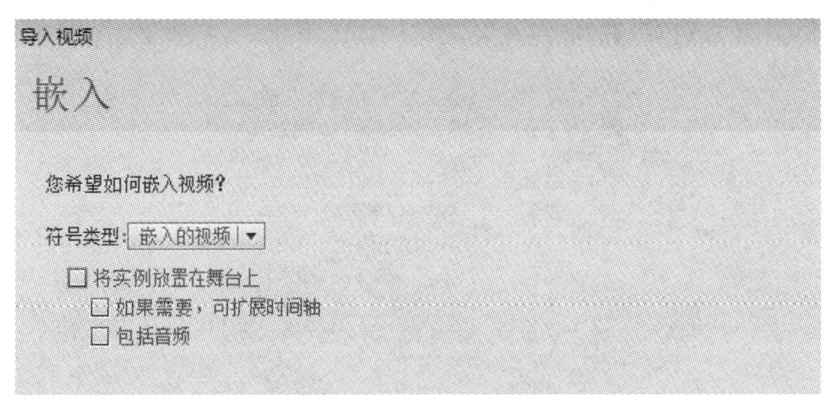

图 3-118 导入视频向导

说明:

(1)【符号类型】下拉列表包括了【嵌入的视频】【影片剪辑】和【图形】三个选项。

◇嵌入的视频:意为视频被导入后集成到时间轴。如果要使用在时间轴上线性回放的视频剪辑,最好的方法是选择它。

◇影片剪辑:意为视频被导入一个影片剪辑元件中。这样可以更灵活地控制这个视频对象。

◇图形:意为视频被导入一个图形元件中,这样将无法使用 ActionScript 与这个视频进行交互。因此,该选项很少使用。

(2)如果不勾选【将实例放在舞台上】选项,则表示视频将被放入库。

步骤 4:新建一个影片剪辑元件,在新元件中完成雪景的动画合成操作。

①将图层 1 命名为"背景图",将素材图片拖入舞台。在窗口下方的属性栏中将坐标值都改为 0,这样图片就完成了左对齐和上对齐。

②新建图层"雪",将库中的下雪视频文件拖动到舞台,这时会弹出这样的提示:"此视频需要 478 帧才能显示整个长度。所选时间轴跨度不够长,是否希望该时间轴跨度中自动插入所需帧数?"选择【是】。此时,雪花的动画制作完毕。

③在“背景图”图层的第 478 帧选择【插入帧】。

步骤 5:回到场景中,将新元件拖到舞台,在【属性面板】中完成元件的左对齐、上对齐操作。

步骤 6:按 Ctrl+Enter,测试影片并导出影片文件。

7. 动画和旁白同步

本例考查声音在动画中的应用方法、声音属性的设置和帧标签的运用。

步骤 1:新建文档,设置背景为蓝色、尺寸为 400×300、帧频为 12fps。

步骤 2:将素材中的两个声音文件(背景音乐.wav 和古诗.wav)导入库待用。

步骤 3:使用【文本工具】在图层 1 上输入标题文字,设置为白色,并在【滤镜面板】中为文字添加【投影】的滤镜效果,如图 3-119 所示,文字效果如图 3-120 所示。

▽ 滤镜

属性	值
▼ 投影	
模糊 X	10 像素
模糊 Y	10 像素
强度	200 %
品质	低
角度	45 °
距离	5 像素
挖空	□
内阴影	□
隐藏对象	□
颜色	#FF99CC

图 3-119 投影滤镜参数设置

图 3-120 添加滤镜后的文字效果

步骤 4:新建图层,命名为“背景声音”,拖动“背景音乐.wav”到舞台中,此时在【时间轴面板】的第 1 帧出现一条短线,说明背景音乐已应用到关键帧上。

步骤 5:选择“背景声音”层的第 1 帧,在【属性面板】的【同步】下拉列表中选择【数据流】选项,如图 3-121 所示。

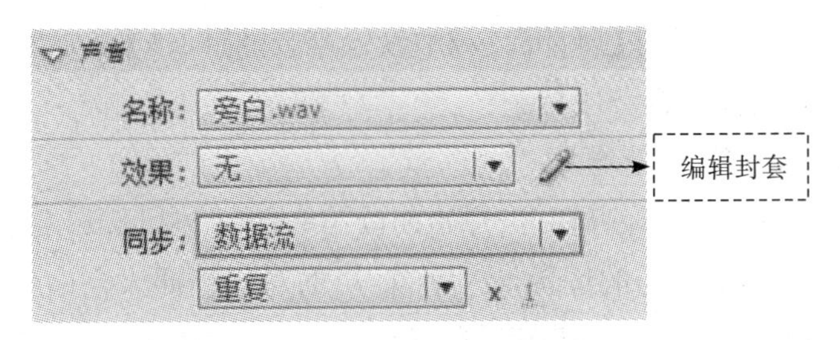

图 3-121　声音属性设置

注意:【数据流】选项使声音和时间轴同时播放、同时结束。在定义声音和动画的同步效果时,一定要使用数据流选项。

步骤 6:单击【属性面板】中的【编辑】按钮,在随即弹出的【编辑封套】对话框中,单击右下角【帧】(以帧为单位),如图 3-122 所示。此时拖动该对话框下方的滚动条,可以看到这段声音持续了 399 帧。

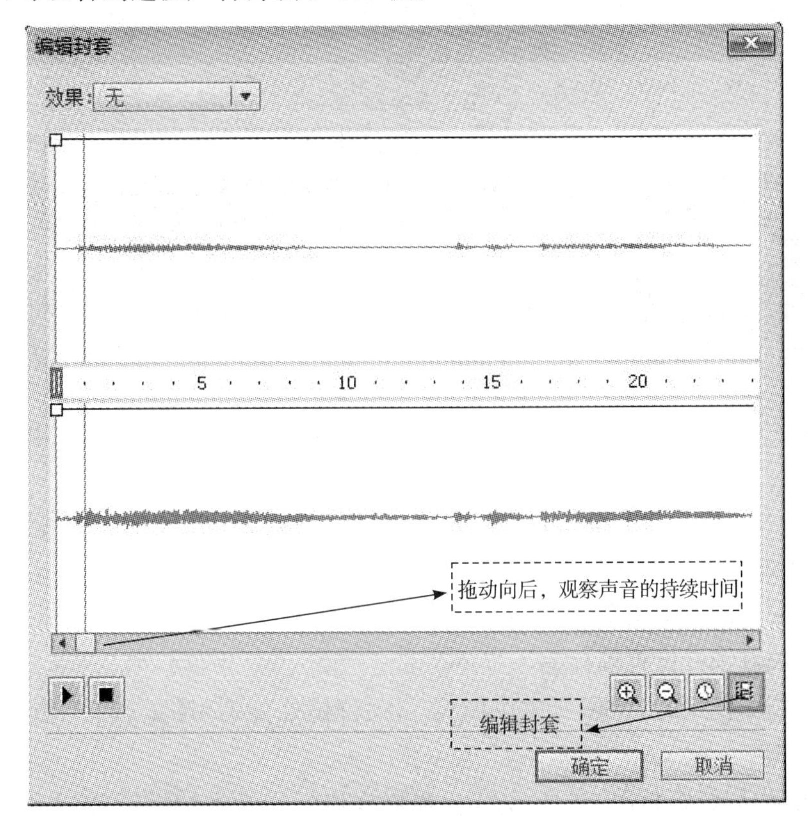

图 3-122　编辑封套对话框

说明:持续时间与第 1 步中设置的 Flash 文档帧频相关,如果采用 Flash CS5 默认的 24fps,则持续时间成倍增加。

步骤 7:在"背景声音"层的第 399 帧插入延长帧,此时看到【时间轴面板】中声音波形完整地出现在该层上。然后选择图层 1,在第 399 帧插入延长帧。

步骤 8:新建图层,命名为"朗读",在第 71 帧插入空白关键帧,拖动库中的"古诗.wav”进入舞台。然后在【属性面板】中设置声音的【同步】选项为【数据流】。

步骤 9:下面制作声音分段标记。

①新建图层,命名为“字幕”。

②此时按 Enter 键试听声音,当开始朗读第一句时,按 Enter 键停止声音的播放,记录下刚开始读第一句的位置,在“字幕”层的对应帧插入空白关键帧。

③选中刚才添加的空白关键帧,打开【属性面板】,在【标签】的文本框中,输入“第一句”,如图 3-123 所示。此时发现【时间轴面板】上,在“字幕”层的对应位置处出现了小红旗和帧标签上文字的字样。如图 3-124 所示。

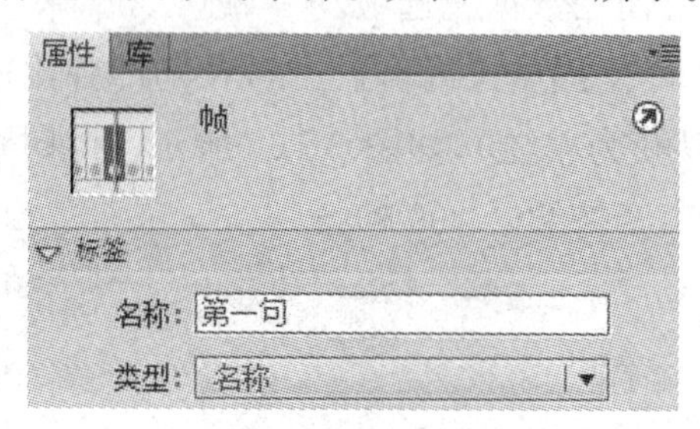

图 3-123 定义帧标签

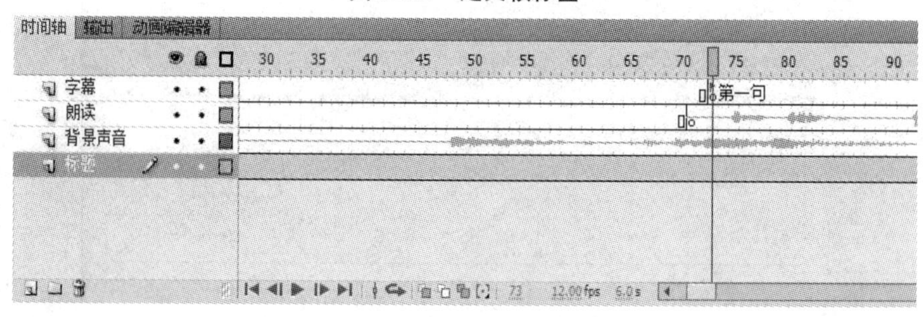

图 3-124 时间轴面板

注意:在关键帧上添加帧标签非常必要,它可以明确指示一个特定的关键帧位置,为后面的动画制作提供必要的参考。

④用同样的方法明确第二句、第三句、第四句的位置,在“字幕”层相应的位置插入空白关键帧并设置帧标签。

⑤在刚才找到的“字幕”层的四个空白关键帧处分别用【文本工具】输入诗句中对应的文字。

说明:如果想要制作诗句的文字由模糊变清晰的动画效果,可以首先将文字转换为元件,然后定义两个关键帧,在起始帧上使用【模糊】滤镜,在结束帧上使用正常的文字,最后创建传统补间。

步骤 10:测试影片的试听和观看效果,保存后导出 swf 格式的影片文件。

实验 5　ActionScript 脚本的应用

一、实验目的

(1)熟练掌握为关键帧或元件添加动作的方法。

(2)熟练掌握 play、stop、Goto 等语句的用法。

(3)熟练掌握交互式按钮的相关操作。

(4)掌握 Flash 中的多场景技术。

(5)熟练掌握 on 函数、duplicateMovieClip、startDrag、setProperty 等函数的使用方法。

二、实验环境

(1)硬件要求:微处理器 Intel 奔腾 IV,内存要在 1GB 以上。

(2)运行环境:Windows 7/8。

(3)应用软件:Flash CS5。

三、实验内容与要求

(1)利用变形动画原理,运用 AS 脚本,制作圆从左边滚动到右边并逐渐变成正方形的动画,使用两个按钮分别控制动画的停止和继续,效果如图 3-125 所示。

(2)利用遮罩动画原理和 AS 脚本技术,制作鼠标移动实现探照灯效果的动画,如图 3-126 所示。

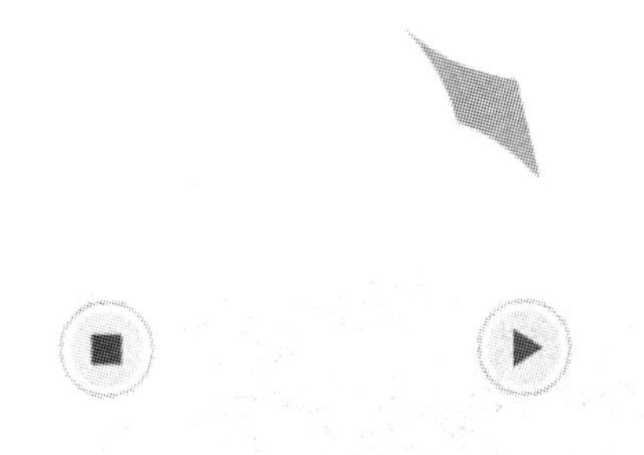

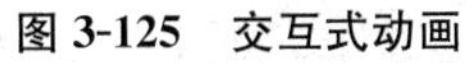

图 3-125　交互式动画

图 3-126　探照灯效果

(3)运用 AS 脚本技术,自定义鼠标的形状以替换系统自带的鼠标,如图3-127 所示。

(4)利用 AS 脚本技术制作鼠标跟随的动画特效,如图 3-128 所示。

图 3-127 测试影片时鼠标的两种状态

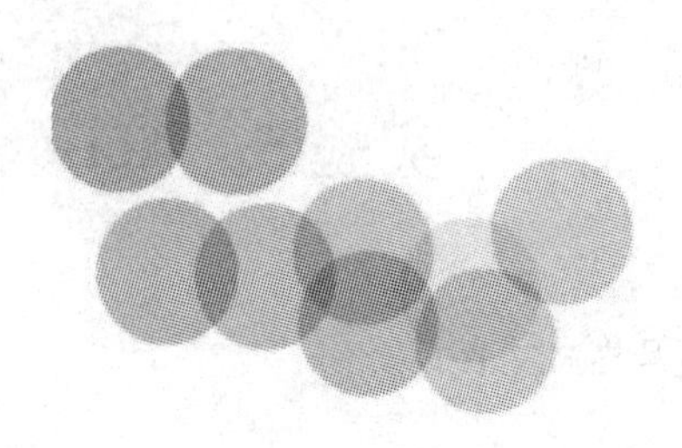

图 3-128 鼠标跟随特效

(5)利用 AS 脚本,制作三个场景,并通过按钮实现它们之间的切换,效果如图 3-129 所示。

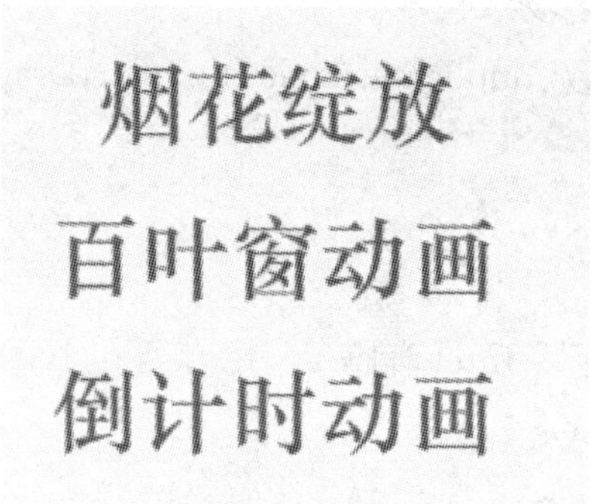

烟花绽放

百叶窗动画

倒计时动画

图 3-129 多场景动画

(6)使用 loadmovie 函数,制作幻灯片展示照片的动画效果,如图 3-130 所示。

图 3-130 幻灯片展示照片

(7)利用复制影片剪辑函数制作变幻的曲线,效果如图 3-131 所示。

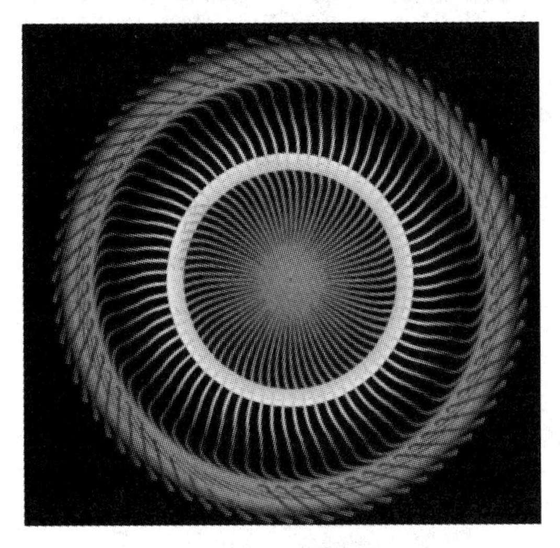

图 3-131 变幻曲线

(8)利用 AS 脚本技术,制作夜空中点星星的动画效果,要求鼠标在夜空中每点击一次,就出现一颗星星。

四、实验步骤与指导

1. 交互式动画

本例考查 stop、play 语句的使用。

步骤 1:首先制作一个圆从左边滚到右边,同时变成一个正方形的动画。

步骤 2:新建图层,重命名为"控制"。选择【窗口】菜单→【公用库】→【按钮】,从中拖动两个按钮进舞台。如图 3-132 所示。

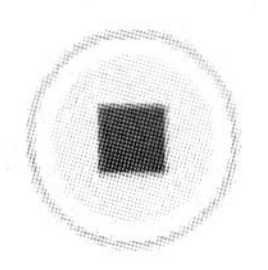

图 3-132 添加按钮

步骤 3:选中 stop 按钮,打开【动作面板】,在动作工具箱中展开【全局函数】→【影片剪辑控制】,双击列表中的 on,就在脚本窗格中添加了一个 on 函数,并同时显示事件参数列表框,如图 3-133 所示。

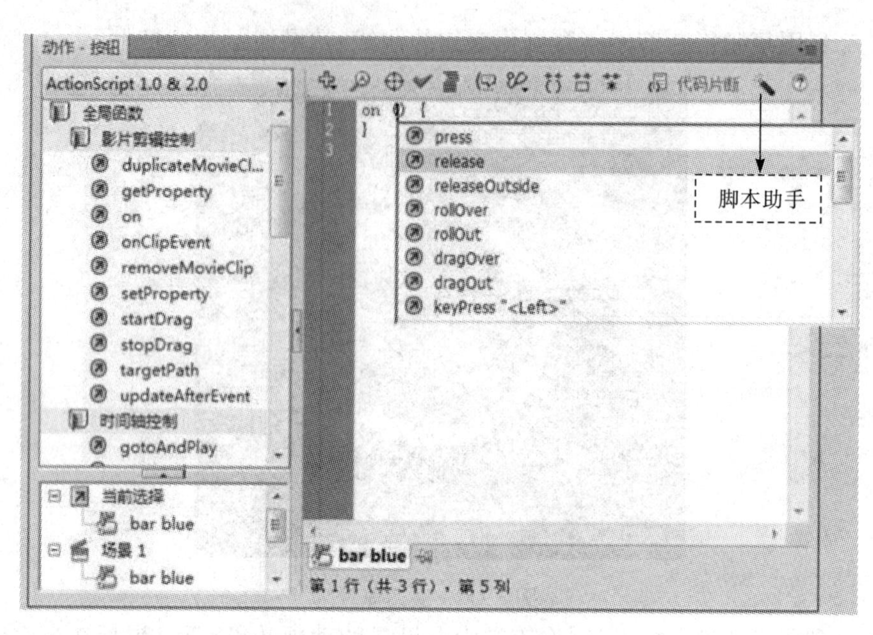

图 3-133　动作面板

步骤 4:单击列表中的 release,接着把光标定位在第一个大括号后,在左边的动作工具箱中展开【时间轴控制】,选择 stop,这样就在该按钮上添加了代码,如图 3-134 所示。

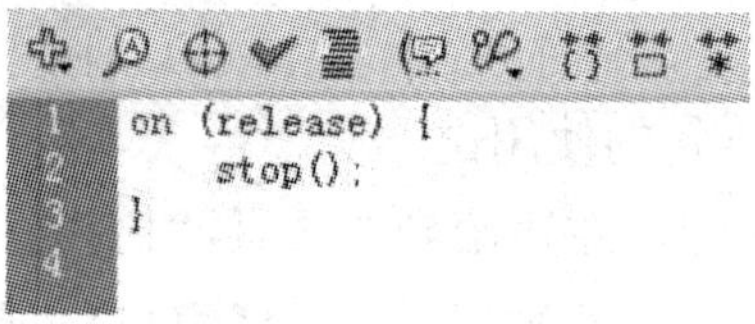

```
1 on (release) {
2     stop();
3 }
4
```

图 3-134　添加代码

说明:初学者可以单击【动作面板】中的【脚本助手】按钮来快速地添加 AS 语句,如图 3-133 所示。本例中,可以选中按钮,打开【脚本助手】,直接添加 stop 语句,系统会直接为按钮添加 on 函数。

步骤 5:依照上面的方法,为另一个按钮添加脚本代码。

```
on (release) {
play( )
}
```

步骤 6:测试影片并导出 swf 格式的文件。

说明:

(1)在 Flash 中,AS 语句只有两类:一类直接作用在关键帧上;另一类作用在按钮等元件上。第一类 AS 语句直接写代码,如 stop、play 等;第二类 AS 语句必须写在函数体内(如 on 函数),通过 release 等事件来触发。

(2)on 函数是最传统的事件处理方法。它一般直接用于按钮实例。

其一般形式为：

```
on(鼠标事件){
// 程序,程序组成的函数体响应鼠标事件
}
```

对按钮而言，可指定触发动作的按钮事件有以下几种。

①press：事件发生于鼠标指针在按钮上方，并按下鼠标左键时。

②release：事件发生于在按钮上方按下鼠标左键，接着松开鼠标左键时，也就是"单击"。

③releaseOutside：事件发生于在按钮上方按下鼠标左键，接着把鼠标指针移到按钮之外，然后松开鼠标左键时。

④rollOver：事件发生在鼠标滑入按钮时。

⑤rollOut：事件发生在鼠标滑出按钮时。

⑥dragOver：事件发生在按住鼠标左键不放，鼠标滑入按钮时。

⑦dragOut：事件发生在按住鼠标左键不放，鼠标滑出按钮时。

⑧keyPress：事件发生在用户按下指定的键盘某个键时。如按下字母 k 时从第 20 帧开始播放。例如：

```
on (keyPress "k") {
GotoandPlay(20);
} // 当按下 k 时,跳转到第 20 帧开始播放。
```

2. 探照灯效果

本例考查为关键帧添加 AS 语句的方法及 startDrag 函数的运用。

步骤 1：导入素材中的背景图片，拖入舞台，调整大小和位置使它刚好覆盖文档。

步骤 2：新建影片剪辑，绘制一个圆。回到场景中，新建图层 2，拖动圆进入，在【属性面板】中将【实例名称】改为 aa，如图 3-135 所示。

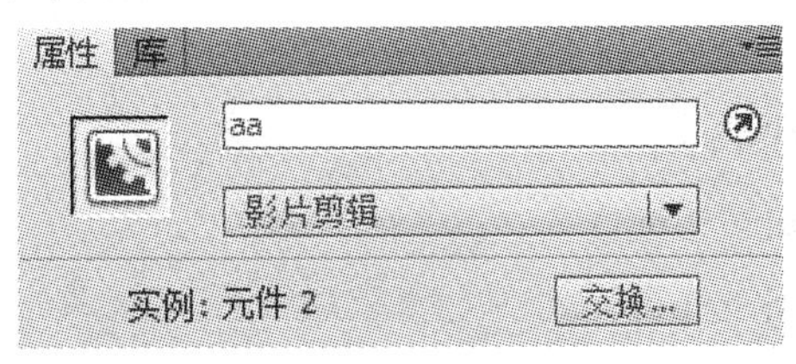

图 3-135　为实例命名

步骤 3：设置图层 2 为遮罩层。

步骤 4：新建图层 3，选中第 1 帧，在【动作面板】为其添加动作"startDrag("aa",true);"。

说明：startDrag 函数的作用是使实例在影片播放的过程中可以被拖动。它

的第 2 个参数是可选项，当设置为 true 时，表明将拖动的实例锁定到鼠标指针位置中央。

步骤 5:测试影片并导出。

3. 自定义鼠标

本例考查 onClipEvent 函数的用法。

步骤 1:绘制箭头。

①新建影片剪辑元件，命名为"箭头"。

②绘制一个无边框、填充黄色的正方形，使用【部分选取工具】选中正方形边框线，按 Del 键删除其右下角的锚点，此时变成直角三角形；然后使用【选择工具】进行拖动。制作过程如图 3-136 所示。

③使用【线条工具】绘制一条直线，设置其【笔触】为 30。箭头效果如图 3-137 所示。

图 3-136 绘制过程

图 3-137 箭头

④在第 2 帧插入关键帧，将箭头填充为红色。

⑤选中第 1 帧，添加代码"stop( );"。

说明:如果这里不设置停止语句，则在场景中播放该影片剪辑时就从第 1 帧开始往后播放，此时会出现黄箭头、红箭头不停闪烁的情况。

步骤 2:回到场景中，拖动"箭头"影片剪辑进入舞台，并定义其实例名称为 mc。

步骤 3:选定 mc，打开【脚本助手】，选择【影片剪辑控制】→【startDrag】，添加代码：

```
onClipEvent (load) {    // onClipEvent 是指发生在影片剪辑上的事件函数
   startDrag("_root. mc", true);
}
```

步骤 4:继续添加代码：

```
onClipEvent (mouseDown) {
_root. mc. gotoAndStop(2);
}
onClipEvent (mouseUp) {
_root. mc. gotoAndStop(1);
}
```

说明:以上代码表示当鼠标在影片剪辑上按下时，转到 mc 的第 2 帧并停止播放(显示红箭头);当鼠标弹起时,转到 mc 的第 1 帧并停止播放(显示黄箭头)。

步骤 5:测试影片,发现运行时系统自带的鼠标还在,添加代码“Mouse. hide( );”,表示将系统鼠标隐藏。mc 的完整代码如图 3-138 所示。

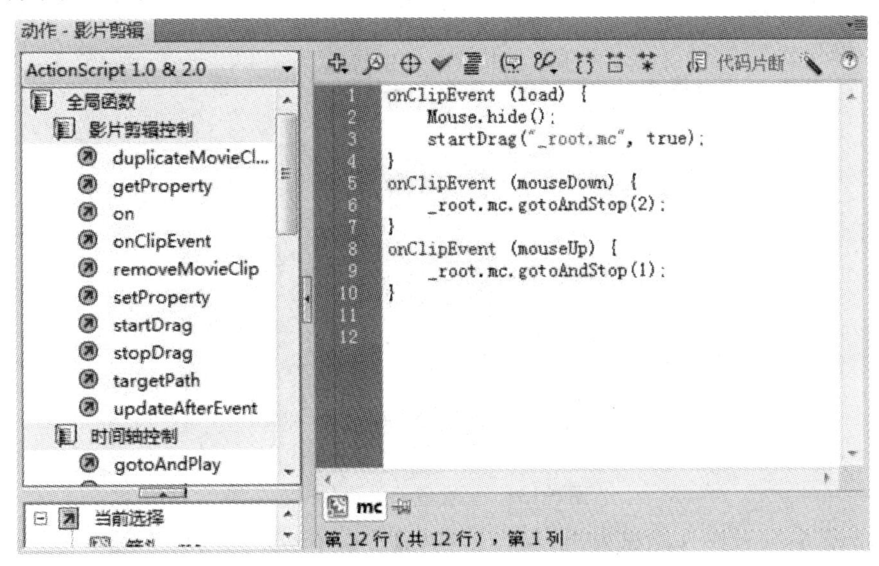

图 3-138 mc 的完整代码

步骤 6:测试影片观看效果。

4. 鼠标跟随特效

本例考查 AS 基本语句的使用。

步骤 1:新建文档。插入图形元件“圆”,使用【椭圆工具】绘制一个正圆,填充任意色,使它位于舞台中央。

步骤 2:插入一个按钮元件“按钮”,在【点击】帧插入空白关键帧,再绘制一个和刚才圆大小相同的圆,使它位于舞台中央。这个区域即为鼠标响应区。

步骤 3:插入一个影片剪辑元件,在第 1 帧拖动“按钮”元件进入舞台,在第 2 帧插入空白关键帧,拖动“圆”元件进舞台,在第 20 帧插入关键帧,并设置第 2、第 20 帧的对象 Alpha 分别为 70%、0%,创建传统补间。

说明:也可以在第 20 帧将圆的尺寸缩小。

步骤 4:设置动作。

①选中第 1 帧,添加 AS 代码为:

```
Stop( );
```

②选中第 1 帧的按钮元件,添加 AS 代码为:

```
on (rollOver) {   // 当鼠标滑入按钮时发生的事件
gotoAndPlay(2);
}
```

③选中第 20 帧，添加 AS 代码为：

gotoAndStop(1)；

步骤 5：返回场景，拖动影片剪辑元件进入舞台，并复制多份，如图 3-139 所示。

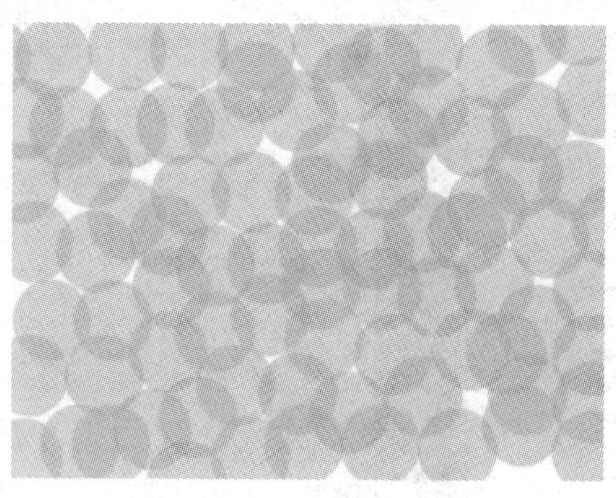

图 3-139 多次拖动影片剪辑

步骤 6：观看影片测试效果，保存后选择【文件】菜单→【导出】→【导出影片】。

说明：将"圆"元件里的实例改为一个星型，填充白色(将文档背景色改为黑色)，并选择【修改】菜单→【形状】→【柔化填充边缘】，制作有发亮效果的星星，再测试影片。

5. 多场景切换效果

本例考查多场景控制技术及透明按钮的应用。

步骤 1：制作各个场景的动画。

①新建文档，将本章实验 3 中制作的"烟花绽放. fla"打开，选择该文件下所有帧，复制粘贴到新文档中。

②选择【窗口】菜单→【其他面板】→【场景】选项，打开【场景面板】，点击【添加场景】按钮增加一个场景，如图 3-140 所示。

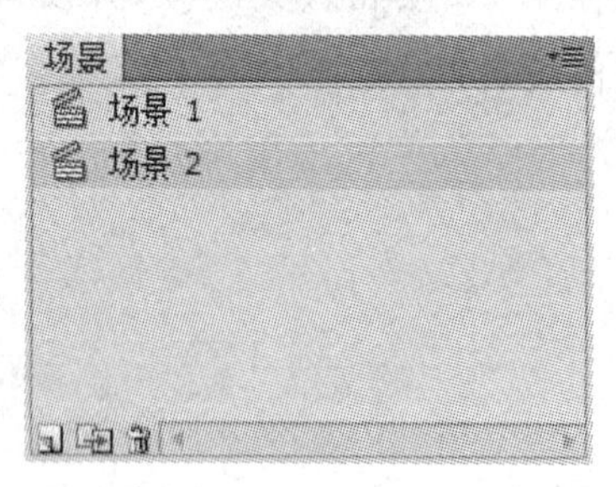

图 3-140 添加场景

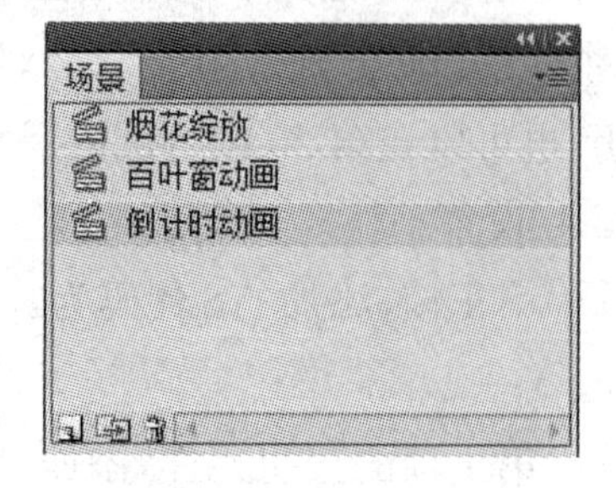

图 3-141 重命名各场景

③单击"场景 2"，此时【时间轴面板】即为对场景 2 的操作。将本章实验 3 制作的"百叶窗. fla"的所有帧复制粘贴到场景 2 中。

④采用相同的方法再将“倒计时.fla”的所有帧粘贴到场景 3 中。为了方便区分，在【场景】面板中为各场景重命名，如图 3-141 所示。

步骤 2：创建主控场景。

①再添加一个场景，命名为“控制”，并将该场景移至最上方。使用【文本工具】输入三组文字。如图 3-142 所示。

②新建按钮元件，在【点击】帧插入一个空白关键帧，然后绘制一个矩形。

③回到“控制”场景中，将刚才制作的按钮元件分别拖到三组文字上，使用【任意变形工具】调整大小，使它们分别覆盖三组文字，如图 3-143 所示。

烟花绽放
百叶窗动画
倒计时动画

图 3-142 控制场景中的三组文字

烟花绽放
百叶窗动画
倒计时动画

图 3-143 按钮覆盖文字

步骤 3：在其他三个场景中分别创建“返回”按钮。

①切换到“烟花绽放”场景，在所有图层上方新建一个图层，命名为“返回”，使用【文本工具】在舞台右下角输入“Back”。

②从【库面板】中将刚才制作的按钮元件拖入舞台，调整大小后使其刚好覆盖 Back，如图 3-144 所示。

图 3-144 返回按钮

③使用上述方法为其他两个场景也加上 Back。

步骤 4：编写 AS 代码。

①切换到“控制”场景，选中“图层 1”的第 1 帧，在【动作面板】中添加代码：

```
stop( );
```

②选择该层“烟花绽放”上的按钮，使用【脚本助手】添加如下代码：

```
on (release) {
gotoAndPlay(“烟花绽放”,1);
```

```
}
```

③选择该层“百叶窗切换”上的按钮,添加如下代码:

```
on (release) {
gotoAndPlay ("百叶窗",1);
}
```

④选择该层“倒计时动画”上的按钮,添加如下代码:

```
on (release) {
gotoAndPlay ("倒计时",1);
}
```

⑤切换到“蝴蝶飞舞”场景,选中“Back”上的按钮,添加如下代码:

```
on (release) {
gotoAndStop("控制",1);
}
```

⑥分别给“百叶窗”场景和“倒计时”场景的“Back”按钮添加同样的 AS 代码。

⑦为了使每个场景在动画播放完毕后,停止在当前场景中,可以分别在“烟花绽放”“百叶窗”“倒计时”三个场景新建一个图层,在该层的最后一帧插入空白关键帧,再添加代码“stop( );”。

步骤 5:测试影片并导出 swf 文件。

6. 幻灯片轮番播放

本例考查 loadmovie 函数的使用方法。

步骤 1:新建文件,导入四幅图片到库,新建一个影片剪辑,不做任何操作。

步骤 2:回到场景中,拖入影片剪辑,将其实例名称定义为 mc,并设置坐标值均为 0。

步骤 3:选中第 1 帧,在【动作面板】中选择【浏览器/网络】→【loadMovie】,添加代码:

```
loadMovie("1.jpg", mc);
```

注意:这里使用的是相对路径,因此一定要将该 Flash 文档与要加载的图片置于相同文件夹中。否则无法正确显示。

步骤 4:按 Ctrl+Enter 测试影片,发现照片是突然出现的效果,下面制作淡入淡出的动画效果。

①在第 20 帧插入关键帧,选定第 1 帧中表示影片剪辑 mc 的小圆点,在【属性面板】中调整它的 Alpha 为 0%,并创建传统补间。

②在第 30 帧插入关键帧,不需创建补间,表示从第 20 帧到第 30 帧停留片刻。

③在第 50 帧插入关键帧，选定第 50 帧中表示影片剪辑 mc 的小圆点，在【属性面板】中调整它的 Alpha 为 0%，并创建传统补间。【时间轴】面板如图 3-145 所示。

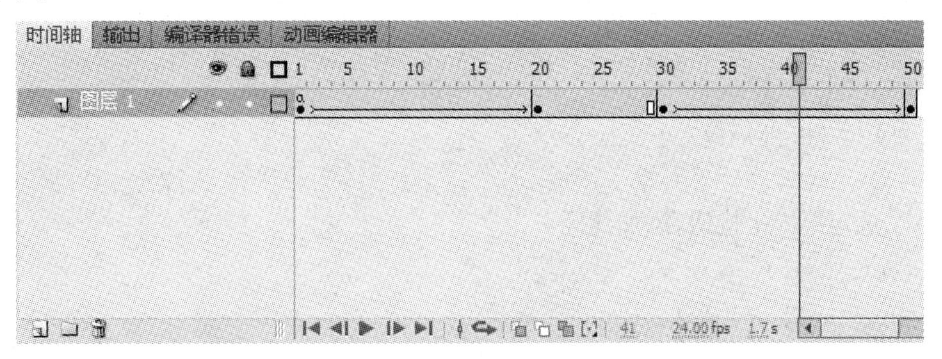

图 3-145 时间轴面板

步骤 5：制作第二张图片被加载并呈现淡入淡出的效果。

①继续在第 51 帧插入关键帧，并添加代码：

```
loadMovie("2.jpg", mc);
```

②选定第 51 帧，设置该帧上 mc 的 Alpha 为 0%。

③在第 70 帧插入关键帧，设置该帧上 mc 的 Alpha 为 100%，并创建传统补间。

④在第 80 帧插入关键帧，不需创建补间。

⑤在第 100 帧插入关键帧，并创建传统补间，设置该帧上 mc 的 Alpha 为 0%。

步骤 6：按上述方法继续加载其他两幅图片。也可以复制这些帧，并将它们粘贴到后面。这样只需修改代码即可。测试影片，四幅图片淡入淡出的效果依次呈现。

步骤 7：编写代码控制图片的显示。

①回到场景中，锁定以上编辑的图层，新建图层，命名为“控制”。由于需要制作四幅图片轮番播放的效果，因此，从公用库中拖入四个按钮分别控制它们。

②双击各按钮，找到文字所在的图层“text”，修改其中的文字为“第一张”“第二张”“第三张”，利用【对齐面板】使它们排列整齐并放置在舞台右下角。如图 3-146 所示。

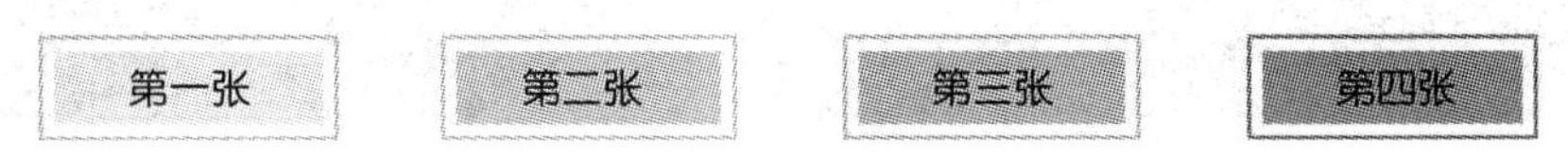

图 3-146 制作导航按钮

步骤 8：编写 AS 语句。

①选定第 1 个按钮，添加代码：

```
on (release) {
gotoAndPlay(1);
}
```

②选定第 2 个按钮,添加代码:

```
on (release) {
gotoAndPlay(51);
}
```

③选定第 3 个按钮,添加代码:

```
on (release) {
gotoAndPlay(101);
}
```

④选定第 4 个按钮,添加代码:

```
on (release) {
gotoAndPlay(151);
}
```

步骤 9:测试影片并导出 swf 格式的文件。

7. 制作变幻曲线

本例考查 duplicateMovieClip 函数与循环语句的用法。

步骤 1:新建文档,设置背景色为黑色、帧频为 30fps。

步骤 2:新建影片剪辑元件,命名为"曲线",在第 1 帧选择【铅笔工具】,【铅笔模式】为平滑,设置【笔触高度】为 2、【笔触颜色】为七彩色,绘制一条曲线,如图 3-147(a)所示。

步骤 3:在第 10、20、30 帧分别插入空白关键帧,继续绘制曲线,如图 3-147(b)、(c)、(d)所示。然后创建三段补间形状。

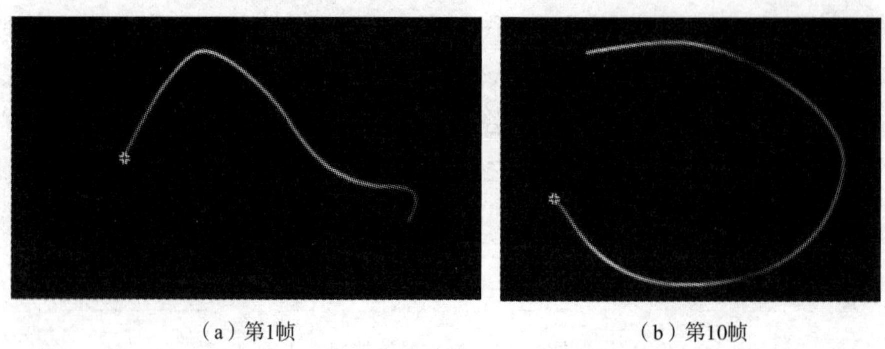

(a) 第1帧　　(b) 第10帧

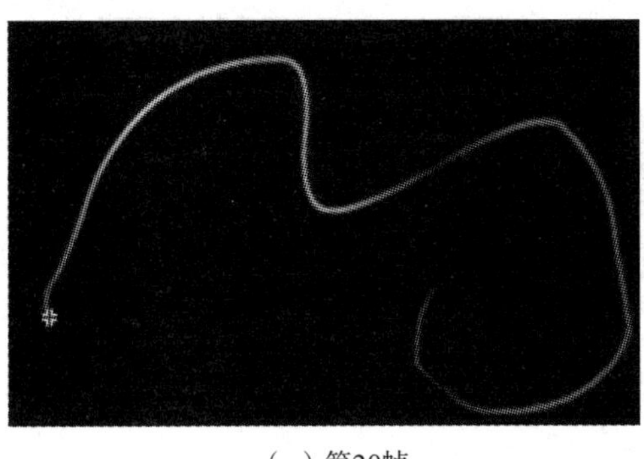

（c）第20帧

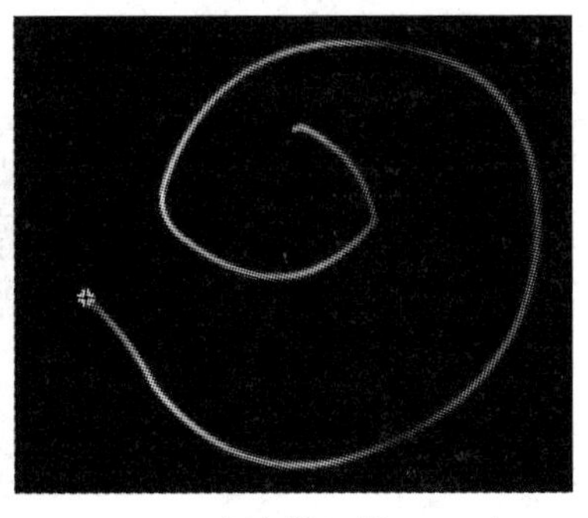

（d）第30帧

图 3-147 四个关键帧

步骤 4:回到场景中,拖入"曲线"元件,调整到舞台中心位置,并定义实例名为 mc。

步骤 5:新建图层,为第 1 帧添加动作:

```
i=1;
while(i<100){
    duplicateMovieClip(mc, i, i); // 复制 mc, 新影片剪辑的名称和深度均
                                  // 为 1,2…
    setProperty(i, _rotation, i*5);  // 设置新影片剪辑的旋转角度
    i++;
}
```

步骤 6:测试影片观看效果,保存后导出 swf 格式的影片文件。

8. 点星星

本例考查 AS 脚本中类的用法。

步骤 1:新建文档,设置背景为黑色。

步骤 2:制作闪烁的星星。

①插入一个图形元件,命名为"星",选择【多角星形工具】,单击【属性面板】的【选项】按钮,设置顶点大小为 0.3,在舞台中绘制一个四角星形。

②选定星形,选择【修改】菜单→【形状】→【柔化填充边缘】,参数设置如图 3-148所示,制作星星边缘朦胧的效果。

③复制这颗星,将其等比例缩小 50%,再旋转到合适的角度,如图 3-149 所示,将两颗星组合后,填充白色。

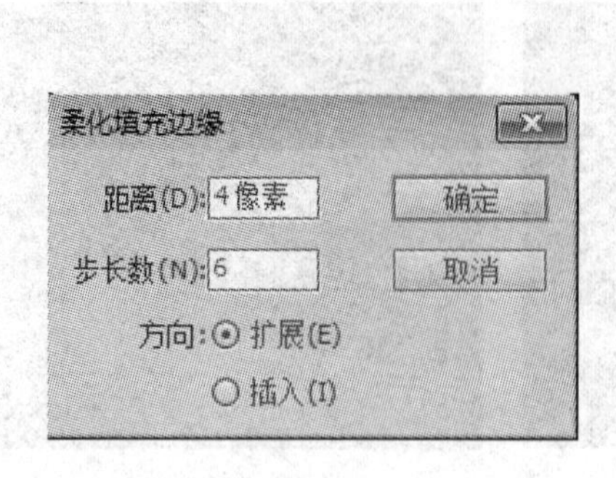

图 3-148 参数设置

图 3-149 星星

④插入影片剪辑，命名为“闪星”，在第 1 帧拖动“星”元件进入舞台，设置 Alpha 为 80%。在第 15、30 帧分别插入关键帧，选择第 15 帧上的元件实例，将元件缩小为原来的 20%，并创建两段传统补间。

步骤 3：回到场景中，将“闪星”拖入舞台，将实例命名为 mc。

步骤 4：为第 1 帧添加动作：

```
i = 1;
_root.onMouseDown = function() {   // _root.可以省略
    duplicateMovieClip("mc",i,i);
    setProperty(i,_x,_xmouse);
    setProperty(i,_y,_ymouse);
    setProperty(i,_rotation,random(180));
    n = Math.random() * 100+50;   //产生 50～100 之间的随机数，或写
                                  //成 n=random(100)+50
    setProperty(i, _xscale, n);
    setProperty(i, _yscale, n);
    i++;
};
```

步骤 5：测试影片并导出文件。

五、拓展练习

【练习一】制作炫丽的鼠标跟随动画效果，如图 3-150 所示。

图 3-150　鼠标跟随动画效果

图 3-151　引导线

步骤 1:新建文档。新建图形元件,命名为“心形 1”。采用本章实验 1 第 2 题介绍的方法绘制一个心形,并填充红色。

步骤 2:制作心围绕圆运动的引导线动画效果。

①新建影片剪辑元件“心形 2”,在图层 1 的第 1 帧拖动“心形 1”进入舞台,添加一个运动引导层,绘制一个空心的圆,然后使用【橡皮工具】在圆上擦去一个豁口。如图 3-151 所示。

②在图层 1 的第 1 帧将实例拖到引导线的起点。在第 15 帧插入关键帧,在引导层的第 15 帧插入帧,并将实例拖到引导线的终点。

③创建传统补间。

④设置第 1 帧和第 15 帧的实例 Alpha 值分别为 60%和 20%。

⑤在图层 1 的第 1 帧和第 15 帧修改元件的角度,如图 3-152 所示。

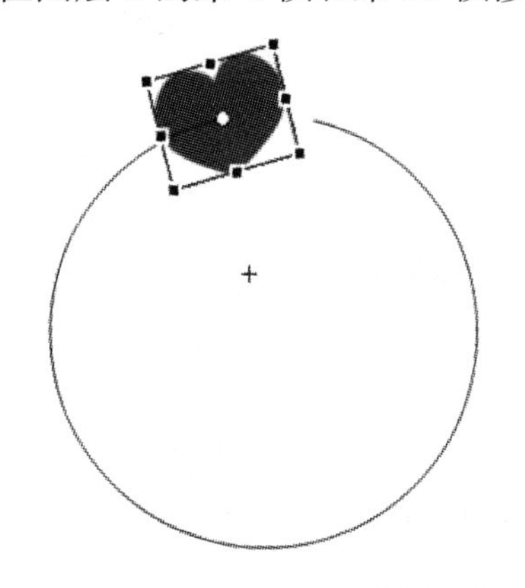

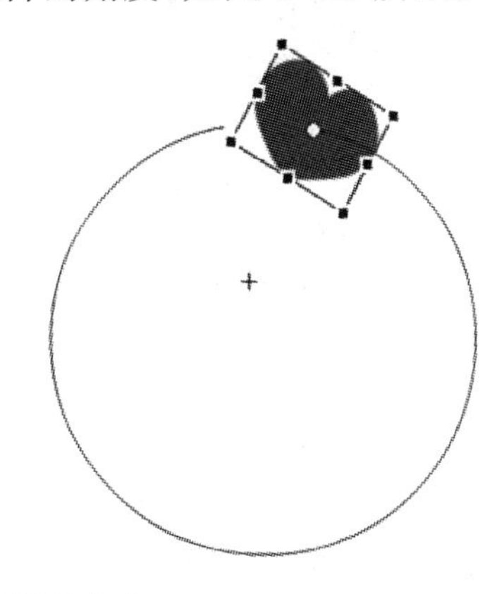

图 3-152　修改元件的角度

步骤 3:新建影片剪辑元件“心形 3”,在图层 1 的第 1 帧拖动“心形 2”进入舞台,并在第 15 帧插入帧。

注意:因为“心形 2”元件的动画有 15 帧,在“心形 3”里引用了“心形 2”,因此这里至少需要 15 帧才能完整地播放动画。

步骤 4:再新建四个图层,分别复制图层 1 的第 1 帧到四个图层的第 2、3、4、5

帧，【时间轴】面板如图 3-153 所示。

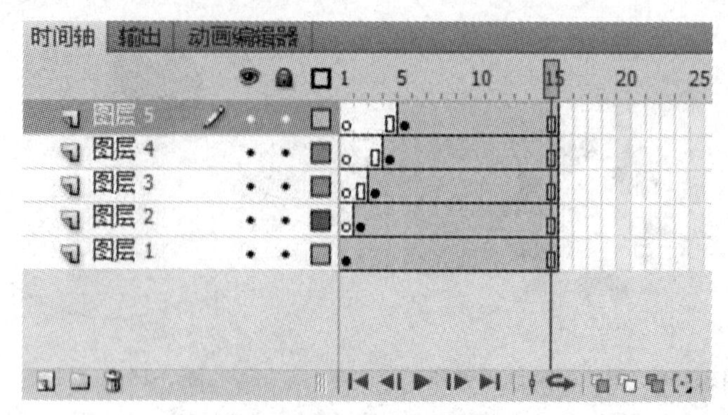

图 3-153　时间轴面板

步骤 5:选中图层 2 第 2 帧上的心形实例，在【变形面板】中设置【缩放比例】为 80%；选中图层 3 第 3 帧上的心形实例，在【变形面板】中设置【缩放比例】为 60%；选中图层 4 第 4 帧上的心形实例，在【变形面板】中设置【缩放比例】为 40%；选中图层 5 第 5 帧上的心形实例，在【变形面板】中设置【缩放比例】为 20%。然后调整它们的位置，并在所有层的第 15 帧插入延长帧，效果如图 3-154 所示。

步骤 6:新建影片剪辑元件"心形 4"，在图层 1 的第 1 帧拖动"心形 3"进入舞台，先用【任意变形工具】将中心点调至舞台中央，然后使用【变形面板】复制五份，使之围成一个圈，如图 3-155 所示。

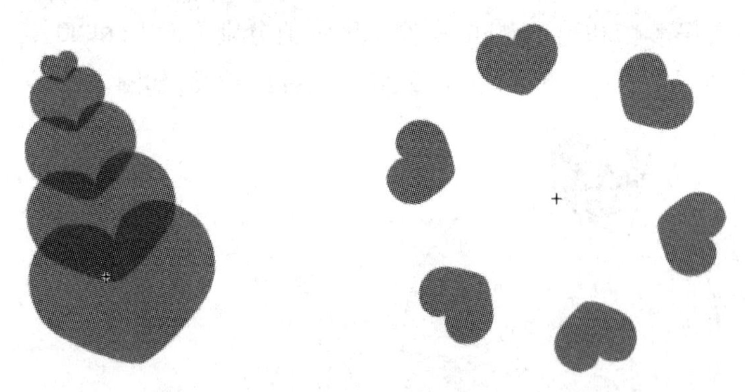

图 3-154　移动位置　　　　图 3-155　复制五份

步骤 7:回到场景中，拖动"心形 4"影片剪辑进入舞台，调整合适的尺寸，并在【属性面板】中定义其实例名称为 mc。

步骤 8:选定第 1 帧，打开【脚本助手】，选择【影片剪辑控制】→【startDrag】，添加代码：

```
Mouse. hide()；
startDrag("mc", true)；
```

步骤 9:测试影片，观看效果，保存后导出 swf 格式的影片文件。

【练习二】制作漫天花飘的动画效果，如图 3-156 所示。

图 3-156　漫天花飘

本例考查 setProperty 函数、color 对象及条件语句的用法。

步骤 1:新建文档,设置帧频为 18fps。新建影片剪辑,命名为“花”。使用【多角星形工具】【选择工具】制作一朵花的形状,并填充任意色,如图 3-157 所示。

步骤 2:制作飘花影片剪辑。

①新建影片剪辑元件,命名为“飘花”,将“花”元件拖入舞台中。

②选中图层 1,单击右键,添加运动引导层,用铅笔绘制一段平滑曲线,“花”元件和引导线的一端对齐,如图 3-158 所示。

图 3-157　花朵

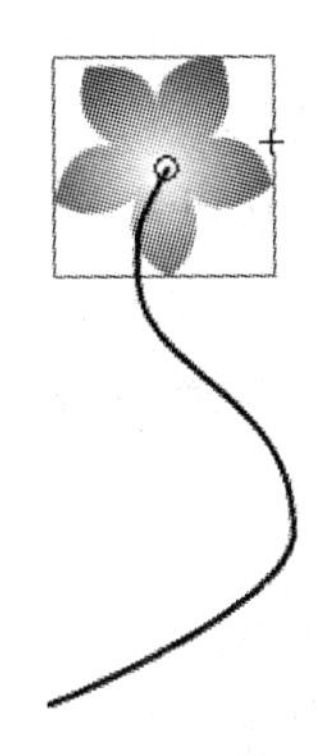

图 3-158　引导线

③在引导层的第 100 帧插入延长帧,在“花”层的第 100 帧插入关键帧,使元件与引导线的另一端对齐,选中第 100 帧的花元件,设置 Alpha 为 10%。

④创建传统补间。

步骤 3:添加 AS。

①回到场景中,将“飘花”元件拖入舞台,并定义实例名为 mc。

②为第 1 帧添加动作:

```
i=0;
mc._visible=false;
```

③在第2帧插入关键帧,并添加动作:

```
i++;
duplicateMovieClip(mc, i,i);
setProperty(i,_x,random(100)*5);
setProperty(i,_rotation,i*10);
sc=new Color(i);    // 创建一个新的 Color 对象 sc
sc.setRGB(random(0xffffff)); // 0x 表示后面的是十六进制数据
```

④在第3帧插入关键帧,并添加动作:

```
if(i<100){
    gotoAndPlay(2);
} else {
    gotoAndPlay(1);
}
```

步骤4:测试影片,观看效果。

说明:color 对象有四种方法,分别是:

(1)getRGB 返回最后一次调用 setRGB 方法时设置的 RGB 值;

(2)getTransform 返回最后一次调用 setTransform 方法时设置的色彩变换信息;

(3)setRGB 使用十六进制数据设置 RGB 色彩;

(4)setTransform 设置色彩变换信息。

【练习三】制作下雨的动画效果,如图 3-159 所示。

图 3-159 模拟的下雨效果

步骤 1: 将素材图片导入库,并拖入舞台,调整尺寸和位置使其刚好覆盖文档,然后将当前图层重命名为"BG",并延长至第 2 帧。

步骤 2: 制作雨滴。

①插入影片剪辑元件,命名为"雨滴"。

②将文档背景调整为黑色,将帧频调整为 10fps。在第 1 帧绘制一段白色斜线,设置它的【笔触高度】为 1。

③在第 15 帧插入关键帧,将斜线拖至舞台下方,造成雨滴落下的效果,并创建补间形状。

④新建图层,在第 16 帧插入空白关键帧,绘制一个边框白色、无填充色的椭圆,模拟雨滴落下时水圈的效果,如图 3-160 所示。

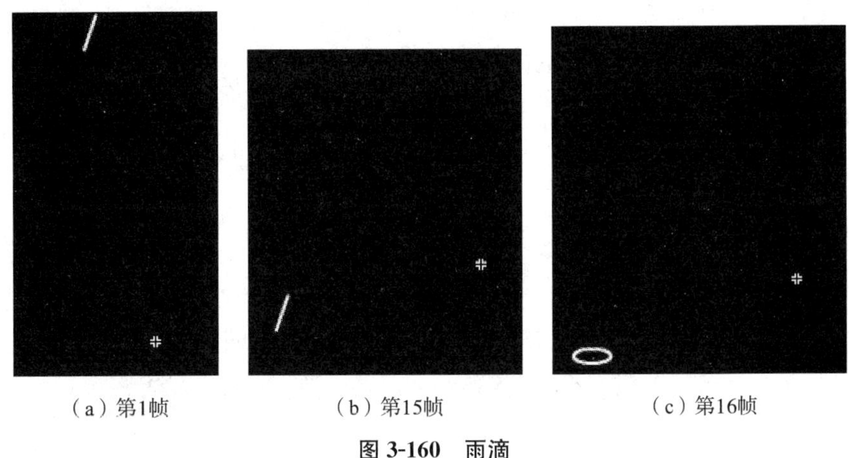

(a) 第1帧　　(b) 第15帧　　(c) 第16帧

图 3-160　雨滴

注意: 插入空白关键帧后,前面的雨滴不可见,此时可以点击【时间轴面板】上的【编辑多个帧】按钮以方便用户准确定位。

⑤在第 20 帧插入关键帧,使用【任意变形工具】将椭圆围绕中心放大两倍,并设置 Alpha 为 0%,创建补间形状。

⑥按 Enter 键测试,不满意再返回修改。

步骤 3: 回到场景中,新建图层,将"雨滴"元件拖入舞台,定义实例名为 mc。

步骤 4: 设置 AS。

①新建图层,重命名为"AS",为第 1 帧添加动作:

```
i=1;
mc._visible=false;
```

②在第 2 帧添加空白关键帧,并添加动作:

```
function ee(){//自定义一个函数 ee
    duplicateMovieClip("mc",i,i);  //新影片剪辑的名称和深度都为 1,2
3…
```

```
    setProperty(i, _x, random(550));  //设置新影片剪辑的 x 坐标为[0,
                                      //550]的随机数
    setProperty(i, _y, random(400));  //新影片剪辑的 y 坐标为[0,400]
                                      //的随机整数
    setProperty(i,_alpha,random(50)+20); // 设置新影片剪辑的透明度
    updateAfterEvent();//每复制一次影片剪辑都需要更新一次舞台
    i++; //每执行一次,i 累加 1
    if(i>100){
    clearInterval(kk); // 当 c>100 时,setInterval 语句失效
    }
}
    kk=setInterval(ee,20);  // 每 20 毫秒执行自定义函数 ee 一次
```

步骤 5:测试影片,观看效果。

【练习四】设计填空题的答题界面,并能够完成判分功能。如图 3-161 所示。

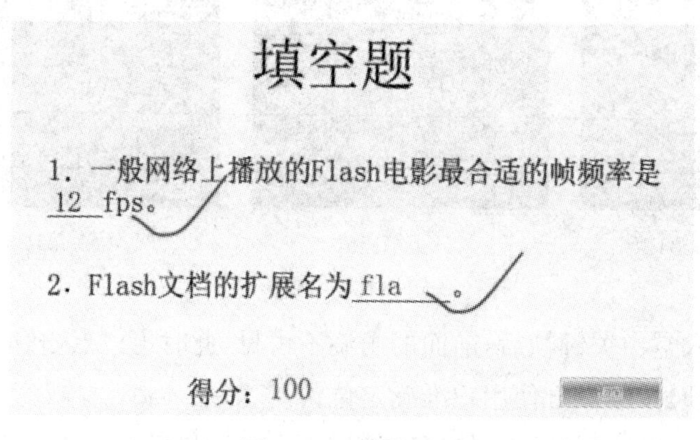

图 3-161 答题界面

步骤 1:制作文字层。

①新建图层"文字",使用【文本工具】输入两道填空题的题干。

②选择【文本工具】,在【属性面板】中设置【文本类型】为【输入文本】,如图 3-162所示。

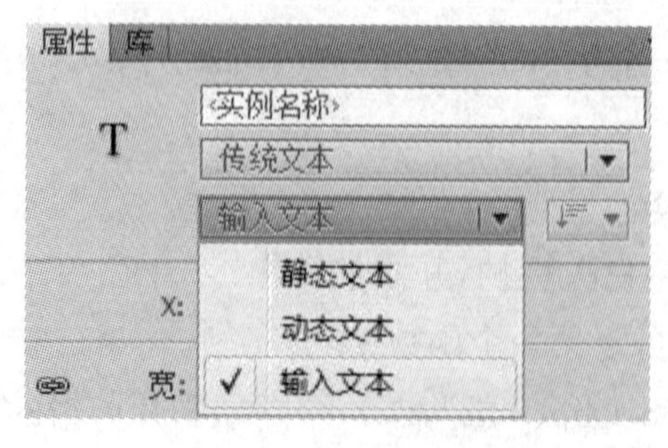

图 3-162 属性面板

③绘制两个方框，将它们分别放置在两题需要填空的位置上，如图 3-163 所示。

④将“消除锯齿”改为“位图文本[无消除锯齿]”，并通过“选项”组将变量名分别定义为 t1，t2，注意 t1，t2 不是实例名称。

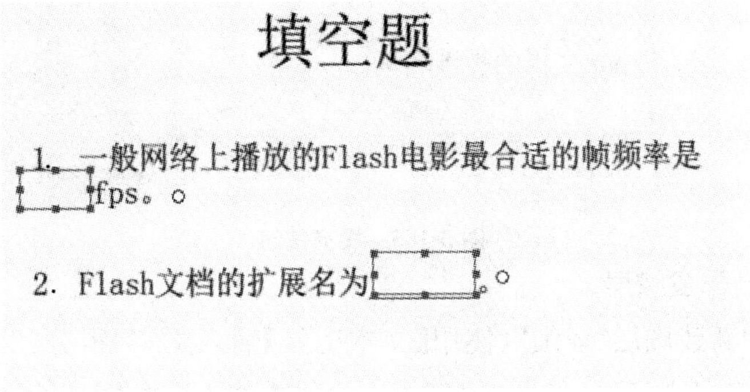

填空题
1. 一般网络上播放的Flash电影最合适的帧频率是
fps。
2. Flash文档的扩展名为

图 3-163 两个输入文本

步骤 2：制作判断对错的影片剪辑。

①新建影片剪辑元件，命名为“判断对错”。

②在第 1 帧上添加代码：“stop( );”。

③在第 2 帧插入空白关键帧，使用【线条工具】绘制一个红色的对勾形状。

④在第 3 帧插入空白关键帧，使用【线条工具】绘制一个红色的错叉形状，如图 3-164 所示。

时间轴
输出
编译器错误
动画编辑器
图层 1
1
5

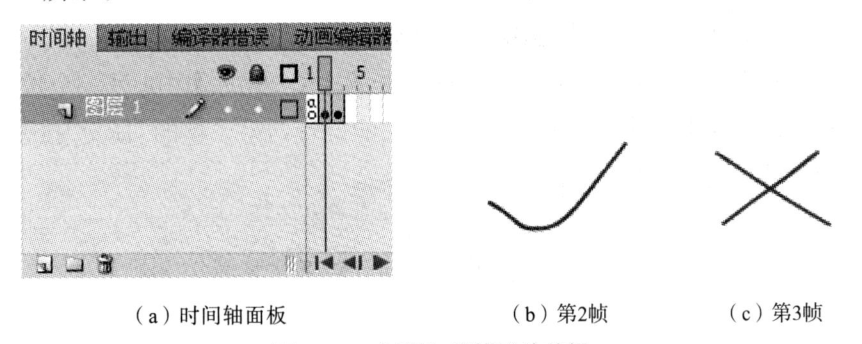

（a）时间轴面板 （b）第2帧 （c）第3帧

图 3-164 “判断对错”影片剪辑

⑤回到场景中，两次拖动“判断对错”元件进入舞台，并放置到每题题干后的空白处。分别定义它们的实例名称为 mc1、mc2。

步骤 3：制作按钮层。

①在场景中新建图层“按钮”，在【公用库】中选择一个按钮拖入舞台，并放置在题目右下方。

②双击该按钮，修改其中的文字为“提交”，如图 3-165 所示。

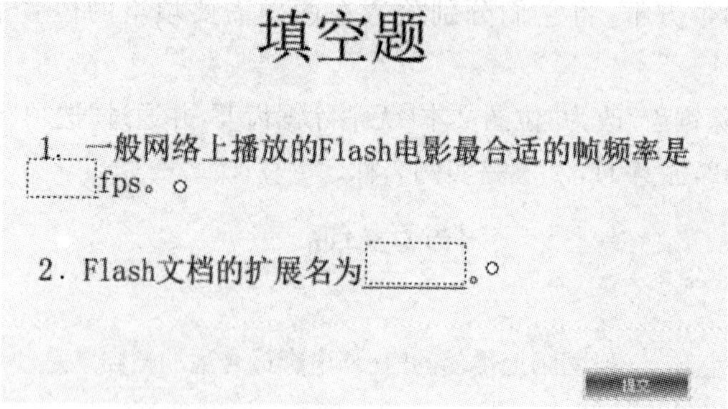

填空题

1. 一般网络上播放的Flash电影最合适的帧频率是___fps。。

2. Flash文档的扩展名为___。。

提交

图 3-165 提交按钮

步骤 4:制作成绩层。

在场景中新建图层“成绩”,使用【文本工具】输入文字“得分:”,再用【文本工具】拖动一个空白文字区,如图 3-166 所示。在【属性面板】中设置空白文字区为动态文本,定义其变量名为 cj。

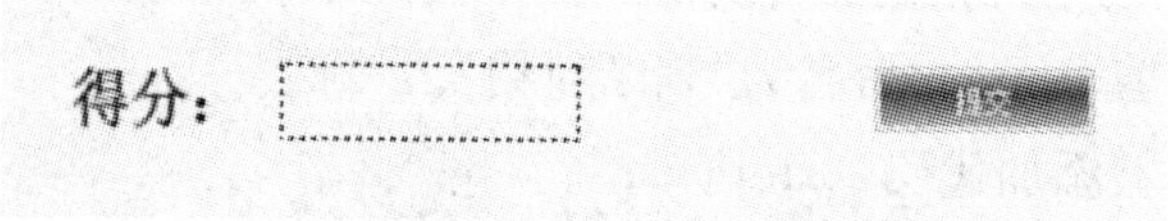

得分: 提交

图 3-166 成绩显示区

步骤 5:编写代码。

①新建“代码”图层,为第 1 帧添加 AS 代码:“stop();”。

②在“文字”图层和“成绩”图层的第 2 帧插入帧。

③在“按钮层”的第 2 帧插入空白关键帧,拖动【公用库】中的另一个按钮进入舞台,修改其中的文字为“返回”,然后调整它的位置与第 1 帧的“提交”按钮重合。

④为“提交”按钮添加动作。

```
on (release) {
   gotoAndStop(2); // 点击“提交”按钮,转到主场景第 2 帧停止
}
```

⑤为“返回”按钮添加动作。

```
on (release) {
   gotoAndStop(1); // 点击“返回”按钮,转到主场景第 1 帧停止
t1=""; // 返回后,t1 里内容清空
t2="";
cj="";
mc1.gotoAndStop(1); //返回后,mc1 也清空
mc2.gotoAndStop(1);
}
```

⑥在“代码”图层的第 2 帧插入空白关键帧。添加动作代码：

```
if (t1=="12") {
cj1=50;
   mc1.gotoAndStop(2); // 如果满足条件,cj1 为 1 且 mc1 上显示对勾
}else {
cj1=0;
mc1.gotoAndStop(3);
}
if (t2=="fla") {
   cj2=50;
   mc2.gotoAndStop(2);
} else {
   cj2=0;
   mc2.gotoAndStop(3);
}
cj=cj1+cj2;
```

注意：

(1)在制作“文字”层中将两道填空题的答案输入区域(即 t1,t2)时,不要勾选【属性面板】中的【自动调整字距】复选框,如图 3-167 所示。否则 Flash 会将这个文本框看成一段文字(字符串),而文字无法进行数学运算,因此会造成程序调试时条件永远不满足,即点击“提交”按钮后,mc1 和 mc2 始终显示错叉。

图 3-167 不要勾选此项

(2)如果出现得分无法正常显示的情况,选中 cj,在【属性面板】的【消除锯齿】栏中选择【使用设备字体】,如图 3-168 所示。

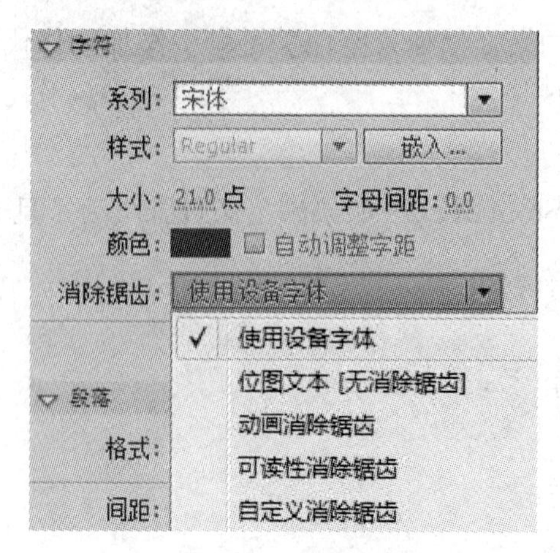

图 3-168 属性面板

实验 6 综合实验

一、实验目的

(1)掌握制作综合动画的能力。

(2)熟练掌握 AS 脚本语句的应用。

二、实验环境

(1)硬件要求:微处理器 Intel 奔腾 IV,内存要在 1GB 以上。

(2)运行环境:Windows 7/8。

(3)应用软件:Flash CS5。

三、实验内容与要求

制作配有背景音乐的电子相册。

四、实验步骤与指导

本例训练综合动画制作的能力。

步骤 1:新建文档,设置尺寸为 600×600 像素,并将素材图片一一导入库待用。

步骤 2:新建图形元件 bg01、bg02、luhu1、lambo1、lambo2、lambo3,分别将背景图和素材图片拖入舞台。

步骤 3:返回场景,制作相册的第一页。

①将图层 1 重命名为"背景层",拖入 bg01 元件,调整大小使其刚好覆盖文

档。并在第 20 帧插入关键帧，选择第 1 帧，设置图片的 Alpha 值为 0%，并创建传统补间，然后在第 70 帧插入帧。

②新建“luhu1”图层，在第 20 帧插入关键帧，拖入 bg01 元件，调整其大小和位置如图 3-169 所示。

图 3-169 调整素材图片的位置和大小

③新建“椭圆”图层，在第 20 帧插入关键帧，绘制任意填充色的椭圆，在第 40 帧插入关键帧，将椭圆放大使其刚好覆盖汽车，如图 3-170 所示，并创建补间形状。然后将该层设置为遮罩层，在该层的第 70 帧插入关键帧。

（a）第20帧

（b）第40帧

图 3-170 椭圆图层的两个关键帧

④新建“文本 1”图层，在第 40 帧插入关键帧，在文档左上角输入文本，设置文本颜色为 ＃FF3300，并为文本添加“投影”滤镜效果，设置投影颜色为 ＃666666。

⑤在“文本 1”图层的第 50 帧插入关键帧，将文本移至舞台右下角的位置上，并创建传统补间。

⑥新建“线条”图层，在第 45 帧插入关键帧，绘制一短线条，粗度为 3，颜色为 ＃FF3300，在该层的第 50 帧插入关键帧，调整线条长度及位置，如图 3-171 所示，然后创建补间形状。

(a) 第45帧

(b) 第50帧

图 3-171　线条层的两个关键帧

⑦新建“文本 2”图层,在第 50 帧插入关键帧,在线条下方输入文本,设置文本颜色为＃993333。

⑧新建“矩形”图层,在第 50 帧插入关键帧,绘制一个小矩形,在第 70 帧插入关键帧,调整矩形大小,如图 3-172 所示,创建补间形状,然后设置该层为遮罩层。

(a) 第50帧

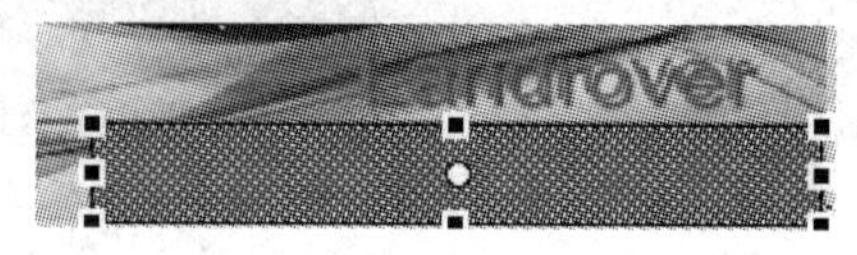

(b) 第70帧

图 3-172　矩形层的两个关键帧

⑨在所有图层的第 90 帧插入延长帧。

步骤 4:制作相册的第二页。

①打开【场景面板】,新增场景 2。

②将图层 1 重命名为“背景”层,拖入 bg02 元件,调整大小使其刚好覆盖文档,并在第 90 帧插入帧。

③新建“矩形”图层,在第 1 帧绘制一个长条矩形,如图 3-173 所示。然后在第 20 帧插入关键帧,调整矩形使其与背景图片大小相同并刚好覆盖它,创建形状补间后将该层设置为遮罩层。

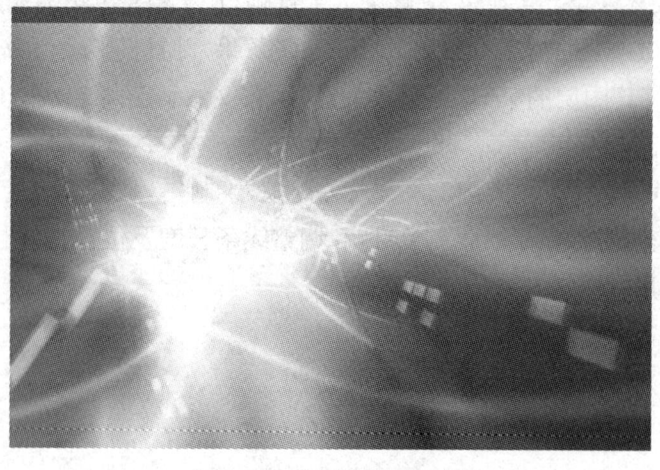

图 3-173　矩形层的第 1 帧

④新建“lambo1”图层，在第 20 帧插入关键帧，拖入 lambo1 元件，设置其 Alpha 为 25%，调整大小和位置，如图 3-174 所示，然后在第 30、40 帧分别插入关键帧并创建传统补间。选中第 30 帧处的元件，设置 Alpha 为 100%，在【变形面板】中设置其水平、垂直比例分别为 50%和 10%。

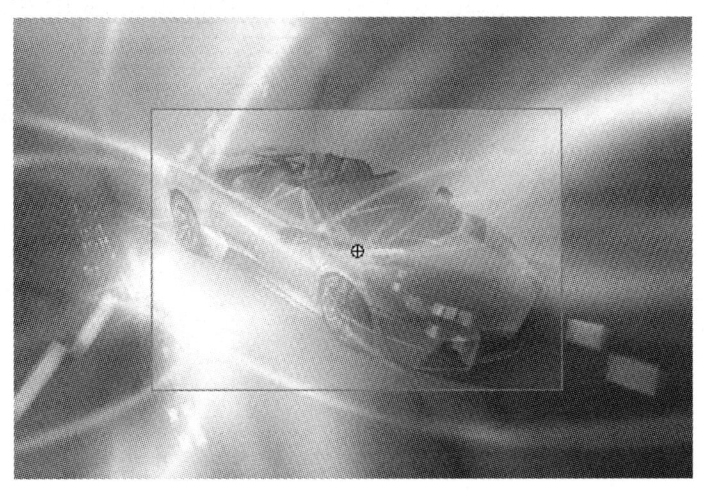

图 3-174　调整 lambo1 元件的位置、大小及透明度

⑤新建“lambo2”图层，在第 40 帧插入关键帧，拖入 lambo2 元件，设置其 Alpha 为 30%，打开【变形面板】，将其缩小为原来的 8%，并旋转－30°。

⑥在“lambo2”图层的第 60 帧插入关键帧，设置 Alpha 为 90%，打开【变形面板】，水平、垂直比例为 20%，旋转 35°，并将元件拖至舞台中央偏右下的位置上，然后在第 40 到 60 帧之间创建传统补间，在【属性面板】中设置顺时针旋转 1 次。

⑦新建“lambo3”图层，在第 40 帧插入关键帧，拖入 lambo3 元件，设置 Alpha 为 30%，打开【变形面板】，将其缩小为原来的 10%，并旋转 25°。

⑧在“lambo3”图层的第 60 帧插入关键帧，设置 Alpha 为 90%，参照以上第 6 步，制作逆时针动画的效果。

⑨新建“文本”图层，在第 50 帧插入关键帧，输入文本，并为文本添加“渐变发光”等滤镜效果。

⑩新建“矩形 2”图层，在第 50 帧插入关键帧，在文本左侧绘制一个小菱形，在第 60 帧插入关键帧，调整菱形大小使其覆盖文本，如图 3-175 所示。然后创建形状补间，并设置该层为遮罩层。

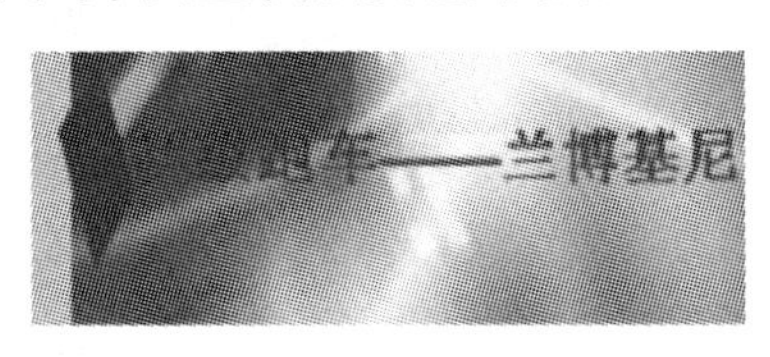

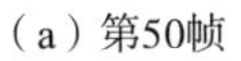

（a）第50帧

（b）第60帧

图 3-175　矩形 2 图层的两个关键帧

步骤 5:以上将相册的两页分别制作在不同场景中,也可以将第 2 页(场景 2)中的所有帧全部选中,复制粘贴到第 1 个场景中。最后新建图层,插入背景音乐,如图 3-176 所示。

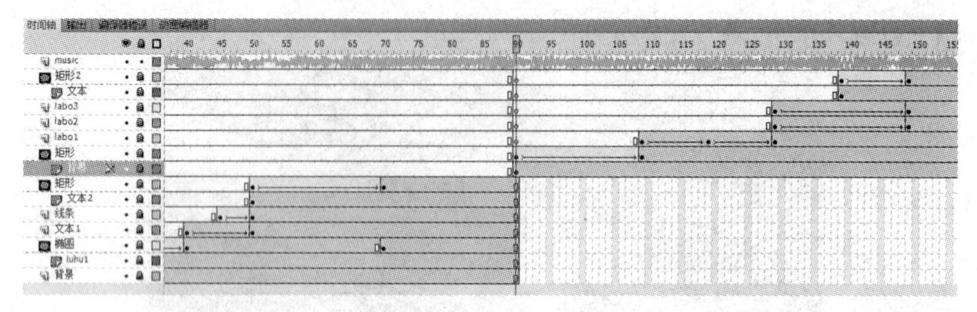

图 3-176 时间轴面板

第 4 章　音频编辑

相关知识

音频编辑软件种类很多，较著名的有德国 MAGIX 公司的 Samplitude、美国 Adobe 公司的 Audition、Sonic Foundry 公司的 Vegas、美国 DegiDesign 公司的 Pro Tools 系列、德国 Steinberg 公司的 Nuendo 系列等。其中 Adobe Audition 和 MAGIX Samplitude 都是音频编辑领域较为常用的软件，专业度较高，应用面较广。

音频编辑处理主要有声音的制作、声音的编辑、音频的特殊效果和导出等。

1. 声音的制作

声音的制作主要有两种方式：一种是同期录音，另一种是后期合成。同期录音方式比较简单，只需传声器、调音台和双轨录音机即可完成。后期合成由两个环节组成，即前期声音采集与后期混缩合成。前期声音采集方法与同期录音方式相同，目的是采集更多的声音，比如交响乐，需对多种乐器的声音进行录制，因此需要使用多轨录音机，如 24 轨、48 轨。而后期合成是对录制的各种声音，根据作品要表达的思想，进行各种编辑处理，最后混缩为双声道或其他声道类型。

(1)录音：录音是音频处理软件的基本功能，一般都支持对 16bit/96kHz 高精度声音的录音，可同时对多条轨道进行录音。也可以通过导入视频文件，实现对视频的同步配音。

(2)混音：混音是针对多个音源进行处理，调整每一个原始声音信号的频率、动态、混响和声场，叠加成为最终的音乐或音频成品，同时输出混合后的声音，达到层次分明的完美音乐效果。

(3)降噪：在进行录音的过程中，各种原因会造成环境噪音，表现为素材伴有高频呲呲声、啪啪的噪音或者连绵不断的低频隆隆声。因此，必须进行降噪处理。降噪器的功能就是消除本底噪声、电流声和录音过程等产生的诸多噪声。最常用的采样降噪器是从最原始的待降噪音频片断中提取噪音特性，利用此片断构造噪音的剖面，再利用声音心理学原理与多级选择运算法则来移除噪音。

2. 声音的编辑

音频处理软件可以简单而快速地完成各种各样的声音编辑操作，包括声音的淡入淡出、移动和剪辑、音调调整、播放速度调整等。在对声音编辑时有单轨/多音轨编辑两种界面。单轨波形编辑界面用来细致处理单个的声音文件；而多音轨编辑界面用来对几条音轨同时组合和编排，最后混频输出成一个完整的作品。

(1)母带处理。母带处理是指音频作品经过各道混音工序之后，从整体上再次进行均衡、压缩、混响等处理过程，使其达到“播出级”的水平。凡是声音制品一般都需经过母带处理，才能推向市场，比如电影、电视、广播中的广告、游戏音乐及音效等。

(2)声音压缩。利用高压缩率减少声音文件容量是网络时代对数字音频技术提出的新要求，音频文件的输出可以是无压缩的 wav 格式的波形文件，也可以是通过音频处理软件压缩成的 mp3、mp3 Pro 格式的音乐文件。

3. 音频的特殊效果

严格地说，完美的声音不需要效果处理，但由于各种因素的影响，需要在后期制作中，对音频素材进行“修补”，以美化或丑化声音，达到创作目的。音频工程后期声音的处理基本依靠效果器完成，因此效果器插件非常重要。一般音频处理软件都自带多种效果器，也有很多第三方效果器插件可以使用。

效果器有广义与狭义之分。从广义上讲，只要对声音有修饰作用的都可以称为效果器，比如房间均衡器、压缩限制器、音频激励器、降噪器、扩展器、混响效果器等；狭义上的效果器特指混响效果器。深入了解和掌握效果器的原理、作用与调节，对于音频编辑非常重要。

(1)均衡器。均衡器简称 EQ，是一种用来修正频响曲线的设备。它实质上是一个具有多个中心频点的滤波器件。使用均衡器可以将放大传输过程中不均匀频率曲线调节为相反、对称的曲线进行“抵消”，以补偿不足，并可在此基础上加工音色以美化或者产生特殊音效。

(2)压限器。压限器是压缩器与限幅器的简称。它与扩展器、噪声门、降噪器等同属于信号幅度处理设备，由输入信号电平大小的不同决定工作状态。

(3)激励器。激励器，又称为听觉激励器或声音激励器。激励器实质上是一种利用人耳心理声学特性的谐波发生器，它可以对声音信号进行修饰和美化。在现代音频工程中，激励器是一种重要的设备，可以明显改善声音的清晰度、可懂性和表现力。

(4)混响器。在录音棚、演播室等场所录播时，室内的混响时间一般很短，若仅仅依靠室内环境的固有混响时间而不加处理，声音听起来将会不够丰满。为了改善这种状况，可以使用数字混响效果器模拟真实环境下的混响特征。

采用以计算机技术为支撑的数字音频工作站的方式对声音进行编辑，将声波转化为可视化界面，处理看不见的声波就像在 Word 文档中进行简单的复制粘贴一样容易。目前，数字音频工作站已经成为声音处理不可或缺的技术手段。

结合教材的 Samplitude 软件学习，本章通过对 Adobe Audition 的软件进行讲解，要求学生熟练地掌握 Adobe Audition 软件的相关操作，并能在后期进行编辑制作，从而制作一个优秀的多媒体音频文件，比如自制一段手机铃声、录制一首歌曲、一段配乐诗朗诵、一段广告等。需要指出的是，音频作品不同于其他视觉作品，它的制作效果往往依赖于制作者的听觉感受，经过听力训练的人一般更容易把握对效果的调节。

实验1 Adobe Audition 音频处理基础

一、实验目的

（1）熟悉 Adobe Audition 的工作界面。

（2）掌握 Adobe Audition 中对音频进行编辑的基本方法。

（3）掌握 Adobe Audition 中对音频进行效果处理的基本方法。

二、实验环境

（1）硬件要求：处理器 Intel i3，内存要在 4GB 以上；声卡（如果条件允许，可配置档次较高的声卡）。

（2）运行环境：Windows 7/10。

（3）应用软件：Adobe Audition。

三、实验内容与要求

在 Adobe Audition 中对相关音频文件进行编辑处理，并对音频文件进行效果设置，以达到所要的输出效果，最后将生成的音频文件以.mp3 的格式输出。

四、实验步骤与指导

步骤1：启动 Adobe Audition 程序，熟悉 Adobe Audition 的工作界面。如图4-1 所示。

图 4-1　Adobe Audition 的工作界面

步骤 2:单击“波形”按钮,进入单轨波形编辑界面。

步骤 3:选择“文件/打开”菜单项,在单轨波形编辑界面中打开素材文件夹中的“少年.mp3”文件,如图 4-2 所示。

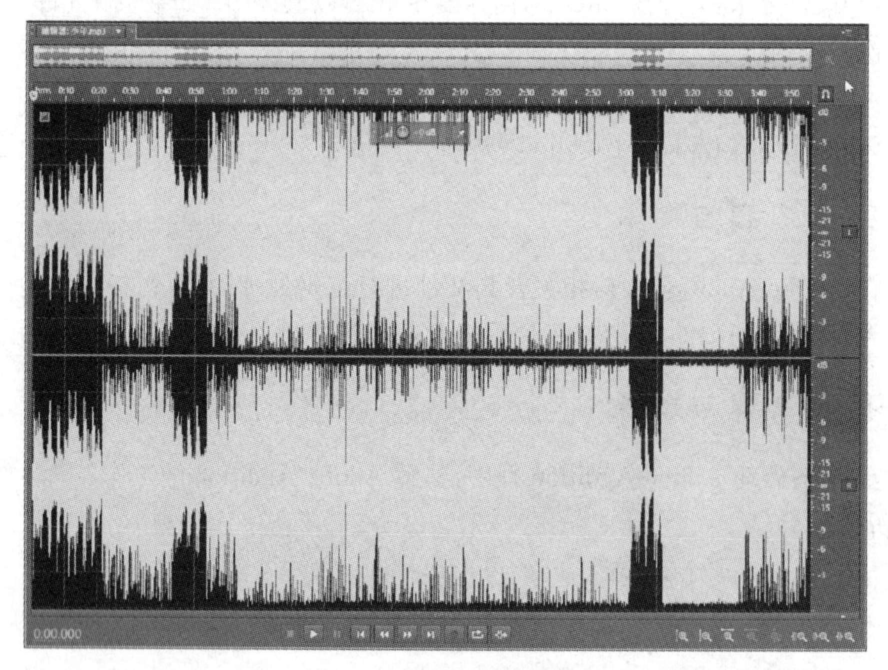

图 4-2　单轨波形编辑界面

步骤 4:在“录放”工具条中,单击“播放”按钮,欣赏打开的音频文件。

步骤 5:波形的删除与剪裁:在波形中鼠标拖选一个区域,点击右键打开快捷方式,如果选择“裁剪”命令,则将选中的区域保留,将其他区域删除;如果选择“删除”命令,则将选中的区域删除,将其他区域保留,如图 4-3 所示。

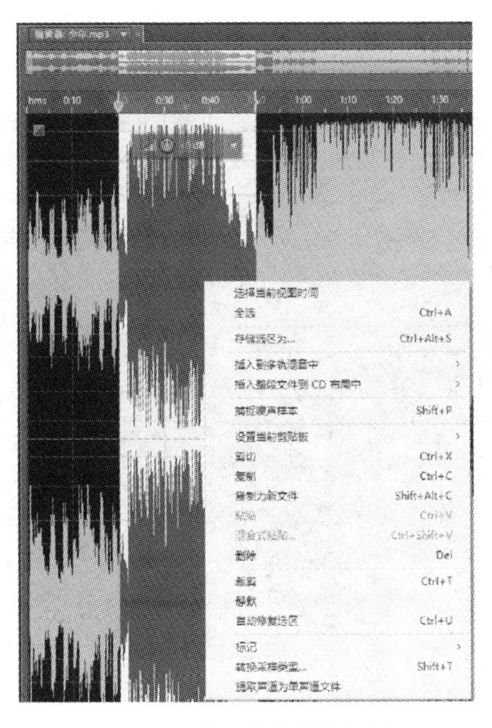

图 4-3　波形编辑快捷菜单

步骤 6:插到多音轨:先选择“编辑/插入/到多轨混音项目中”菜单项,将在单轨波形编辑界面中编辑完成的音频文件输入多音轨编辑界面中(默认插到多音轨编辑界面第一音轨的 0.0 秒处)。然后,自动切换到多音轨编辑界面。其余声音可类似处理,如图 4-4 所示。

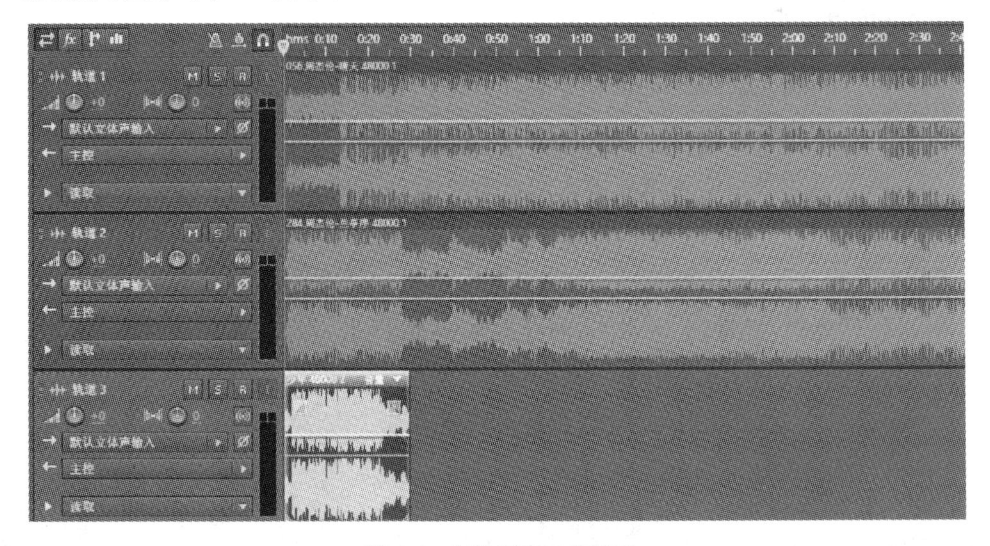

图 4-4　多轨混音工作界面

步骤 7:完成音频编辑的混编后,可以保存 au 项目文件,也可以通过“文件/导出/多轨缩混/完整混音”菜单项,打开文件对话框,导出为具体格式的音频文件,如选择文件格式为MP3音频，如图4-5所示。

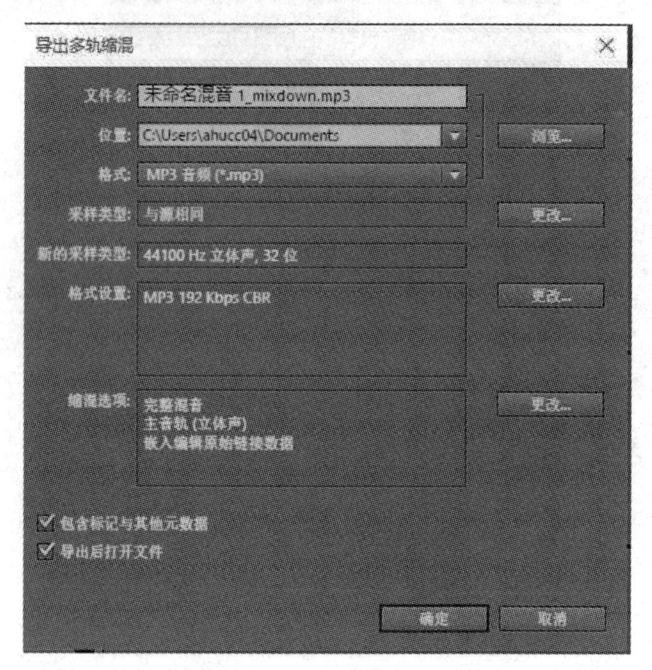

图 4-5 导出多轨缩混对话框

实验2 音频的录制与降噪处理

一、实验目的

（1）掌握利用Adobe Audition翻录CD中的音乐文件的方法。

（2）掌握利用Adobe Audition录制人声的方法。

（3）熟悉对所录制的音乐或者人声进行降噪处理的方法。

二、实验环境

（1）硬件要求：处理器Intel i3，内存要在4GB以上；声卡（如果条件允许，可配置档次较高的声卡）。

（2）运行环境：Windows 7/10。

（3）应用软件：Adobe Audition。

三、实验内容与要求

利用Adobe Audition从CD中摘录音乐文件作为伴奏乐曲，或者选择一个纯音乐文件作为伴奏乐曲，并进行配乐朗诵的制作，然后对所录制的音频文件进行降噪等处理，最后混音输出。

四、实验步骤与指导

本例考查音频基本的输入、处理和输出过程。

步骤 1:素材准备。找一张含有自己喜欢的乐曲的 CD，根据所选择的乐曲长度准备一篇文章，使得朗诵文章所用的时间小于乐曲的长度。

步骤 2:启动 Adobe Audition 程序，从 CD 中摘录音乐文件作为伴奏乐曲。

①将准备好的 CD 放入光驱中。

②选择“文件/从 CD 中提取音频”菜单项，打开“从 CD 中提取音频”对话框，如图 4-6 所示，在此对话框的“轨道”框中选择所需的乐曲，单击“确定”按钮，完成摘录工作。

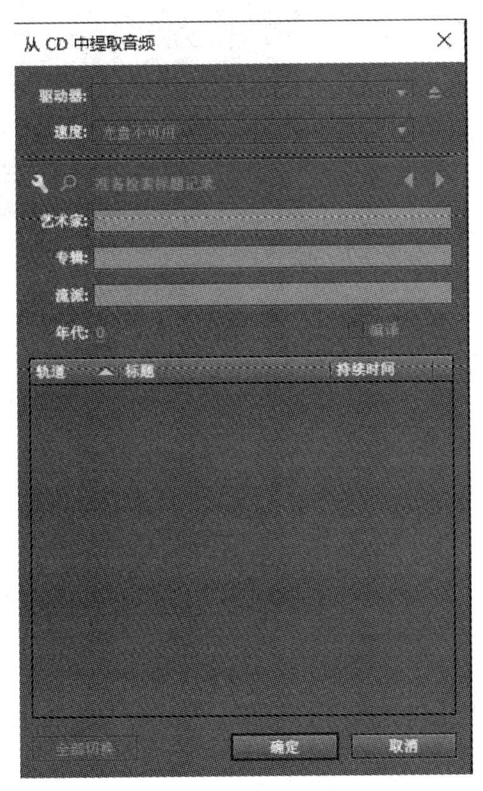

图 4-6　“从 CD 中提取音频”对话框

③将摘录的音频以“朗诵背景音乐. mp3”文件名保存在指定的文件夹中。

④如果实验条件有限，所使用的计算机没有配备光驱，则伴奏乐曲可用素材文件夹中的“朗诵背景音乐. mp3”文件。

步骤 3:选择“编辑/插入/到多轨混音项目中”菜单项，新建一个多轨混音文件，将摘录的音频文件插到多音轨编辑界面的轨道 1 中，自动命名为“轨道 2_001. wav”。如图 4-7 所示。

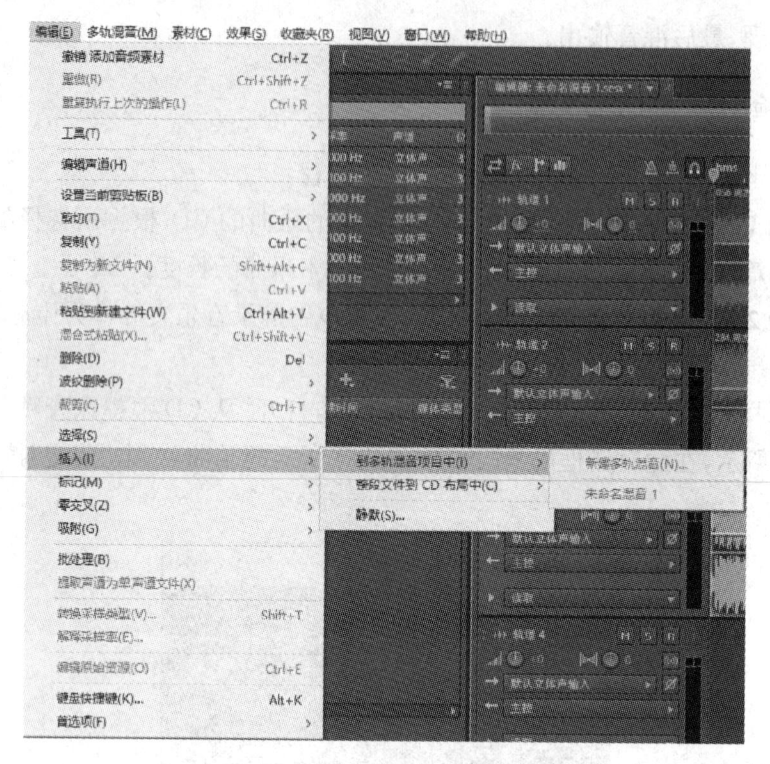

图 4-7　插入多轨混音项目文件

步骤 4:录音。

①在多音轨编辑界面中,选择轨道 2 并按下该轨道中的“R”按钮,提示“录制准备”,在轨道 2 中准备录制用户朗诵的声音。此时下方的走带控制器的录制按钮呈现红色可用状态,如图 4-8 所示。

图 4-8　录音前准备

②按下走带控制器中的红色录音按钮,跟随伴奏乐曲开始录音。录制声音,结束后再等待几秒钟,录进去一段环境噪音,为后期进行采样降噪获取样本。单击“停止”按钮结束录音。如图 4-9 所示。

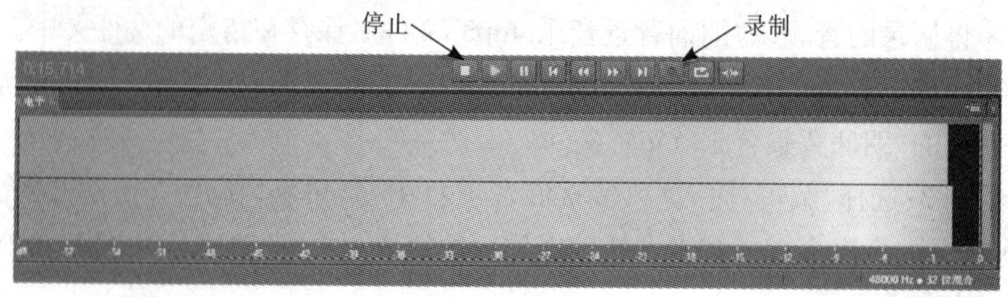

图 4-9　录音

③右击伴奏乐曲，选择“静音”命令。

④单击“播放”键进行试听，检查录制的声音有无严重的出错，是否要重新录制。

⑤检查确认无误后，双击录制的音频文件，进入单轨波形编辑界面，自动命名为“轨道 2_002. wav”。

步骤 5：降噪。

①在单轨波形编辑界面中，放大波形，选中一段刚录的纯噪音，时间长度不少于 0.5 秒。

②选择“效果/降噪（恢复）/捕捉噪声样本”菜单项对噪音进行采样，如图 4-10 所示。

图 4-10 降噪采样

③单击“选择整个文件”按钮，以对整个音频文件进行降噪处理。

④选择“效果/降噪（恢复）/降噪（处理）”菜单项，在如图 4-11 所示的对话框中设置相应的参数值后，单击“确定”按钮，系统就开始自动清除噪声。

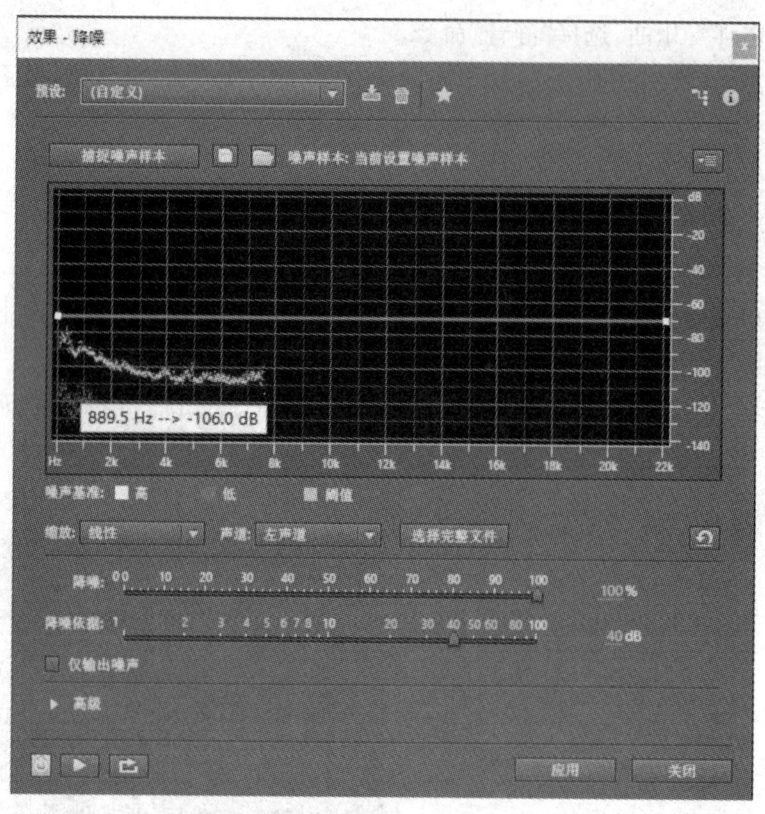

图 4-11 “降噪”对话框

步骤 6:降噪处理结束,试听确认无误后,对录制的音频文件按照自己的喜好制作一些效果,例如回声、淡入/淡出等。

步骤 7:对自己制作的音频文件处理效果满意后,切换到多音轨编辑界面。可以取消伴奏乐曲的静音设置,听一听混音后的效果。

步骤 8:完成音频编辑的混编后,可以保存 au 项目文件,也可以通过“文件/导出/多轨缩混/完整混音”菜单项,打开文件对话框,导出为具体格式的音频文件。

实验 3 效果器的应用

一、实验目的

(1)了解效果器的功能。

(2)掌握使用变调效果器对音频进行变声的方法。

(3)掌握伴奏带的制作方法。

(4)掌握使用侧链功能实现闪避效果的方法。

二、实验环境

(1)硬件要求:处理器 Intel i3,内存要在 4GB 以上;声卡(如果条件允许,可配置档次较高的声卡)。

(2)运行环境:Windows 7/10。

(3)应用软件:Adobe Audition。

三、实验内容与要求

在 Adobe Audition 中,可以使用效果和效果组来“美化”音频,比如调整音色平衡、改变动态、添加环境或特殊效果等,类似于 PS 中的各种调整命令。效果器又称为“信号处理器”,既可以使用内置的效果器,也有大量的第三方插件供选用。

四、实验步骤与指导

1. 使用时间与变调效果器进行变声处理

步骤 1:启动 Adobe Audition 程序,通过录制功能完成一段人声的录音,或者导入一个有人声的音乐文件。

步骤 2:进入单轨波形编辑界面,选择“效果/时间与变调/伸缩与变量(处理)”菜单项,打开伸缩与变调对话框,如图 4-12 所示。

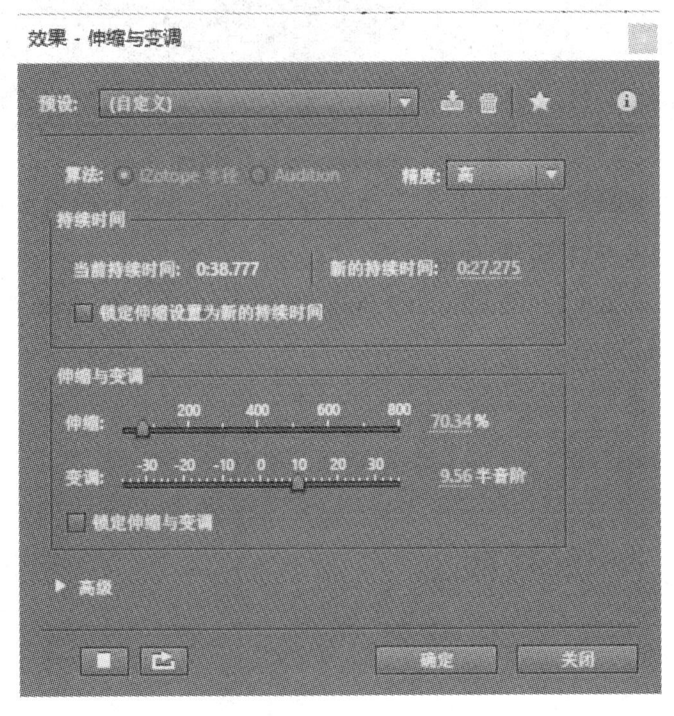

图 4-12 “伸缩与变调”对话框

步骤 3:更改伸缩与变调的滑块位置,感受不同的声音变化效果。

2. 使用立体声声相效果器进行伴奏带的制作

步骤 1:启动 Adobe Audition 程序,打开一个音乐文件,进入单轨波形编辑界面。

步骤 2:确定音乐处于停止状态,选择“效果/立体声声像/中置声道提取”菜单项,打开“中置声道提取”对话框,选择“预设效果”下拉菜单中的“人声移除”,点击预览播放按钮后,边听边调整中置声道电平和侧边声道电平的参数滑块,如图4-13所示。

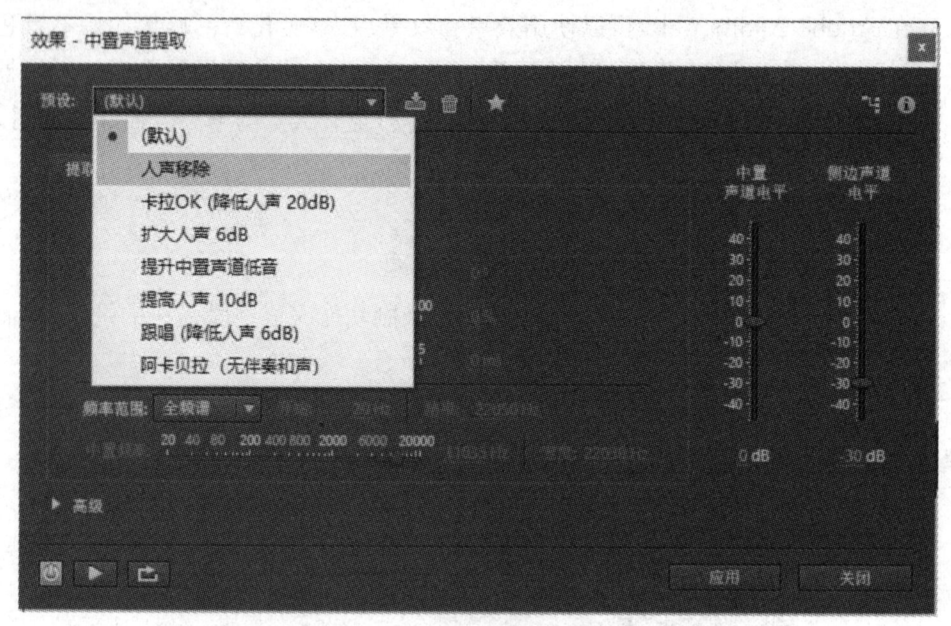

图 4-13 “中置声道提取”对话框

步骤 3:通过调整后,如果出现了纯伴奏音就可以保存当前的文件了。

3. 使用侧链技术实现闪避效果

步骤 1:启动 Adobe Audition 程序,在轨道 1 插入人声,在轨道 2 插入背景音,如图 4-14 所示。

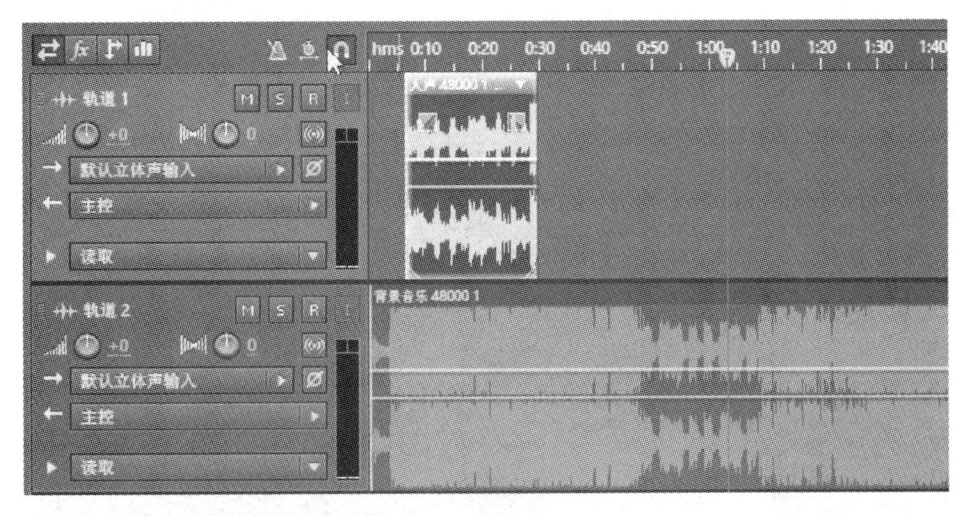

图 4-14　闪避的两路音轨

步骤 2:选择背景音轨道,选择“效果/振幅与压限/动态处理”菜单项,打开动态处理对话框,并设置为限制模式,如图 4-15 所示。

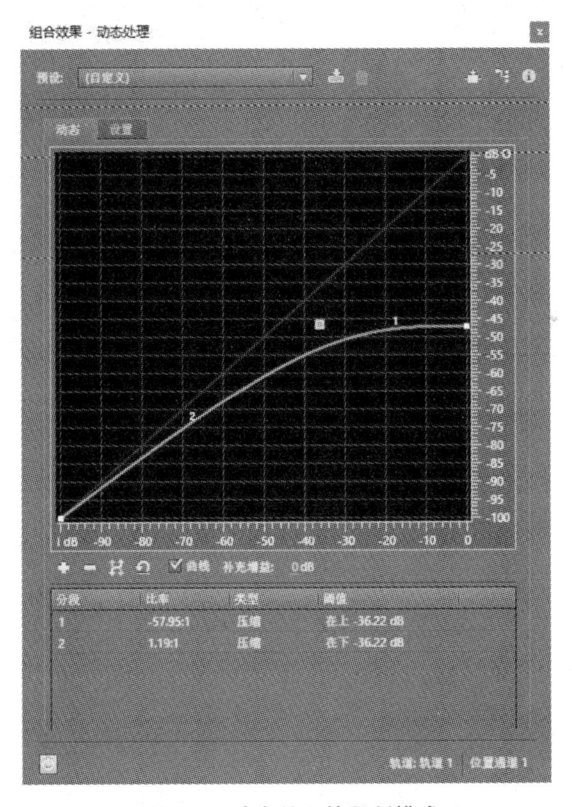

图 4-15　动态处理的限制模式

步骤 3:返回多轨道混音台界面,在人声轨道面板的发送部分 中,就能发现多出来一个侧链,此时可以选择“侧链/动态处理/创建/动态处理-slot1”,如图 4-16所示。

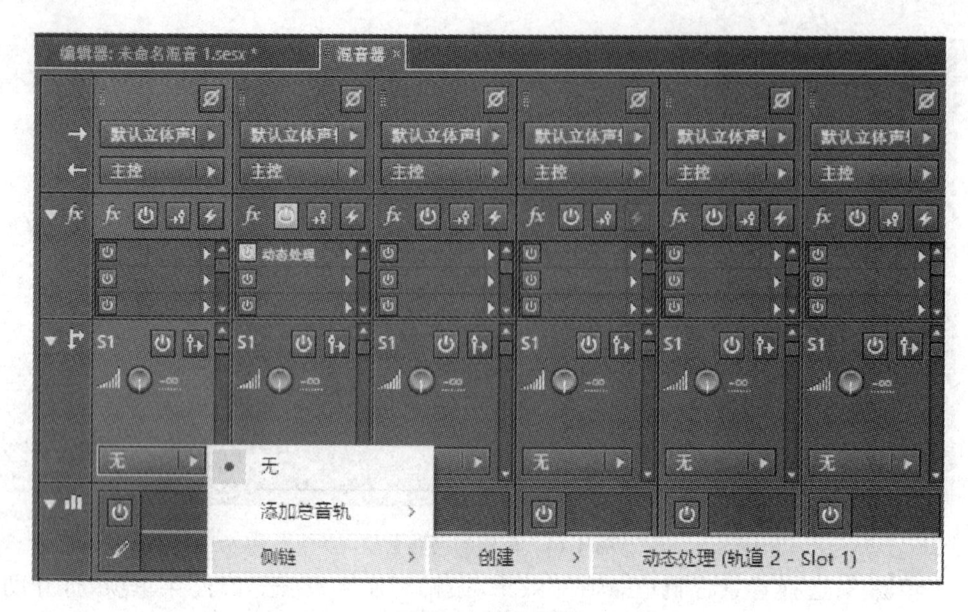

图 4-16 选择侧链

步骤 4:通过监听能实现人声出现背景音变小,人声消失背景音变大的“闪避”效果,并保存文件。

实验 4 音频处理综合练习

一、实验目的

通过一个完整的实例,更好地掌握利用 Adobe Audition 进行音频处理的基本思路、过程和技巧。

二、实验环境

(1)硬件要求:处理器 Intel i3,内存要在 4GB 以上;声卡(如果条件允许,可配置档次较高的声卡)。

(2)运行环境:Windows 7/10。

(3)应用软件:Adobe Audition。

三、实验内容与要求

给一组视频画面制作不同风格和效果的背景音乐,并为第二段视频录制旁白。

四、实验步骤与指导

1. 设计播放效果，计算播放时间

（1）在本实验中，声音的播出处于从属配合的地位，要结合视频画面效果来确定音频文件的素材和播放时间的长短。

（2）现在共有三段视频合成的一个文件，在视频播放过程中，每段视频之间进行交替切换所需的时间为1秒，也就是第一段视频的最后1秒和第二段视频的第1秒重叠，第二段视频的最后1秒和第三段视频的第1秒重叠。

（3）根据给出的视频素材，设计相应的音频素材。

①为每段视频配制不同的背景音乐，同时，为第二段视频根据画面录制旁白，内容自选，长度不能超过60秒。

②对第一段音频的第1秒做淡入处理；对第三段音频的最后1秒做淡出处理。

③当切换不同的视频时，切换相应的背景音乐。

④不同的音乐切换做淡入淡出交叉过渡效果处理，交叉重叠时间为1秒。

2. 准备素材

视频素材可以自己拍摄；音频素材的来源可以根据视频内容从CD唱片上摘录，也可以根据个人爱好从网络上下载所需要的素材文件。

（1）素材剪切。

①在Adobe Audition中将视图切换到单波形编辑界面，打开一段音频，试听一下乐曲，然后利用标尺捕捉选中与视频素材内容相协调的5秒长度的波形区域，选择“编辑/复制为新文件”菜单项，将5秒长度的波形部分复制为一个新文件。选择“文件/另存为”菜单项，将波形另存为新的文件。

②如上所述，将其他2段音频素材依次处理，保存文件，其中第二段音频的播放时间为60秒，第三段音频的播放时间为5秒。

③在制作过程中，要时刻注意保护原始素材，不可轻易删除或覆盖原始素材，以防后面的编辑制作过程出现失误，这些原始素材可以为迅速恢复工作提供帮助。

（2）为第二段视频录制旁白。

①将视图切换到多音轨编辑界面，选择“文件/另存为”菜单项，将混音项目保存在指定文件夹中。

②在第一个音轨处右键选择“插入/文件”，如图4-17所示。

③此时，在轨道1的上方会增加一条视频轨道，同时在视频窗口中显示视频内容。调整视频文件的位置，使其插入到视频轨道的0.0秒处。

图 4-17 音视频轨道界面

④删除音轨内容，插入准备好的音频素材。

⑤单击“播放”按钮，检查第二段音频和视频之间是否同步播放。

⑥选择轨道 2 并按下该轨道中的红色“R”按钮，在轨道 2 中准备录制用户朗诵的声音。

3. 加入特殊效果

步骤 1：设置淡入淡出效果。切换到多音轨编辑界面，在每个音频上选择淡入或淡出按钮，拖动产生淡入淡出效果，注意上下拖动按钮可以改变线性值，左右拖动按钮可以改变时间长短，如图 4-18 所示。

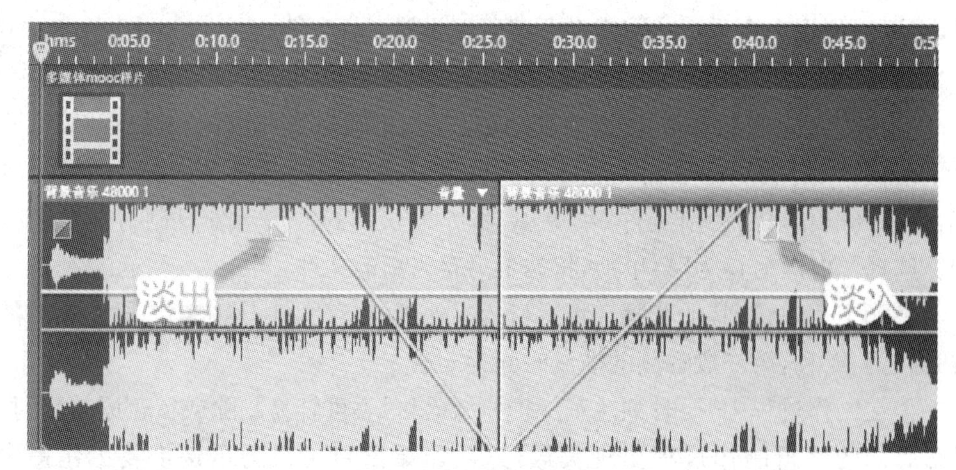

图 4-18 淡入淡出效果

步骤 2：根据个人爱好，对各音频设置效果，如均衡、混响、延迟、压限效果等，待试听满意后，保存所有文件。

4. 保存输出

完成音频编辑的混编后，可以保存 au 项目文件，也可以通过“文件/导出/多轨缩混/完整混音”菜单项，打开文件对话框，导出为具体格式的音频文件。

第5章　视频编辑与处理

相关知识

Premiere 是一款常用的视频编辑软件，由 Adobe 公司推出。它是视频编辑爱好者和专业人士必不可少的视频编辑工具，是一种易学、高效、精确的视频剪辑软件。Premiere 提供了采集、剪辑、调色、美化音频、字幕添加、输出、DVD 刻录等一整套流程，并与 Adobe 其他软件高效集成，使用户足以完成在编辑、制作等流程中遇到的所有挑战，满足用户创建高质量作品的需求。学习 Premiere 需要弄清以下几个概念。

(1)像素和分辨率。像素是构成图像的基本元素；分辨率指单位图像线性尺寸包含的像素数目，单位为像素/英寸。

(2)帧尺寸。帧尺寸指一帧的像素点数量。比如，标清电视(SDTV)的帧尺寸为 720×576；高清电视(HDTV)的帧尺寸为 1920×1080；高清 DV(HDTV)的帧尺寸为 1440×960。

(3)帧速率。帧速率指视频每秒钟包含的帧数。PAL 制式的影片帧速率为 25 帧/秒；NTSC 制式的影片帧速率为 29.97 帧/秒；电影的帧速率为 24 帧/秒；二维动画的帧速率为 12 帧/秒。

(4)制式。制式指传送电视信号所采用的技术标准。澳大利亚、法国和亚洲大部分国家采用 PAL 制式，其具体参数指标如下：帧尺寸为 720×576、帧速率为 25 帧/秒、画面宽高比为 4∶3、音频速率为 48 kHz。而美国、日本等国家采用 NTSC 制式，其具体参数指标如下：帧尺寸为 720×576、帧速率为 29.97 帧/秒、画面宽高比为 4∶3、音频速率为 48000Hz。

实验1　视频编辑入门

一、实验目的

(1)熟悉 Premiere CS4 的工作界面。

(2)熟练掌握工具箱中常用工具的使用方法和操作技巧。

(3)掌握项目面板、时间轴面板和监视器面板的相关操作。

(4)了解视频剪辑中三点编辑、四点编辑的含义。

(5)了解运用蓝屏键特效实现抠像的具体操作方法。

二、实验环境

(1)硬件要求:微处理器 Intel Core 2,内存要在 1GB 以上。

(2)运行环境:Windows 7/8。

(3)应用软件:Premiere CS4。

三、实验内容与要求

(1)制作快镜头、镜头倒放等镜头特效。

(2)实现源素材的插入与覆盖操作。

(3)设置关键帧实现文字依次排出的效果。

四、实验步骤与指导

1. 镜头特效

本例考查电影中快镜头、慢镜头和镜头倒放的制作方法。

步骤 1:启动 Premiere,在弹出的【新建项目】对话框中指定文件存盘路径与文件名,如图 5-1 所示,确定后,在弹出的【新建序列】对话框中设置视频格式,如图 5-2 所示。

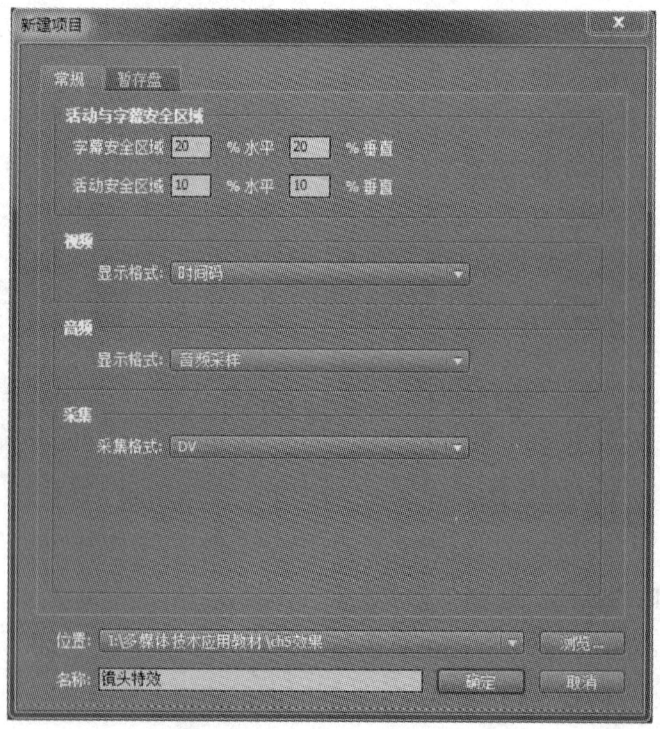

图 5-1 新建项目

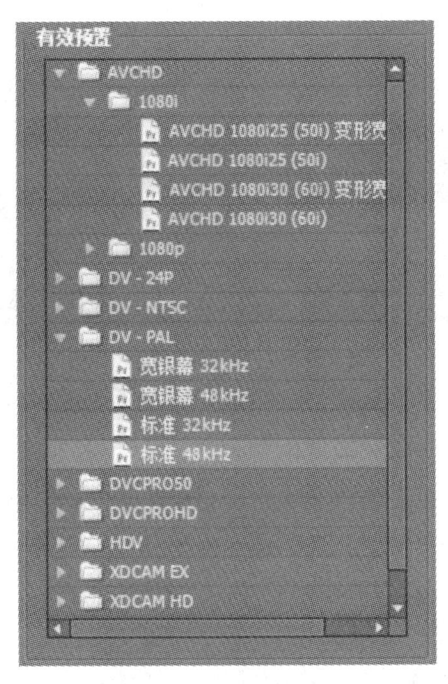

图 5-2　设置视频格式

步骤 2:选择【文件】菜单→【导入】,将素材中的大话西游影视文件导入,从窗口左侧的【项目面板】选中该文件,拖入【时间线面板】的【视频 1】轨道中。在窗口右上侧的【监视器面板】中可单击【播放/停止】按钮进行视频的预览。

步骤 3:使用窗口右下方工具箱中的【剃刀工具】在【视频 1】轨道中将素材分割为四段,如图 5-3 所示。

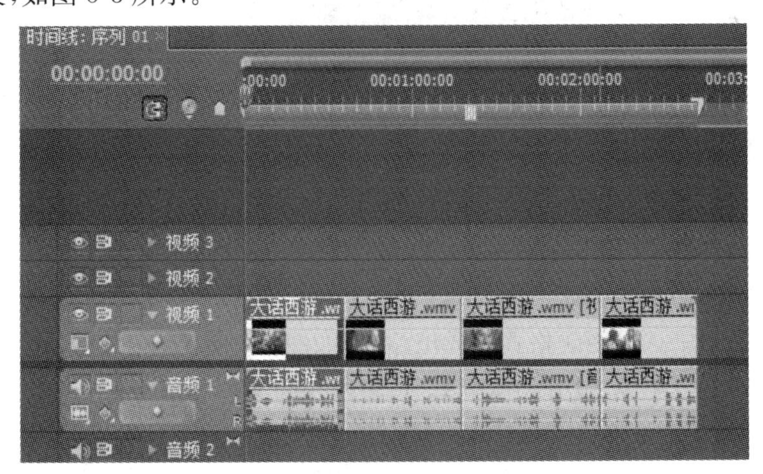

图 5-3　将素材分为四个片段

步骤 4:使用工具箱中的【选择工具】选定第二段视频,单击右键,选择【速度/持续时间】,在弹出的对话框中设置速度为 300,即形成快镜头。确定后,【时间线面板】中的第二段素材变短,此时使用【选择工具】将第三、四段视频向前移动一段距离。第二段视频形成快播效果。

注意:移动时首先要选定【时间线面板】的【吸附】按钮,如图 5-4 所示。

图 5-4 时间线面板

步骤 5:使用【选择工具】选定第三段视频,在【速度/持续时间】对话框中设置速度为 50,此段视频即形成慢播放的效果。

说明:当制作慢动作时,如果将【速度/持续时间】对话框中的链接锁解除,则素材的持续时间不变,否则就会做相应的调整,如图 5-5 所示。

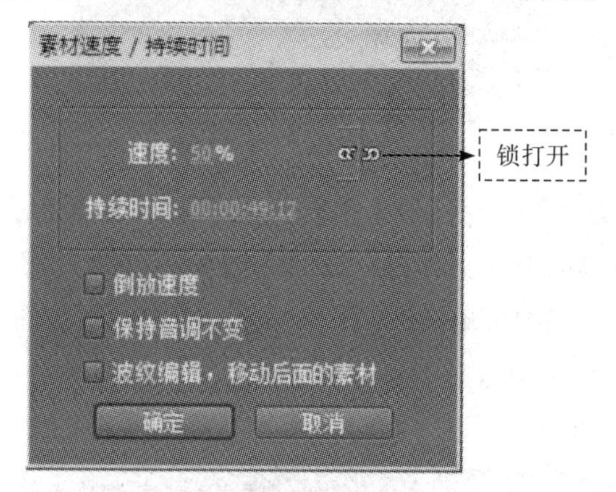

图 5-5 速度/持续时间对话框

步骤 6:选定第四段,在【速度/持续时间】对话框中勾选【倒放速度】复选框,即形成镜头的倒放效果。

说明:镜头倒放时,声音也被倒放,此时可以将视音频的链接取消:首先选中视频,单击选择【解除视音频链接】,然后删除音频,制作无声的镜头倒放效果。

步骤 7:激活【时间线面板】,选择【文件】菜单→【导出】→【媒体】,在弹出的【导出设置】对话框中选择视频格式和导出路径,如图 5-6 所示,确定后,在弹出的【媒体编码器】对话框中单击【开始队列】即可将制作的文件导出为 avi 等视频格式。

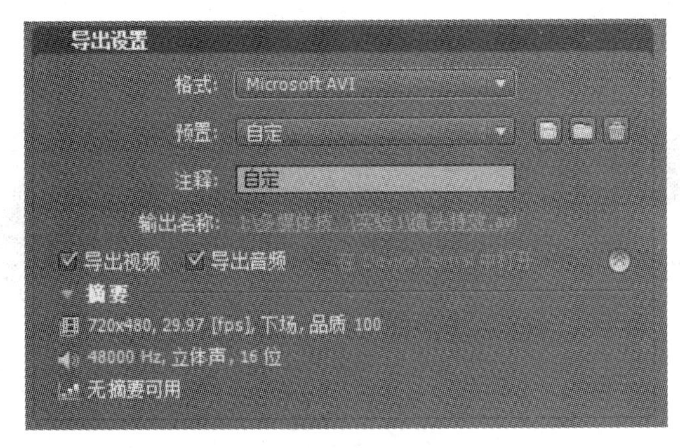

图 5-6 设置导出视频的参数

2. 源素材的插入与覆盖

本例考查影片中三点编辑和四点编辑的相关操作。

步骤 1:新建项目,指定存盘路径后设置【序列预置】为 DV-PAL 标准 48kHz。

步骤 2:先选择【文件】菜单→【导入】,将素材中的大气球影视文件导入并拖动到【时间线面板】的【视频 1】轨道中,然后在【项目面板】中双击该文件,将其在【源素材监视器】面板中打开,如图 5-7 所示。

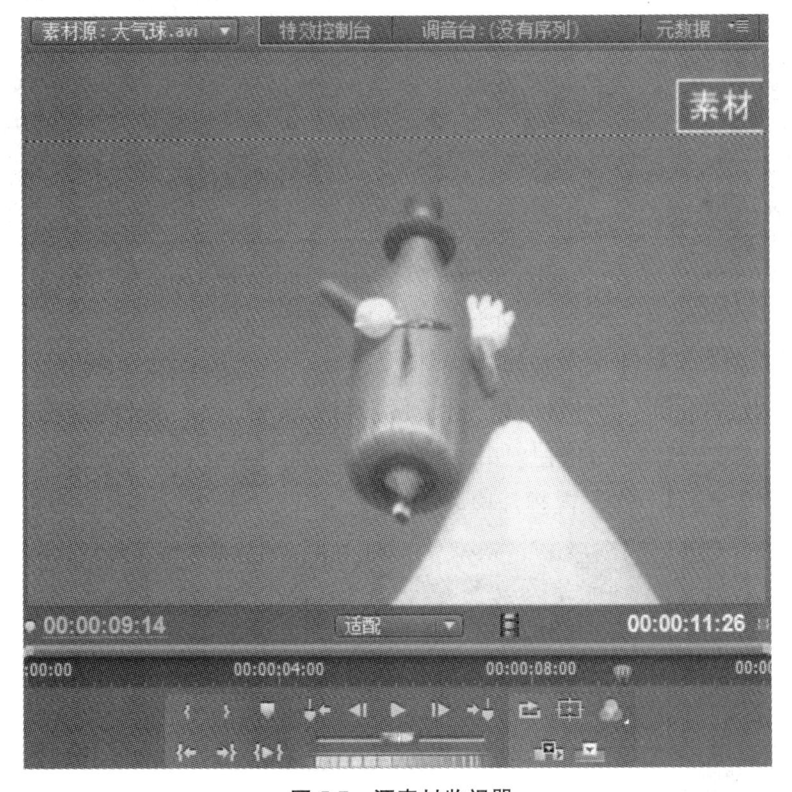

图 5-7 源素材监视器

步骤 3:在【源素材监视器】面板中设置当前时间为 00:00:05:22,单击【设置入点】按钮,添加一处入点,如图 5-8 所示。

图 5-8 设置入点

步骤 4:将当前时间修改为 00:00:07:24,单击【设置出点】按钮,添加一处出点,如图 5-9 所示。

图 5-9 设置出点

步骤 5:回到【时间线面板】中,设置当前时间为 00:00:02:06,单击【源素材监视器】面板中的【插入】按钮,将入点和出点之间的视频片段插入【时间线面板】中,如图 5-10 所示。

图 5-10 插入后的效果

步骤 6:在【源素材监视器】面板中将 00:00:01:10 设置为入点,将 00:00:02:21 设置为出点,在【时间线面板】中,设置当前时间为 00:00:12:02,单击【源素材监视器】面板中的【覆盖】按钮,如图 5-11 所示,即用入点和出点之间的视频片段取代【时间线面板】中的原视频片段。

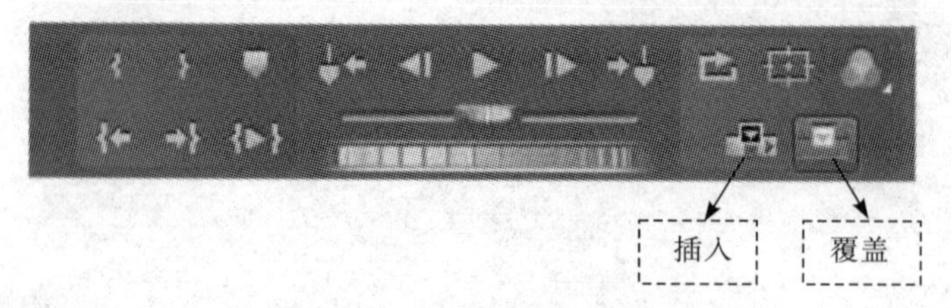

图 5-11 插入与覆盖按钮

说明:在时间线上插入一段剪辑出的素材时,需要涉及四个点,即素材的入点、出点,在时间上插入或覆盖的入点、出点。如果采用三点剪辑,则需要先确定其中的三个点，第四个点将由软件计算得出，从而确定这段素材的长度和所处的位置，可以选择插入或覆盖方式放入时间线；如果采用四点剪辑，则需要确定全部四个点，将一段素材剪辑后放入时间线。

3. 设置关键帧

本例考查视频中关键帧的相关操作方法。

步骤1：准备素材。使用Photoshop或其他软件制作四副尺寸任意、背景为蓝色(#0000FF)的文字图片，如图5-12所示，将它们分别命名为1.jpg、2.jpg、3.jpg和4.jpg。

图5-12　素材图片

步骤2：启动Premiere，新建项目，指定存盘路径后设置【序列预置】为DV-PAL标准48kHz。

步骤3：依次导入素材中的背景图片和刚才制作的四幅文字图片，将背景图拖入【视频1】轨道中，设置起点为00:00:00:00，此时在【监视器面板】未能看到图片全貌。选中背景图片，打开【特效控制台】面板，展开【运动】选项，调整缩放比例，如图5-13所示。在【时间线面板】中选定背景图片，单击右键，选择【速度/持续时间】，设置其持续时间为6秒。

图5-13　调整素材尺寸

步骤4：抠像。

①在【时间线面板】中设置当前时间为00:00:01:00，将1.jpg拖入【视频2】轨道，并设置它的持续时间为5秒，如图5-14所示。

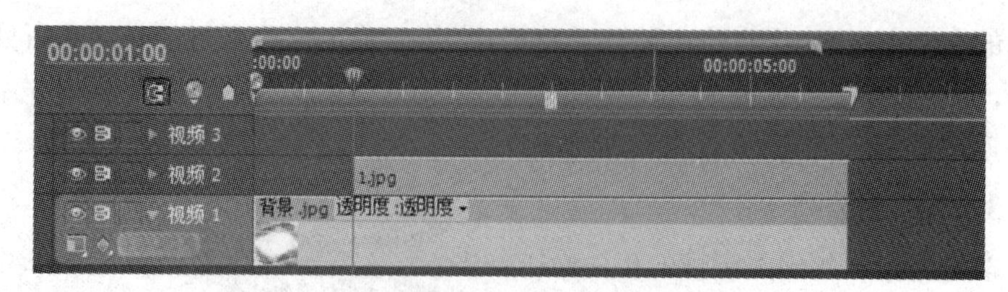

图 5-14　添加 1.jpg

②打开【效果面板】，选择【视频特效】→【键控】→【蓝屏键】，将其拖到【时间线面板】的 1.jpg 上，此时可以看到在【监视器面板】中 1.jpg 的蓝色背景消失。

③在【时间线面板】中设置当前时间为 00:00:02:00，将 2.jpg 拖入【视频 3】轨道，设置其持续时间为 4 秒，并为其添加【蓝屏键】特效。

④选择【序列】菜单→【添加轨道】，设置参数如图 5-15 所示，添加两条视频轨道。

图 5-15　添加视频轨道

⑤设置当前时间为 00:00:03:00，将 3.jpg 拖入【视频 4】轨道，设置持续时间为 3 秒，并为该图片添加【蓝屏键】特效。

⑥设置当前时间为 00:00:04:00，将 4.jpg 拖入【视频 5】轨道，设置持续时间为 2 秒，添加【蓝屏键】特效，此时【时间线面板】如图 5-16 所示。

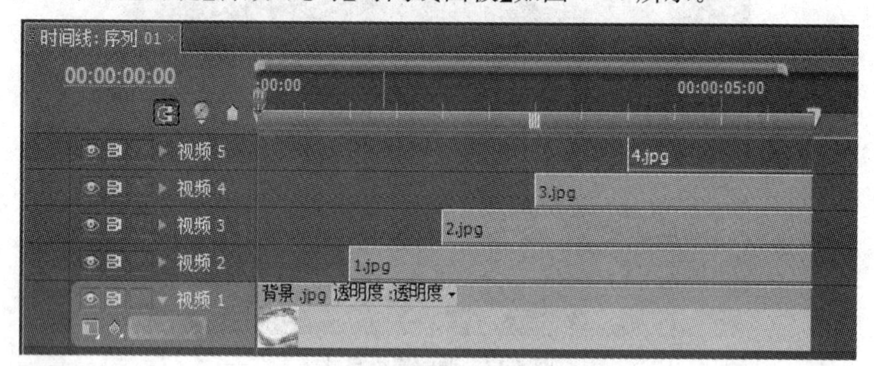

图 5-16　时间线面板

步骤 5：打开【特效控制台】面板，展开【运动】选项，分别调整四幅图片的位置，此时【监视器面板】如图 5-17 所示。

图 5-17　初步效果

步骤 6:设置素材的透明效果及运动路径。

①在【时间线面板】中选定 1.jpg,打开【特效控制台】,展开【运动】和【透明度】选项,调整时间到 00:00:01:00 位置,在【位置】【缩放比例】【透明度】选项上分别点击【切换动画】按钮,为它们添加关键帧,如图 5-18 所示。

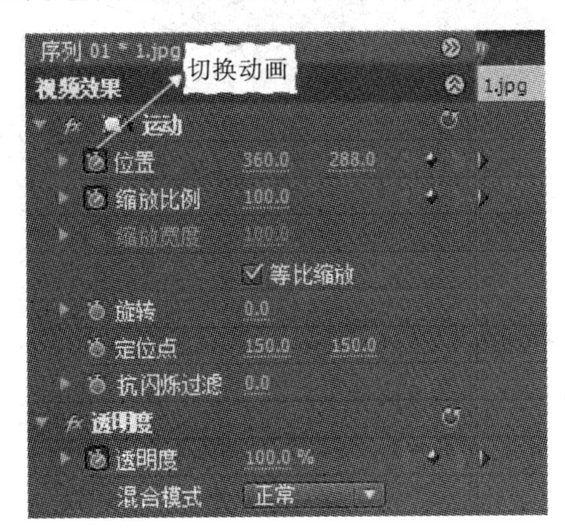

图 5-18　添加关键帧

②调整时间到 00:00:02:00 位置,在以上三个地方点击【添加/移除关键帧】按钮,继续添加关键帧,如图 5-19 所示。

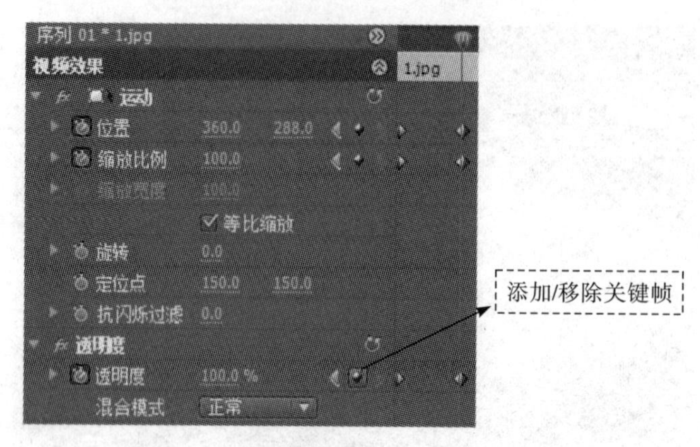

图 5-19 添加关键帧

③分别单击【跳转到前一关键帧】按钮，设置 00:00:01:00 处的【位置】为(600,300)、【缩放比例】为 400%、【透明度】为 0%。

④选中 2.jpg，分别在 00:00:02:00、00:00:03:00 的【位置】【缩放】【旋转】和【透明度】上添加关键帧，并设置 00:00:02:00 的【位置】为(−70,0)、【缩放比例】为 0%、【旋转】为−180°、【透明度】为 0%，如图 5-20 所示。

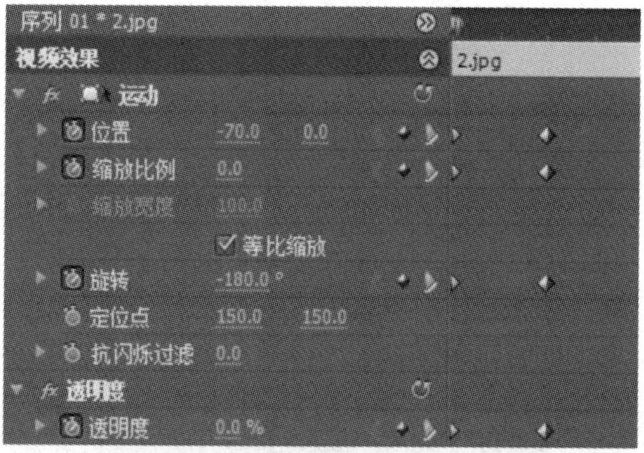

图 5-20 设置参数

⑤选中 3.jpg，分别在 00:00:03:00、00:00:04:00 的【缩放比例】【旋转】【透明度】上添加关键帧，并设置 00:00:03:00 的【缩放比例】为 0%、【旋转】为−360°(即−1×0°)、【透明度】为 0%。

⑥选中 4.jpg，分别在 00:00:04:00、00:00:05:00 的【位置】【缩放比例】【透明度】上添加关键帧，并设置 00:00:04:00 的【位置】为(−300,0)、【缩放比例】为 0%、【透明度】为 0%。

步骤 7：导出视频观看效果。

实验2 视频特效

一、实验目的

(1)熟悉 Premiere CS4 特效面板的使用。

(2)掌握对偏色的视频进行色彩校正的方法。

(3)熟练掌握查找边缘、镜像、边角固定、马赛克等常用特效的使用。

(4)了解闪电特效各参数的意义。

(5)初步掌握视频合成的方法。

二、实验环境

(1)硬件要求:微处理器 Intel Core 2,内存要在 1GB 以上。

(2)运行环境:Windows 7/8。

(3)应用软件:Premiere CS4。

三、实验内容与要求

(1)使用查找边缘等特效,制作浮雕化效果,如图 5-21 所示。

(a) 原素材

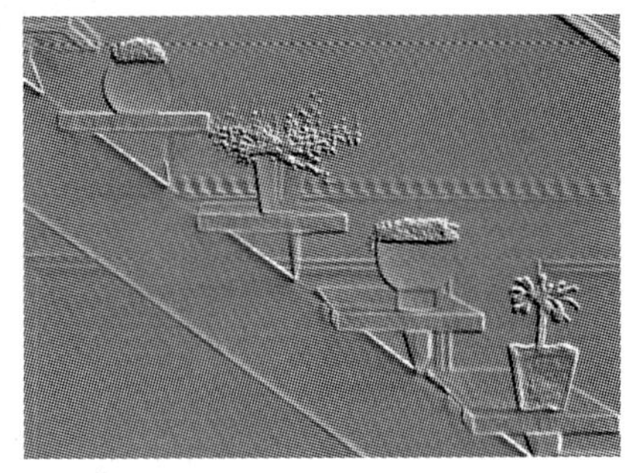

(b) 浮雕化效果

图 5-21 添加特效前后对比图

(2)使用亮度与对比度特效和色彩平衡特效,校正视频颜色,效果如图 5-22 所示。

（a）原素材

（b）校正颜色

图 5-22 添加特效前后对比图

(3)使用镜像特效，制作水中倒影的效果，如图 5-23 所示。

图 5-23 水中倒影

(4)使用边角固定特效与灰度系数校正特效，进行视频合成并对画面进行调整，效果如图 5-24 所示。

图 5-24 视频合成

(5)使用裁剪、马赛克等特效,制作画面马赛克效果,如图 5-25 所示。

图 5-25　添加马赛克效果

(6)使用闪电特效制作闪电,如图 5-26 所示。

图 5-26　制作闪电效果

四、实验步骤与指导

1. 浮雕化效果的制作

本例考查查找边缘、浮雕等特效的使用。

步骤 1: 新建项目,指定存盘路径后设置【序列预置】为 DV-PAL 标准 48kHz。

步骤 2: 先选择【文件】菜单→【导入】,将素材中的图片导入并拖动到【时间线面板】的【视频 1】轨道中,然后在【时间线面板】选中素材,单击右键,选择【适配为当前画面大小】。

步骤 3: 先打开【效果面板】,选择【视频特效】→【风格化】→【查找边缘】,将其拖到【视频 1】轨道的素材上,然后在【特效控制台】中展开【查找边缘】选项,设置

【与原始图像混合】为 100%。

说明:如果不清楚需要使用的特效具体在哪个栏目中,可以直接在【效果面板】中搜索,如图 5-27 所示。

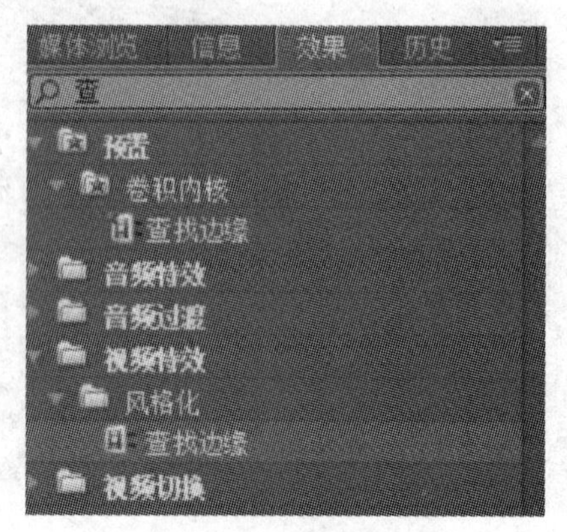

图 5-27 效果面板

步骤 4:继续为其添加【浮雕】特效,在【特效控制台】中展开【浮雕】选项,参数设置如图 5-28 所示。

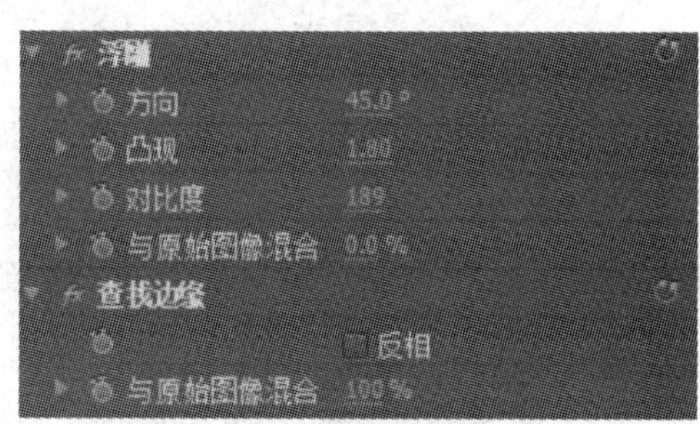

图 5-28 参数设置

步骤 5:在【监视器窗口】中预览效果。

2. 校正色彩

本例考查色彩平衡、亮度与对比度等特效的使用。

步骤 1:新建项目,指定存盘路径后设置【序列预置】为 DV-PAL 标准 48kHz。将素材中的视频文件导入并拖到时间线的【视频 1】轨道中。

步骤 2:先打开【效果面板】,选择【视频特效】→【色彩校正】→【亮度与对比度】,将其拖到【视频 1】轨道的素材上,然后在【特效控制台】中展开【亮度与对比度】选项,设置【亮度】为 35,在【监视器窗口】中观看效果。

步骤 3:先在【效果面板】中,选择【视频特效】→【色彩校正】→【色彩平衡】,将其拖到【视频 1】轨道的素材上,然后在【特效控制台】中展开【色彩平衡】选项,参数设置如图 5-29 所示。

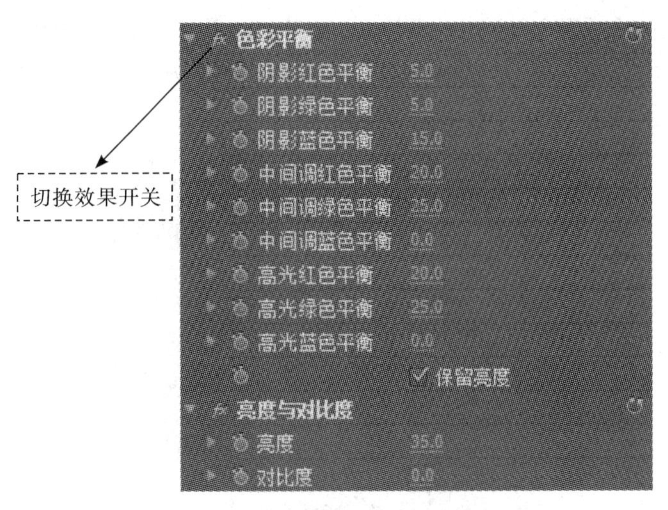

图 5-29　特效参数设置

步骤 4:在【监视器面板】中预览效果。点击【特效控制台】中【切换效果开关】按钮即可观察添加特效前、后的效果对比。

3. 制作水中倒影

本例考查镜像、照明效果等特效的使用。

步骤 1:新建项目,指定存盘路径后设置【序列预置】为 DV-PAL 标准 48kHz。导入素材中的两幅图片,并将“房子. jpg”拖动到【时间线面板】的【视频 1】轨道中。

步骤 2:打开【特效控制台】,展开【运动】选项,设置【位置】为(360,200)、【缩放比例】为 83%。

步骤 3:先打开【效果面板】,选择【视频特效】→【扭曲】→【镜像】,将其拖到【视频 1】轨道的素材上,然后在【特效控制台】中展开【镜像】选项,参数设置如图 5-30 所示。

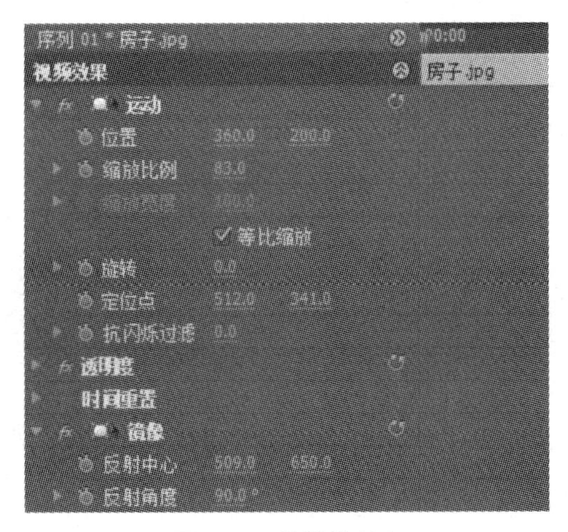

图 5-30　特效控制台

步骤 4:先将【项目面板】中的“湖面.jpg”拖入【视频 2】轨道中,选择【视频特效】→【变换】→【裁剪】,并添加到该图片上,然后打开【特效控制台】,调整其位置、缩放比例等参数,设置【裁剪】的比例,如图 5-31 所示。效果如图 5-32 所示。

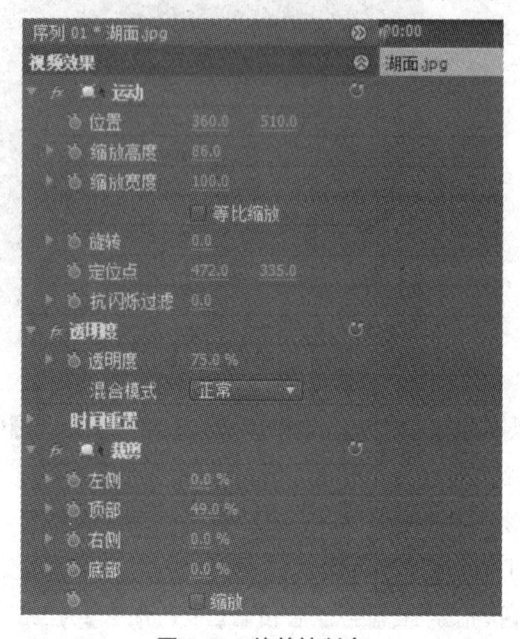

图 5-31 特效控制台

图 5-32 初步效果

步骤 5:继续为“湖面.jpg”添加【照明效果】特效,将【灯光类型】修改为【全光源】,其他参数设置如图 5-33 所示。

图 5-33　照明效果参数设置

步骤 6:保存文件,在【监视器面板】预览效果。

4. 视频合成

本例考查边角固定、灰度系数校正等特效的使用。

步骤 1:新建文件,序列预置为 DV-24P 标准 48kHz。

步骤 2:导入素材中的图片和视频文件,并分别拖入时间线的【视频 1】和【视频 2】轨道中,缩短图片素材的持续时间,使两者保持相同长度,如图 5-34 所示。

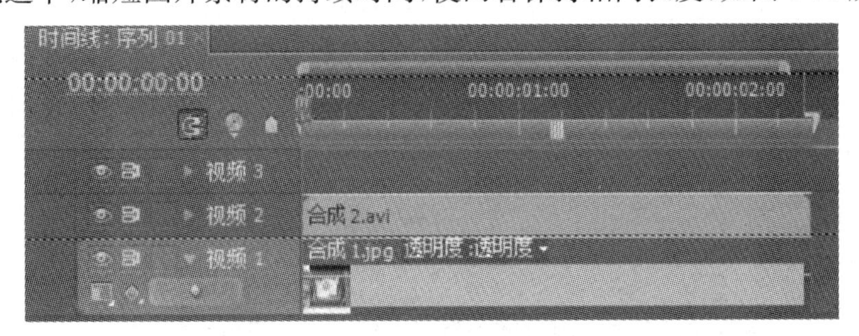

图 5-34　时间线面板

步骤 3:点击【时间线面板】中的"眼睛"图标,隐藏【视频 2】轨道,选择【视频 1】轨道中的图片素材,在【特效控制台】中将其【缩放比例】调整为 81%。

步骤 4:显示【视频 2】轨道,选择轨道中的素材,打开【特效控制台】,设置【缩放比例】为 80%,然后打开【效果面板】,选择【视频特效】→【扭曲】→【边角固定】,将其拖到素材上。

步骤 5:在【特效控制台】中设置【边角固定】的各个参数,如图 5-35 所示。使视频恰好位于背景图片的显示器中。

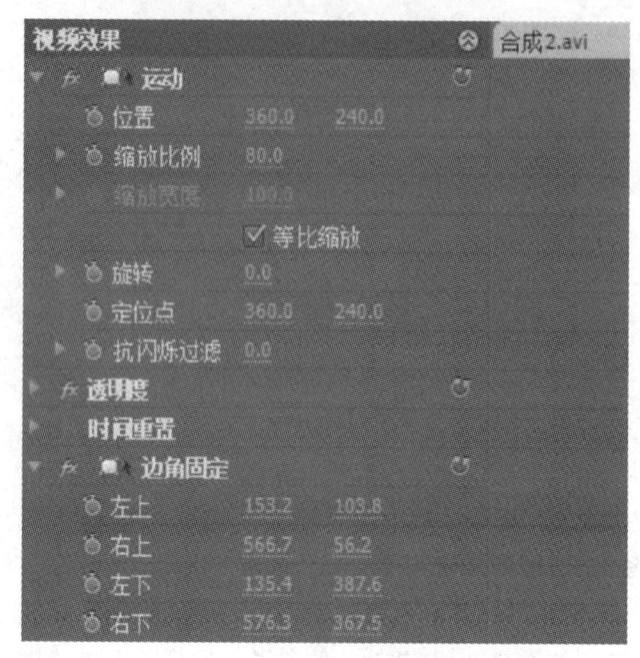

图 5-35 特效控制台

步骤 6:打开【效果面板】,选择【视频特效】→【图像控制】→【灰度系数校正】,将其拖到视频素材上。在【特效控制】面板中设置【灰度系数】为 8,初步效果如图 5-36 所示。

图 5-36 初步效果

步骤 7:保存文件,在【监视器面板】预览效果。

5. 制作马赛克效果

本例考查马赛克、裁剪特效的使用。

步骤 1:新建文件,序列预置为 DV-24P 标准 48kHz。

步骤 2:导入素材中的视频文件,并拖入时间线的【视频 1】和【视频 2】轨道中。分别在右键菜单中选择【适配为当前画面大小】,如图 5-37 所示。

图 5-37　时间线面板

步骤 3:为【视频 2】轨道中的素材分别添加【视频特效】→【风格化】→【马赛克】【变换】→【裁剪】特效。

步骤 4:打开【特效控制台】,设置【裁剪】的【左侧】为 10%、【顶部】为 10%、【右侧】为 70%、【底部】为 60%。

步骤 5:设置【马赛克】的【水平块】和【垂直块】均为 33。

步骤 6:在【监视器面板】中预览效果。

6. 制作闪电

本例考查闪电特效的使用。

步骤 1:新建文件,序列预置为 DV-24P 标准 48kHz。

步骤 2:导入素材图片,拖入时间线的【视频 1】轨道中,并在右键菜单中选择【适配为当前画面大小】。

步骤 3:先为【视频 1】轨道中的素材添加【视频特效】→【生成】→【闪电】特效,然后打开【特效控制台】,设置【闪电】的【起始点】为(119,30)、【结束点】为(780,640)、【线段】为 11、【波幅】为 15、【细节层次】为 7、【拉力】为 27、【拉力方向】为 46。

步骤 4:在【监视器面板】单击【播放】按钮预览效果。

实验 3　字幕与音频特效的使用

一、实验目的

(1)熟练掌握字幕的添加与编辑方法。

(2)熟悉字幕属性栏中渐变、纹理、阴影、描边等的设置方法。

(3)熟练掌握静态字幕与动态字幕的相关操作。

(4)掌握音频特效的运用。

二、实验环境

(1)硬件要求:微处理器 Intel Core 2,内存要在 1GB 以上。

(2)运行环境:Windows 7/8。

(3)应用软件:Premiere CS4。

三、实验内容与要求

(1)制作具有发光效果的字幕,如图 5-38 所示。

图 5-38 发光字

(2)制作纹理字幕,效果如图 5-39 所示。

图 5-39 纹理效果的字幕

(3)消除音频中的嗡嗡电流声。

(4)制作超重低音效果。

四、实验步骤与指导

1. 发光字

本例考查字幕的创建及文字属性设置的相关方法。

步骤 1:新建文件,序列预置为 DV-24P 标准 48kHz。导入素材中的“玉瓶.jpg”,拖入【视频 1】轨道中,在右键菜单中选择【适配为当前画面大小】。

步骤 2:在【项目面板】中单击右键,选择【新建分类】→【字幕】,弹出【新建字幕】对话框,为字幕文件命名,如图 5-40 所示。

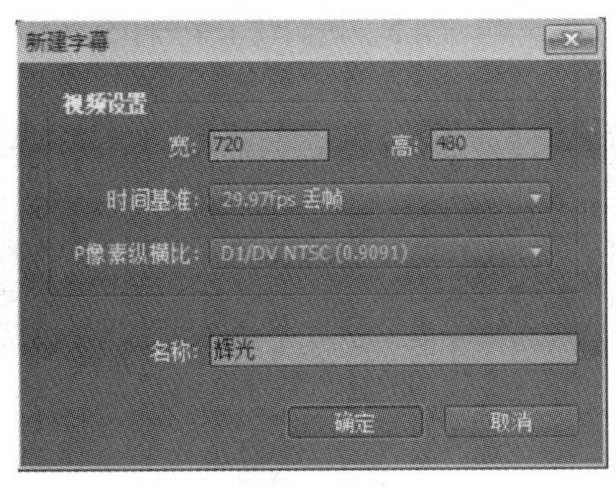

图 5-40 新建字幕

步骤 3:在【字幕设计器】窗口左侧的工具箱中选择【垂直文字】工具,输入文字,在窗口右侧的【字幕属性】栏中选择合适的字形、大小和字距,设置填充颜色为#968A14、透明度为 70%。勾选【光泽】复选框,参数设置如图 5-41 所示。

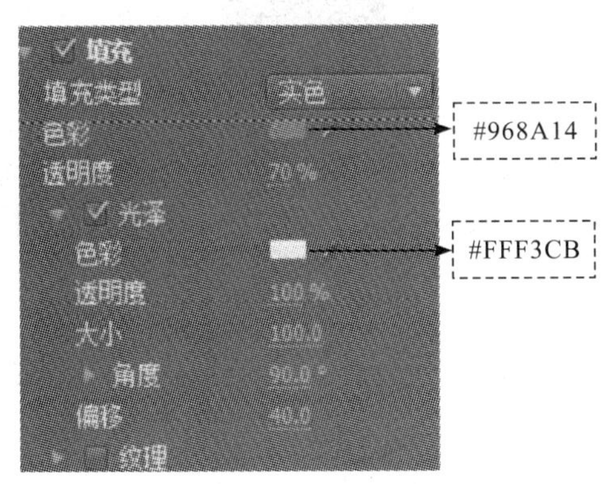

图 5-41 文字效果设置

步骤 4:在【描边】中添加外侧边,设置【类型】为凸出,【大小】为 4,色彩设置为#FFF9D1。勾选【阴影】复选框,设置颜色为白色、透明度为 100%、大小为 6、扩散为 100。

步骤 5:关闭字幕窗口,将字幕拖入【视频 2】轨道中。

步骤 6:保存文件,在【监视器面板】中观看效果。

2. 纹理字幕

本例考查字幕样式、字幕属性等设置方法。

步骤 1:新建文件,序列预置为 DV-24P 标准 48kHz。导入素材中的“海面.

jpg”图片，将其拖入【视频 1】轨道。

步骤 2：先在【项目面板】中单击右键→【新建分类】→【字幕】(或按 Ctrl+T)，新建字幕，然后使用【文本工具】输入文字，在右侧的【字幕属性】栏中设置大小为 170，并选择合适的字体。在窗口下方的【字幕样式】栏中选择【方正琥珀】，如图 5-42 所示，最后在窗口左侧的【对齐】栏中选择【水平居中】【垂直居中】，如图 5-43 所示。文字效果如图 5-44 所示。

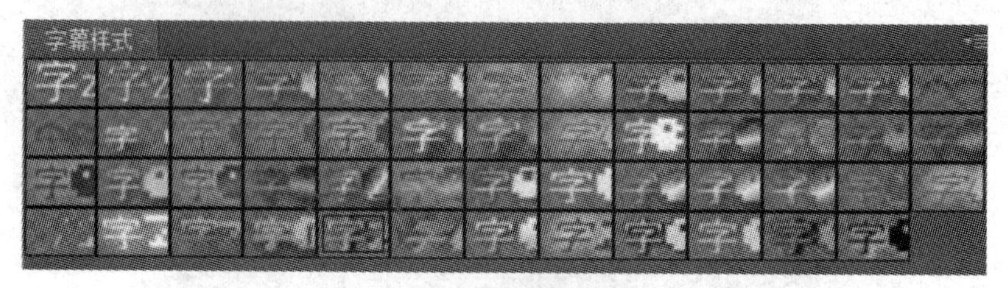

图 5-42 字幕样式

图 5-43 对齐面板

图 5-44 文字效果

步骤 3：在【字幕设计器】右侧的【文字属性】栏中勾选【填充】区域下的【纹理】复选框，选择素材中的“斑点.jpg”，设置参数如图 5-45 所示。

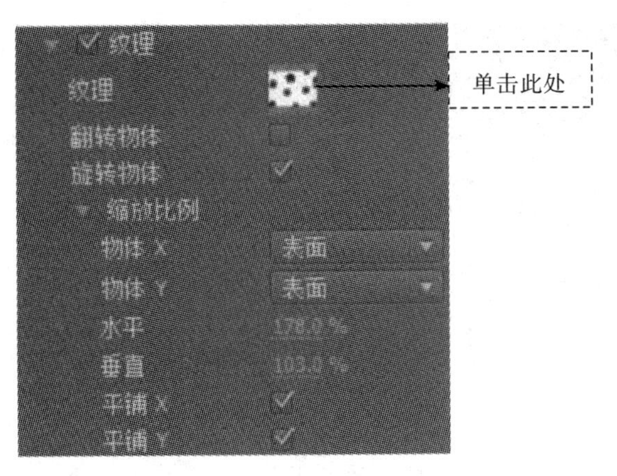

图 5-45　设置纹理

步骤 4:先在【字幕设计器】窗口上方单击【基于当前字幕新建字幕】按钮，新建字幕“椭圆”，然后在“椭圆”字幕设计器中将刚才输入的文字删除，使用【椭圆工具】绘制一个圆，设置椭圆的【宽度】为 434、【高度】为 5、【X 位置】为 339、【Y 位置】为 290，将【填充类型】修改为实色，删除所有描边、取消【纹理】复选框、取消【阴影】复选框，效果如图 5-46 所示。

图 5-46　绘制椭圆

说明:【基于当前字幕新建字幕】表明新的字幕仍保留原来字幕的样式和其他属性。

步骤 5:关闭【字幕设计器】窗口。将刚才制作的“字幕 01”拖入【视频 3】轨道，并为其添加【扭曲】→【镜像】特效，设置【镜像】特效的【反射中心】为(383,239)、【反射角度】为 90°，如图 5-47 所示。

图 5-47 镜像效果

步骤 6:先将“椭圆”字幕拖入【视频 2】轨道,调整其位置使它位于两排文字中间,然后为其添加【模糊】→【高斯模糊】特效,设置【高斯模糊】特效的【模糊】为 13,如图 5-48 所示。

图 5-48 椭圆的位置及效果

步骤 7:先将“海面.jpg” 拖入【视频 4】轨道,为其添加【变换】→【裁剪】特效,设置【裁剪】中的参数【顶部】为 50.5%,然后设置该图片的【透明度】为 80%、【混合模式】为变亮、【位置】为(366,290),如图 5-49 所示。

图 5-49 调整运动参数

步骤 8:保存文件,预览效果。

3. 消除音频中的嗡嗡电流声

本例考查音频特效的使用。

步骤 1:新建文件,序列预置为 DV-24P 标准 48kHz。导入素材中的音频文件,将其拖入【音频 1】轨道。

步骤 2:先打开【特效面板】,选择【音频特效】→【Stereo】→【Denoiser】,将其拖到素材上,然后激活【特效控制台】,展开【自定义设置】选项,设置【Reduction】为－20dB、【Offset】为 10dB,如图 5-50 所示。

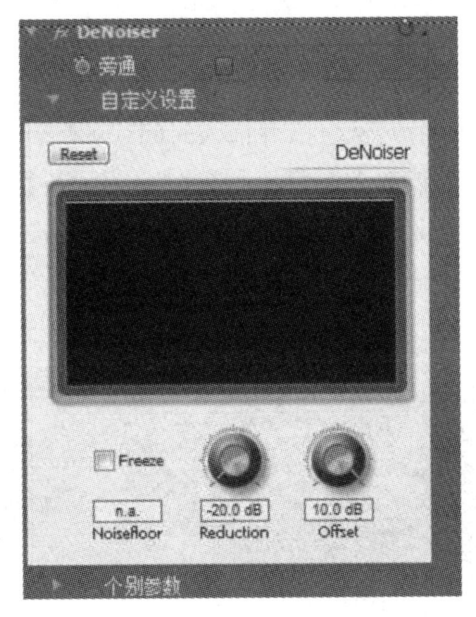

图 5-50 调整参数

说明:在默认状态下,【时间线面板】中的所有音频轨道都是立体声(双声道)。如果素材中声音文件是单声道,则无法添加到音频轨道中。此时,打开【序列】菜单→【添加轨道】,选择单声道,如图 5-51 所示。

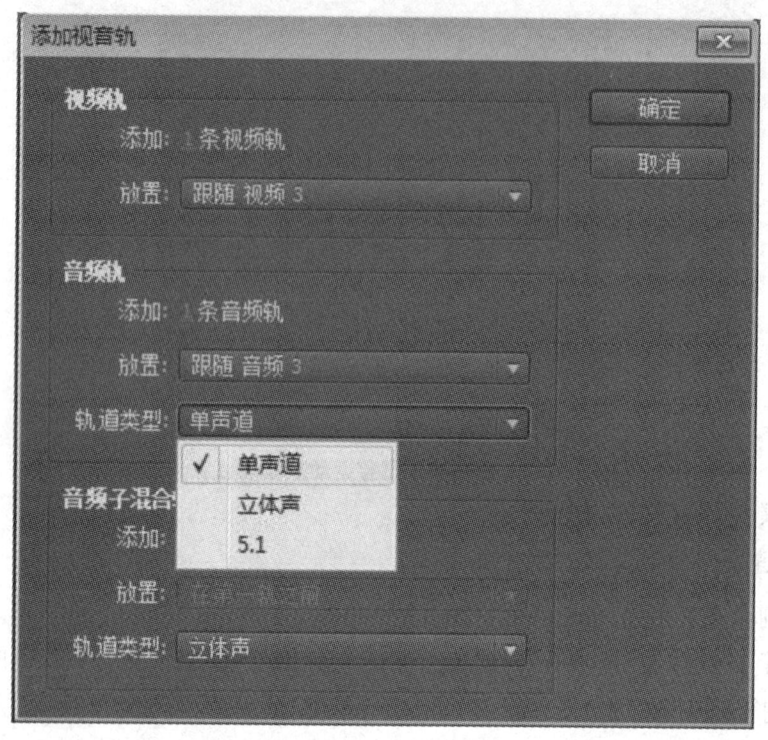

图 5-51　添加单声道轨道

步骤 3:保存文件,在【监视器面板】中点击【播放】按钮试听效果。

4. 制作超重低音效果

本例考查低音特效的使用。

步骤 1:新建文件,序列预置为 DV-24P 标准 48kHz。

步骤 2:导入素材中的声音文件,并拖入时间线的【音频 1】轨道中。

步骤 3:打开【效果面板】,为素材添加【音频特效】→【Stereo】→【低音】特效,在【特效控制台】中设置【放大】为 0. 4dB,并为其添加关键帧。

步骤 4:将时间调整到 00: 00:08:01,设置【放大】为 9. 9dB;将时间调整到 00:00:17:22,设置【放大】为 3. 7dB,如图 5-52 所示。

图 5-52　设置三处关键帧

步骤 5:保存文件并试听效果。

实验4 Premiere综合应用

一、实验目的

（1）熟练掌握关键帧的添加、删除和编辑等方法。

（2）掌握各种影视特技的操作与应用。

（3）熟悉视频切换特效中持续时间、方向等参数的意义与编辑方法。

（4）训练运用 Premiere 进行综合视频编辑的能力。

二、实验环境

（1）硬件要求：微处理器 Intel Core 2，内存要在 1GB 以上。

（2）运行环境：Windows 7/8。

（3）应用软件：Premiere CS4。

三、实验内容与要求

婚纱电子相册的制作。

四、实验步骤与指导

本例训练使用 Premiere 进行视频编辑的综合能力。

步骤1：导入素材。

①新建项目文件，序列预置为 DV-24P 标准 48kHz。在【项目面板】中双击鼠标，在随即弹出的对话框中选择素材所在的文件夹，单击【导入文件夹】按钮，如图5-53所示。在导入 psd 文件的过程中，将弹出【导出文件】对话框，将【导入为】设置成【单个图层】。

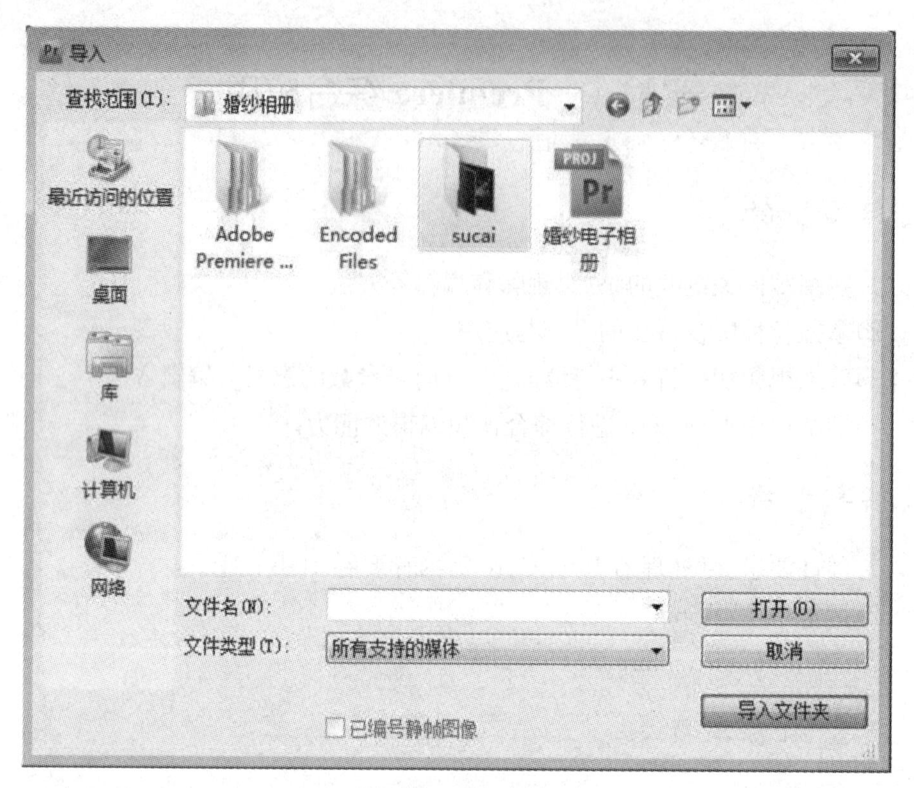

图 5-53 导入素材

注意:在导入的分层文件中如果包含多个图层,则在选择【单个图层】时,需要取消无用处图层复选框的勾选,如图 5-54 所示。

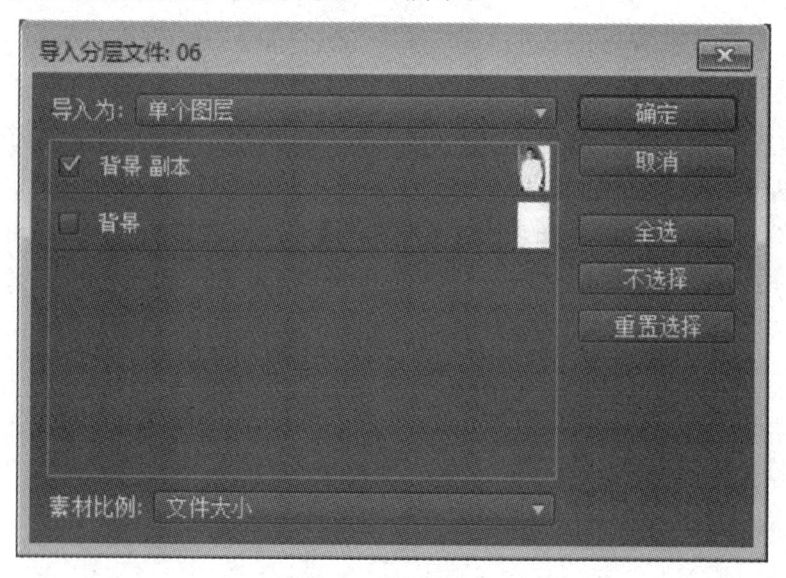

图 5-54 导入分层文件

②选择【序列】菜单→【添加轨道】,添加 11 条视频轨道。

步骤 2:添加背景音乐。

①将素材中的 mp3 文件拖至【时间线面板】的【音频 1】轨道中,选择【效果面

板】→【音频特效】→【Stereo】→【MultibandCompressor】，添加到素材上。

②在【特效控制台】展开【MultibandCompressor】区域下的【自定义设置】，参数设置如图 5-55 所示。

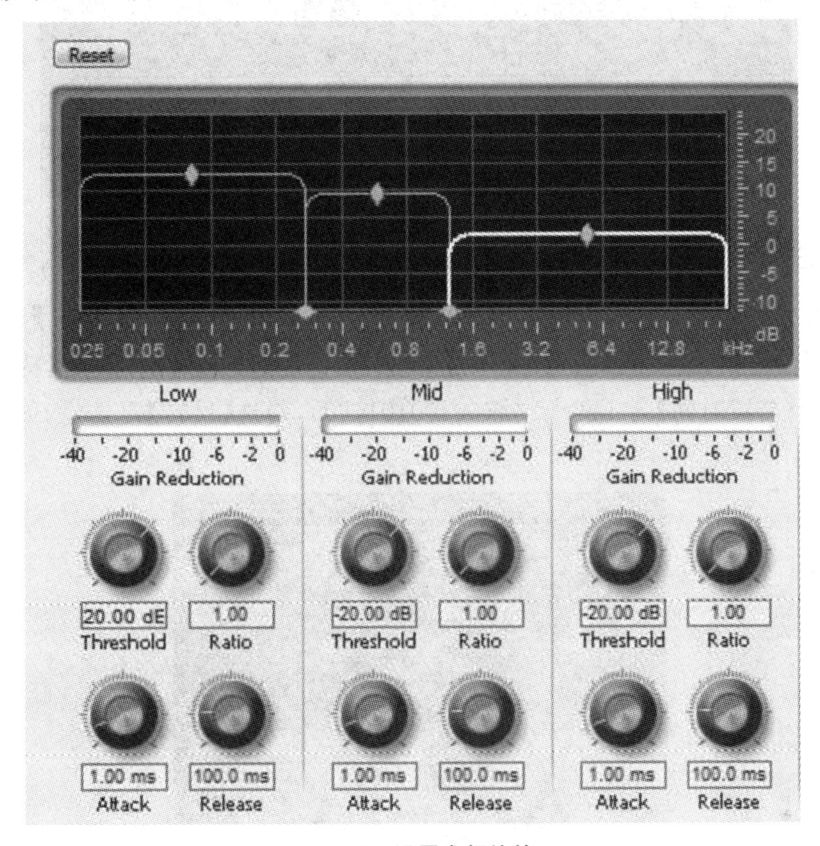

图 5-55 设置音频特效

步骤 3：在【项目面板】中新建彩色蒙版，颜色设置为白色。设置当前时间为 00:00:26:15，将彩色蒙版拖至【视频 1】轨道，使其结束处与编辑标识线对齐，如图 5-56 所示。

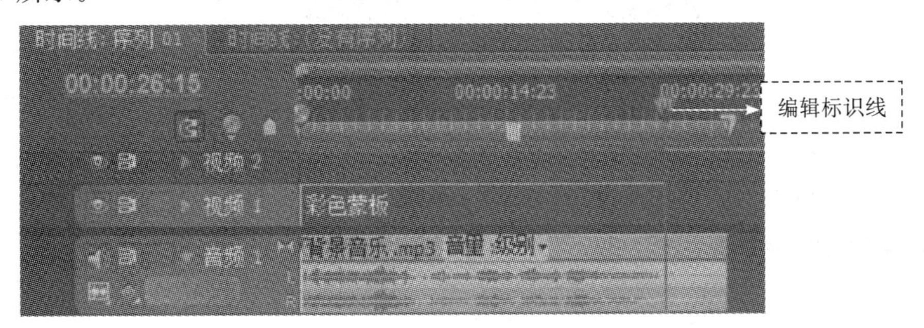

图 5-56 设置彩色蒙版的持续时间

步骤 4：设置当前时间为 00:00:01:23，将素材中的“01.jpg”拖至【视频 2】轨道，拖动文件使其结束处与编辑标识线对齐，如图 5-57 所示。

图 5-57 拖入并设置 01.jpg

步骤 5：选中“01.jpg”，激活【特效控制台】，设置【位置】为(222,241)、【缩放比例】为 48%。激活【效果面板】，选择【视频切换】→【卷页】→【卷走】，添加到“01.jpg”的开始处。在【时间线面板】上选中【卷走】切换效果，激活【特效控制台】，设置【持续时间】为 1 秒 20 帧(00:00:01:20)，勾选【反转】复选框，如图 5-58 所示。

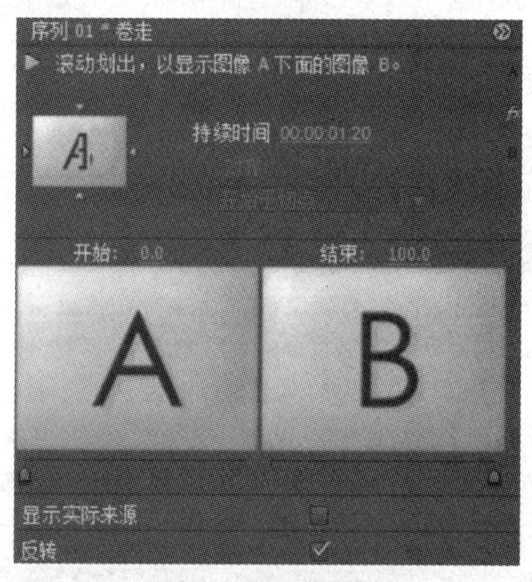

图 5-58 设置切换效果

步骤 6：修改当前时间为 00:00:01:23，将“02.psd”拖入【视频 3】轨道中，拖动其结束处与编辑标识线对齐，单击右键，选择【适配为当前画面大小】。为“02.psd”的开始处添加【卷走】切换效果，并设置【持续时间】为 1 秒 20 帧，勾选【反转】复选框，如图 5-59 所示。

图 5-59 添加并设置视频切换

步骤 7:修改当前时间为 00:00:01:14,将“03. psd”拖入【视频 4】轨道中,拖动其开始处与编辑标识线对齐,如图 5-60 所示。激活【特效控制台】,修改时间为 00:00:02:03,设置【位置】为(280,242),并添加关键帧;修改时间为 00:00:03:20,设置【位置】为(280,360);修改时间为 00:00:04:08,为【透明度】添加一处关键帧;修改时间为 00:00:05:12,设置【透明度】为 0%,如图 5-61 所示。

图 5-60 拖入 03. psd 文件

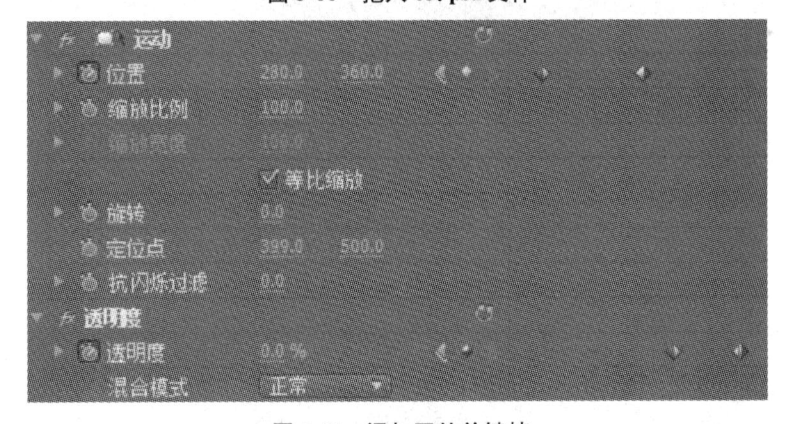

图 5-61 添加四处关键帧

步骤 8:为“03. psd”的开始处添加【交叉叠化(标准)】切换效果,设置【持续时间】为 20 帧(00:00:00:20)。设置当前时间为 00:00:04:08,将“06. psd”拖入【视频 5】轨道中,拖动其开始处与编辑标识线对齐;修改当前时间为 00:00:08:20,拖动“06. psd”的结束处与编辑标识线对齐,如图 5-62 所示。

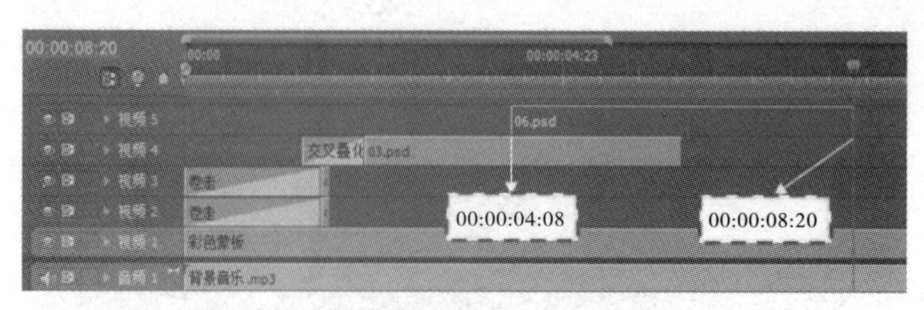

图 5-62　06. psd 的开头和结束处

步骤 9:选中“06. psd”,激活【特效控制台】,修改当前时间为 00:00:05:07,设置【位置】为(197,240),添加关键帧,设置【缩放比例】为 48%,添加关键帧;修改当前时间为 00:00:06:21,设置【位置】为(197,332)、【缩放比例】为 77%。

步骤 10:为“06. psd”的开始处添加【交叉叠化(标准)】切换效果,并设置它的【持续时间】为 1 秒。

步骤 11:制作字幕。

①按 Ctrl + T 新建“文字 01”字幕,输入“my love……”,设置 RGB 为 #00B9FF,【旋转】90°;添加一处外侧边,设置【类型】为凸出、【大小】为 5、【颜色】为黑色,效果如图 5-63 所示。

图 5-63　新建并设置“文字 01”字幕

②单击【基于当前字幕新建字幕】按钮,新建“文字 02”字幕,将原来的文字删除,再输入新的文字“众里寻她千百度 蓦然回首 那人却在灯火阑珊处”,设置大小为 11、颜色为白色;添加一处外侧边,设置【类型】为边缘、【大小】为 8、【颜色】为白色,效果如图 5-64 所示。

图 5-64 “文字 02”字幕

③单击【基于当前字幕新建字幕】按钮，新建“文字 03”字幕，将原来的文字删除，再输入新的文字“my love”，设置大小为 60、颜色为白色，删除外侧边，勾选【阴影】复选框，设置【颜色】为黑色、【透明度】为 54%、【角度】为－205°、【大小】为 0、【距离】为 4、【扩散】为 19，如图 5-65 所示。

图 5-65 “文字 03”字幕

④单击【基于当前字幕新建字幕】按钮，新建“文字 04”字幕，将原来的文字删除，再输入新的文字“钟爱一生”，设置大小为 110、【填充类型】为线性渐变，参数如图 5-66 所示。添加一处外侧边，设置【类型】为边缘、【大小】为 5，取消【阴影】复选框，效果如图 5-67 所示。

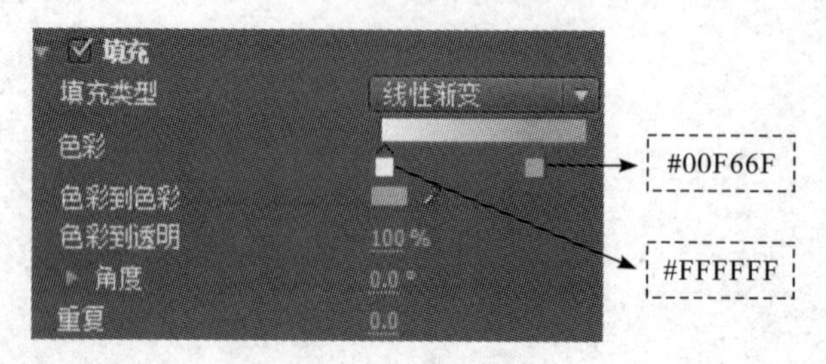

图 5-66 设置填充类型

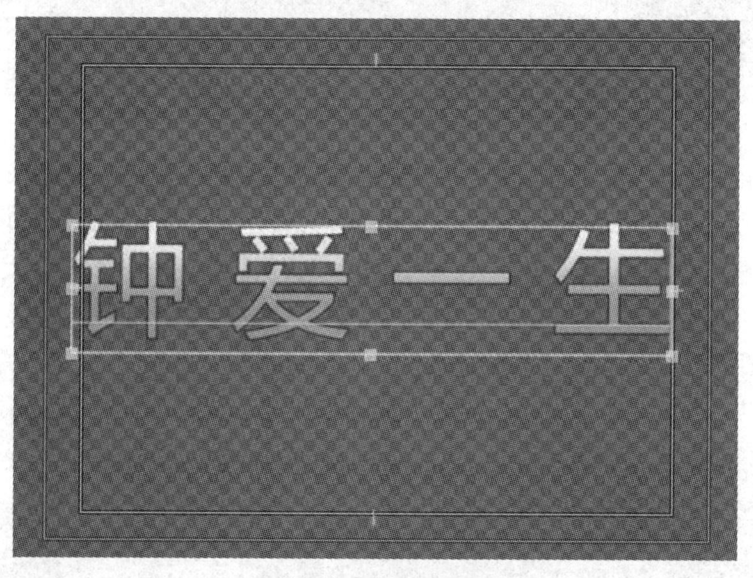

图 5-67 “文字 04”字幕

⑤关闭字幕设计器，按 Ctrl+T 新建“图 01”字幕，使用【圆角椭圆工具】绘制一个圆角矩形，设置【宽度】为 230.6、【高度】为 298.2、【位置】为(267,225)、【圆角大小】为 10%，勾选【纹理】复选框，单击【纹理】右侧的按钮，选择素材中的“04.jpg”文件，添加一处外侧边，设置【类型】为边缘、【大小】为 12、【颜色】为 #EAEAEA、【透明度】为 80%。效果如图 5-68 所示。

图 5-68 “图 01”字幕

⑥单击【基于当前字幕新建字幕】按钮，新建“图 02”字幕，设置【位置】为(501，198)，修改【纹理】中的图片为“05.jpg”，如图 5-69 所示。

图 5-69 “图 02”字幕

⑦单击【基于当前字幕新建字幕】按钮，新建“图 03”字幕，删除圆角矩形，使用【矩形工具】绘制一个矩形，设置【宽度】为 683、【高度】为 170、【位置】为(327，371)，取消【纹理】复选框，设置【填充类型】为实色、【颜色】为白色、【透明度】为 70%，取消【纹理】复选框，删除外侧边。效果如图 5-70 所示。

图 5-70 “图 03”字幕

⑧绘制一个圆角矩形，设置【宽度】为 100、【高度】为 144.5、【位置】为(600，372)、【圆角大小】为 10%、勾选【纹理】复选框，单击【纹理】右侧的按钮，选择素材中的“14.jpg”文件，如图 5-71 所示。

图 5-71 绘制圆角矩形

⑨复制这个圆角矩形并修改【纹理】图片分别为 13.jpg、12.jpg、11.jpg、10.jpg、9.jpg，调整它们的位置，如图 5-72 所示。

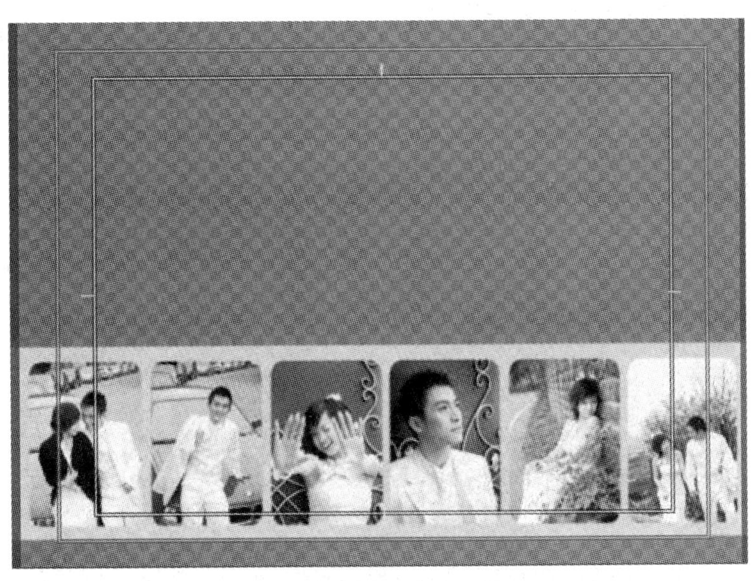

图 5-72　复制圆角矩形并排列

⑩单击【基于当前字幕新建字幕】按钮，新建“图 04”字幕，删除所有内容，使用【矩形工具】绘制一个矩形，设置【宽度】为 619、【高度】为 459、【位置】为(325，242)，取消【纹理】复选框，设置【填充类型】为实色、【颜色】为＃B1B1B1、【透明度】为 50%，取消【纹理】复选框，添加一处外侧边，设置【类型】为边缘、【大小】为 2、【颜色】为白色，如图 5-73 所示。

图 5-73　“图 04”字幕

⑪单击【基于当前字幕新建字幕】按钮，新建“图 05”字幕，删除矩形，再绘制与“图 03”字幕相同的矩形，然后创建一个圆角矩形，设置【宽度】为 180、【高度】为 133、【位置】为(544，388)、【填充类型】为实色、【颜色】为白色、【透明度】为 70%。

添加一处内侧边，设置【类型】为【凹进】、【角度】为 90°、【颜色】为黑色、【透明度】为 25%，修改外侧边，设置【类型】为边缘、【大小】为 1、【颜色】为黑色。如图 5-74 所示。

图 5-74 "图 05"字幕的小矩形

⑫复制小圆角矩形，调整其位置，删除内侧边，勾选【纹理】，加载"19.jpg"文件；再次复制，调整其位置，在【纹理】中加载"18.jpg"图片，如图 5-75 所示。

图 5-75 "图 05"字幕

⑬单击【基于当前字幕新建字幕】按钮，新建"图 06"字幕，调整矩形位置，修改【纹理】中的图片分别为"20.jpg""21.jpg"，如图 5-76 所示。

图 5-76　“图 06”字幕

⑭单击【基于当前字幕新建字幕】按钮，新建“图 07”字幕，调整矩形位置，修改【纹理】中的图片分别为“22. jpg”“23. jpg”，如图 5-77 所示。

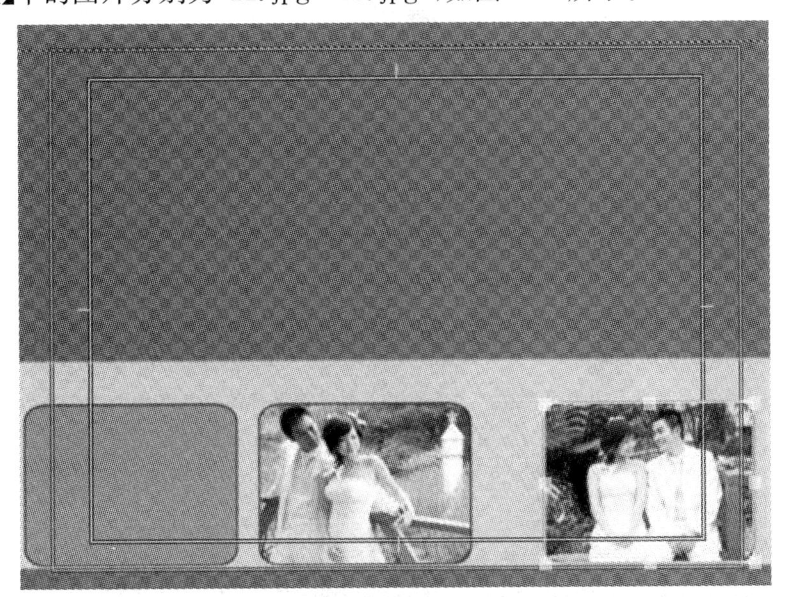

图 5-77　“图 07”字幕

⑮关闭字幕设计器，按 Ctrl＋T 新建“图 08”字幕，绘制圆角矩形，设置【宽度】为 242、【高度】为 329、【位置】为(494，239)、【圆角大小】为 10％，勾选【纹理】复选框，加载“24. jpg”，添加一处外侧边，设置【类型】为边缘、【大小】为 7、【颜色】为＃E3E3E3，勾选【阴影】复选框，设置【颜色】为黑色、【透明度】为 70％、【角度】为 50°、【距离】为 0、【大小】为 1、【扩散】为 0，如图 5-78 所示。

图 5-78 “图 08”字幕

⑯使用同样的方法创建“图 09”“图 10”字幕，并修改【纹理】中的图片分别为“25.jpg”和“26.jpg”。

⑰单击【基于当前字幕新建字幕】按钮，新建“图 11”字幕，将圆角矩形的【位置】设置为(158,241)、修改【纹理】图片分别为“27.jpg”，如图 5-79 所示。

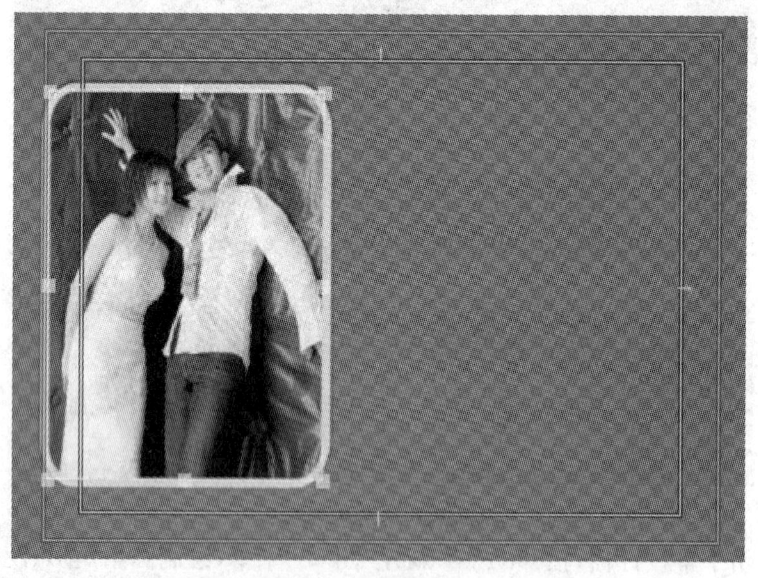

图 5-79 “图 11”字幕

⑱单击【基于当前字幕新建字幕】按钮，新建“图 12”字幕，修改圆角矩形的【宽度】为 376、【高度】为 281、【位置】为(355,259)，修改【纹理】图片分别为“33.jpg”，修改外侧边的【大小】为 10、【颜色】为白色，取消【阴影】复选框，如图 5-80 所示。

图 5-80 “图 12”字幕

⑲使用同样的方法创建“图 13”“图 14”字幕，并修改【纹理】图片分别为“34.jpg”和“35.jpg”。

步骤 12：组合素材。

①关闭字幕窗口，将时间设置为 00:00:02:05，将“文字 01”字幕拖入【视频 6】轨道中，使其开始处与编辑标识线对齐。为“文字 01”添加【基本 3D】特效。调整时间为 00:00:02:09，为【基本 3D】选项下的【旋转】添加关键帧；调整时间为 00:00:03:05，为【透明度】添加一处关键帧，设置【基本 3D】下的【旋转】为 83°；调整时间为 00:00:03:07，设置【透明度】为 0%，如图 5-81 所示。

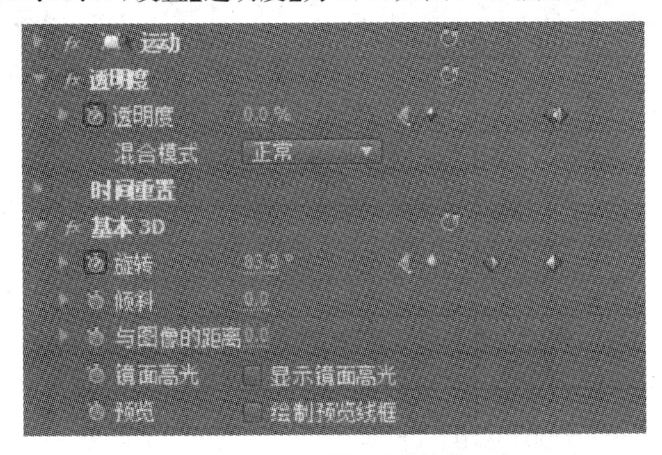

图 5-81 设置四处关键帧

②将时间设置为 00:00:02:05，将“图 01”字幕拖入【视频 7】轨道中，使其开始处与编辑标识线对齐。为“图 01”添加【基本 3D】特效。将时间调整为 00:00:02:22，设置【位置】为(536，−194)，并添加关键帧，设置【旋转】为−25°，并

添加关键帧。

③将时间设置为 00:00:04:11,设置【位置】为(553,205)、【旋转】为 0°,为【基本 3D】选项下的【旋转】设置关键帧。将时间调整为 00:00:05:11,设置【基本 3D】选项下的【旋转】为 90°;将时间调整为 00:00:06:13,设置【基本 3D】选项下的【旋转】为 0°,如图 5-82 所示。

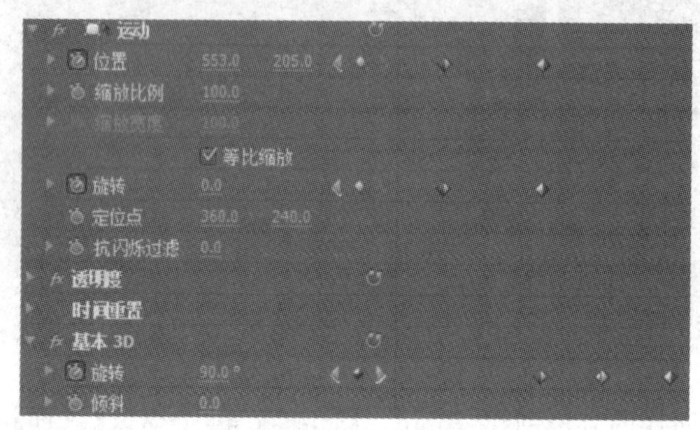

图 5-82 设置关键帧

④将时间设置为 00:00:02:05,将“图 02”字幕拖入【视频 8】轨道中,使其开始处与编辑标识线对齐。将时间调整为 00:00:06:00,设置【位置】为(553,211)、【透明度】为 0%;时间调整为 00:00:06:01,设置【透明度】为 100%。如图 5-83 所示。

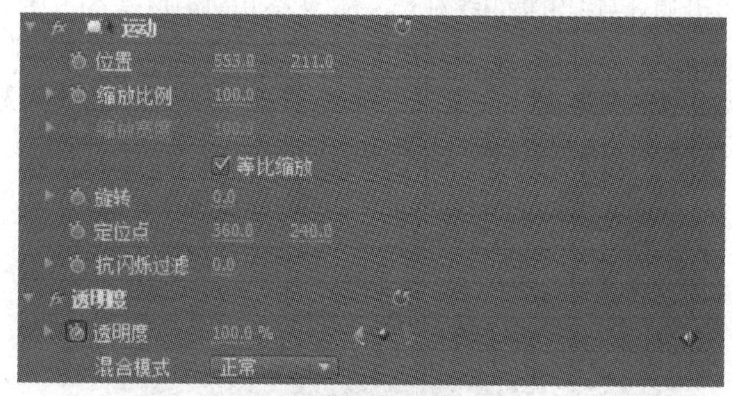

图 5-83 两处透明度关键帧

⑤将时间设置为 00:00:05:22,将素材中的“07. psd”文件拖入【视频 9】轨道中,使其开始处与编辑标识线对齐。将时间调整为 00:00:08:20,拖动“07. psd”的结束处与编辑标识线对齐。

⑥调整时间为 00:00:06:08,设置【位置】为(399,51),并添加关键帧,为【缩放比例】添加关键帧;调整时间为 00:00:07:22,设置【位置】为(337,334)、【缩放比例】为 83%。为“07. psd”的开始处添加【交叉叠化(标准)】切换效果,并将该切换效果的持续时间改为 20 帧(00:00:00:20),此时【时间线面板】如图 5-84 所示。

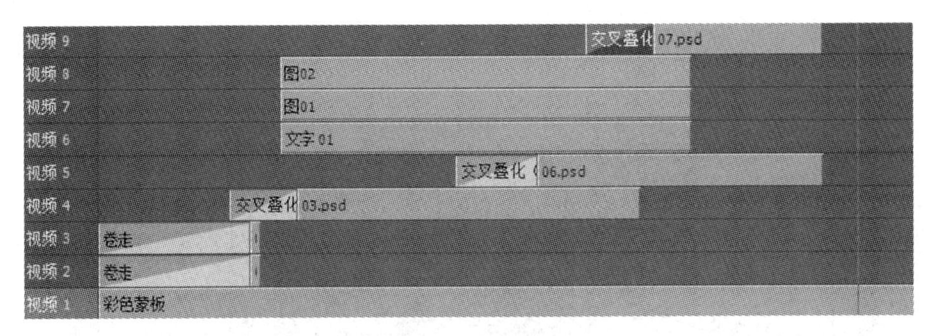

图 5-84　时间线面板

⑦将时间设置为 00:00:07:23,将素材中的“08.jpg”文件拖入【视频 10】轨道中,使其开始处与编辑标识线对齐。设置【缩放比例】为 64%。调整时间为 00:00:10:14,为【透明度】添加一处关键帧;调整时间为 00:00:10:21,设置【透明度】为 0%。为“08.jpg”的开始处添加【交叉叠化(标准)】切换效果,并将该切换效果的持续时间改为 00:00:00:06。

⑧将时间设置为 00:00:07:23,将“图 03”字幕拖入【视频 11】轨道中,使其开始处与编辑标识线对齐。设置【位置】为(359,−304)并添加关键帧、【缩放比例】为 500%,添加关键帧,设置【透明度】为 0%;调整时间为 00:00:09:05,设置【透明度】为 100%;调整时间为 00:00:10:11,设置【位置】为(360,259)、【缩放比例】为 100%;调整时间为 00:00:11:01,添加一处【透明度】关键帧;调整时间为 00:00:11:12,设置【透明度】为 0%。如图 5-85 所示。

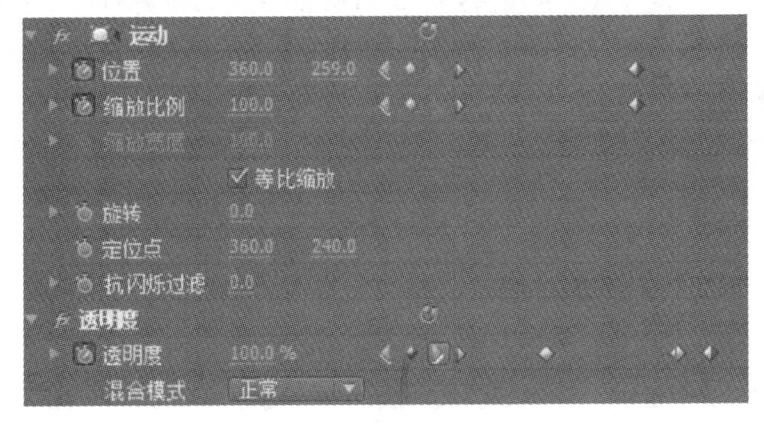

图 5-85　设置八处关键帧

⑨将时间设置为 00:00:10:17,将“图 04”字幕拖入【视频 9】轨道中,使其开始处与编辑标识线对齐。调整时间为 00:00:16:02,拖动“图 04”的结束处与编辑标识线对齐。

⑩将时间设置为 00:00:12:20,将“15.jpg”字幕拖入【视频 8】轨道中,使其结束处与编辑标识线对齐、开始处与“图 04”的开始处对齐,如图 5-86 所示。设置“15.jpg”的【缩放比例】为 66%,为“15.jpg”的开始处添加【附加叠化】切换效果,

并将该切换效果的持续时间改为10帧(00:00:00:10)。为“15.jpg”添加【羽化边缘】特效,设置【数量】为67。

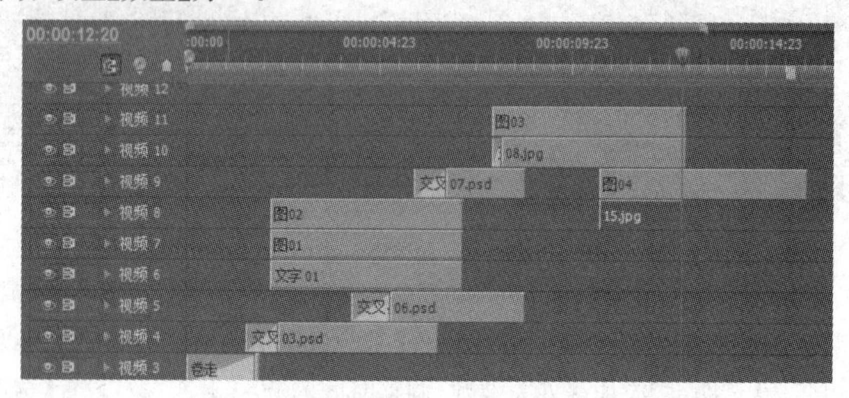

图 5-86 拖入并设置“15.jpg”

⑪将“16.jpg”拖入【视频8】轨道的“15.jpg”结束处,将时间设置为00:00:14:11,使“16.jpg”结束处与编辑标识线对齐、开始处与“15.jpg”的结束处对齐。设置“16.jpg”的【缩放比例】为80%,为其添加【羽化边缘】特效,并设置【数量】为67。为“15.jpg” 和“16.jpg”文件添加【附加叠化】切换效果,并将其持续时间改为10帧。

⑫将“17.jpg”拖入【视频8】轨道的“16.jpg”结束处,将时间设置为00:00:16:02,使“17.jpg”结束处与编辑标识线对齐、开始处与“16.jpg”的结束处对齐。设置“17.jpg”的【缩放比例】为82%,添加【羽化边缘】特效,并设置【数量】为67。为“16.jpg” 和“17.jpg”文件添加【附加叠化】切换效果,并将其持续时间改为10帧,如图5-87所示。

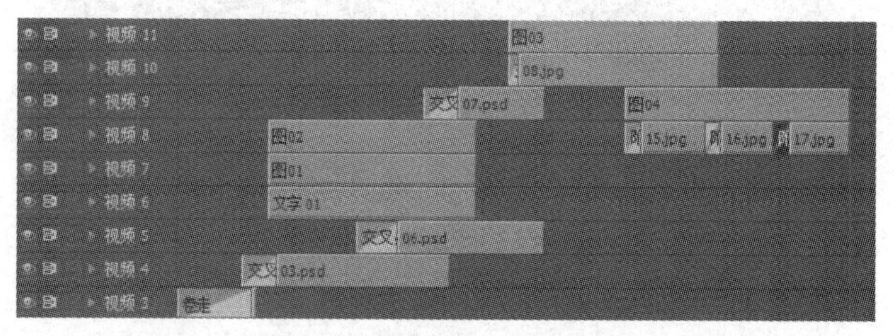

图 5-87 时间线面板的视频8轨道

⑬将时间设置为00:00:11:06,将“图05”字幕拖入【视频12】轨道中,使其开始处与编辑标识线对齐;调整时间为00:00:12:20,拖动“图05”的结束处与编辑标识线对齐。确定“图05”被选中后,调整当前时间为00:00:11:06,设置【透明度】为0%;调整时间为00:00:11:09,设置【透明度】为100%。

⑭将“图06”字幕拖至“图05”的结束处,设置其结束点为00:00:14:11。为“图05”和“图06”之间添加【附加叠化】切换效果,并将其持续时间改为00:00:00:20。

⑮将"图 07"字幕拖至"图 06"的结束处，设置其结束点为 00:00:16:01。为"图 06"和"图 07"之间添加【附加叠化】切换效果，并将其持续时间改为 00:00:00:20，此时【时间线面板】如图 5-88 所示。

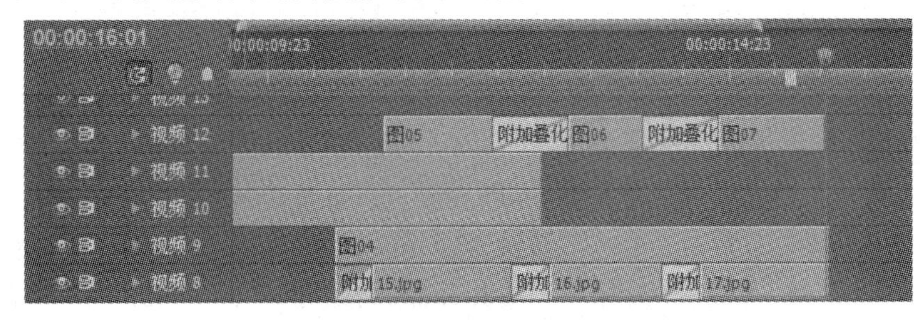

图 5-88　时间线面板的视频 12 轨道

⑯将时间设置为 00:00:10:17，将"文字 02"字幕拖入【视频 13】轨道中，使其开始处与编辑标识线对齐、结束处与"图 07"结束处对齐。

⑰将时间设置为 00:00:07:23，将"对称光. avi"素材拖入【视频 14】轨道中，使其开始处与编辑标识线对齐。单击右键，选择【适配为当前画面大小】。

⑱设置"对称光. avi"的【缩放比例】为 114%、【混合模式】为滤色。

步骤 13：制作渐变效果。

①将时间设置为 00:00:16:02，将"渐变 02. psd"拖入【视频 4】轨道中，使其开始处与编辑标识线对齐、结束处与 00:00:18:11 对齐。

②调整时间为 00:00:17:03，设置【位置】为(461，−350)，并添加关键帧，设置【旋转】为−90°、【透明度】为 60%，并取消其关键帧记录；调整时间为 00:00:18:07，设置【位置】为(461,834)，如图 5-89 所示。

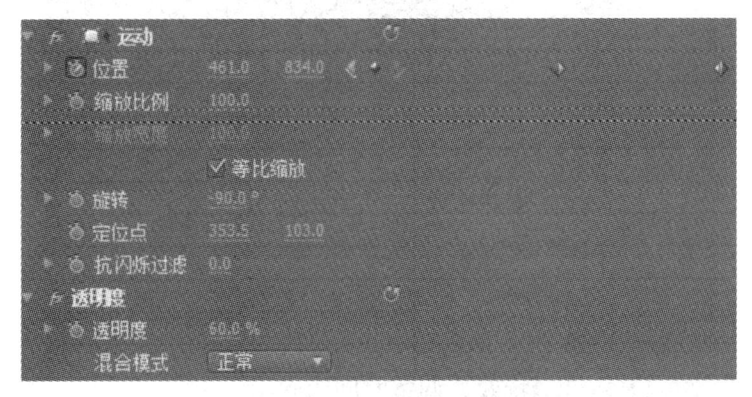

图 5-89　设置两处关键帧

③将"渐变 01. psd"拖入【视频 5】轨道，设置其开始和结束处与"渐变 02. psd"对齐。确定"渐变 01. psd"被选中后，调整当前时间为 00:00:17:03，设置【位置】为(263,830)，并添加关键帧，将【旋转】设置为 90°，取消【透明度】关键帧，设置【透明度】为 60%；调整时间为 00:00:18:07，设置【位置】为(263，−360)。

④将"渐变 02. psd"拖入【视频 6】轨道，设置其开始和结束处与"渐变 01. psd"

对齐。确定“渐变 02. psd”被选中后，调整时间为 00:00:16:02，设置【位置】为(－393,146)，并添加关键帧，设置【旋转】为 180°、【透明度】为 60%，并取消关键帧记录；调整当前时间为 00:00:18:01，设置【位置】为(1107,146)。

⑤将“渐变 01. psd”拖入【视频 7】轨道，设置其开始和结束处与“渐变 02. psd”对齐。确定“渐变 01. psd”被选中后，调整当前时间为 00:00:16:02，设置【位置】为(1109,320)，添加关键帧，取消【透明度】关键帧，设置【透明度】为 60%；调整时间为 00:00:18:01，设置【位置】为(－395,320)。

步骤 14:将“图 08”拖至【视频 8】轨道，调整其开始、结束处与“渐变 01. psd”对齐。将“图 09”拖至【视频 9】轨道，调整其开始、结束处与“渐变 01. psd”对齐。选中“图 09”，添加【基本 3D】特效。调整时间为 00:00:17:06，为【基本 3D】选项下的【旋转】添加关键帧；调整时间为 00:00:18:07，设置【基本 3D】选项下的【旋转】为 180°。

步骤 15:将“图 10”拖至【视频 10】轨道，调整其开始、结束处与“图 09”对齐。选中“图 10”，添加【基本 3D】特效，调整时间为 00:00:16:18，为【基本 3D】选项下的【旋转】添加关键帧；调整时间为 00:00:17:06，设置【基本 3D】下的【旋转】为 180°。调整时间为 00:00:18:02，添加一处【透明度】关键帧；调整时间为 00:00:18:03，设置【透明度】为 0%。如图 5-90 所示。

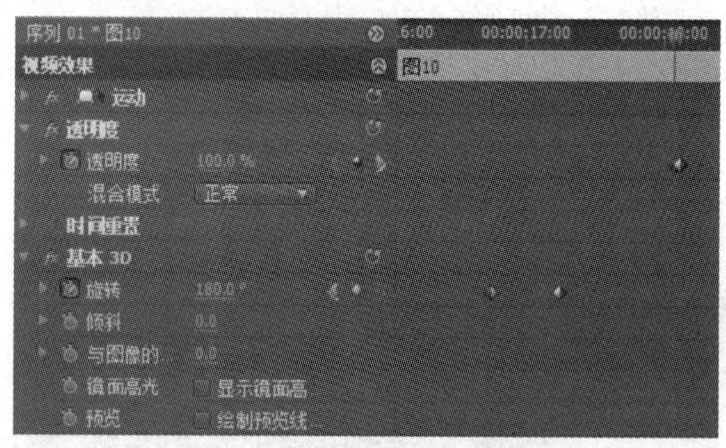

图 5-90 “图 10”字幕的四处关键帧

步骤 16:将“图 11”拖至【视频 11】轨道，调整其开始、结束处与“图 10”对齐。选中“图 11”，添加【基本 3D】特效。调整时间为 00:00:16:02，为【基本 3D】选项下的【旋转】添加关键帧并设置其值为－180°；调整时间为 00:00:16:18，设置【基本 3D】选项下的【旋转】为 0°。调整时间为 00:00:17:05，添加一处【透明度】关键帧；调整时间为 00:00:17:06，设置【透明度】为 0%。

步骤 17:将“28. jpg”拖至【视频 11】轨道中“图 11”的结束处，并设置“28. jpg”的结束处与 00:00:20:04 对齐。单击右键，选择【适配为当前画面大小】，设置

"28. jpg"的【位置】为(360,280)、【缩放比例】为139%。

步骤18:将"29. jpg"拖至【视频11】轨道中"28. jpg"的结束处,并设置"29. jpg"的结束处与00:00:21:21对齐。单击右键,选择【适配为当前画面大小】,设置"29. jpg"的【位置】为(360,260)、【缩放比例】为137%,并为"28. jpg"和"29. jpg"添加【视频切换】→【擦除】→【棋盘】切换效果。

步骤19:将"30. jpg"拖至【视频11】轨道中"29. jpg"的结束处,并设置"30. jpg"的结束处与00:00:23:14对齐。单击右键,选择【适配为当前画面大小】,设置"30. jpg"的【位置】为(360,260)、【缩放比例】为137%,并为"29. jpg"和"30. jpg"添加【棋盘】切换效果。

步骤20:将"31. jpg"拖至【视频11】轨道中"30. jpg"的结束处,并设置"31. jpg"的结束处与00:00:25:07对齐。单击右键,选择【适配为当前画面大小】,设置"31. jpg"的【位置】为(360,260)、【缩放比例】为137%,并为"30. jpg"和"31. jpg"添加【棋盘】切换效果。

步骤21:将时间设置为00:00:18:11,将"光. avi"拖至【视频12】轨道中,调整持续时间使其结束处与"31. jpg"的结束处对齐。选中"光. avi",设置【透明度】选项下的【透明度】为60%、【混合模式】为滤色。

步骤22:将"花瓣飞舞. avi"拖至【视频13】轨道中,调整持续时间使其开始处、结束处分别与"光. avi"的开始处、结束处对齐。选中"花瓣飞舞. avi",设置【透明度】选项下的【混合模式】为滤色。

步骤23:设置当前时间为00:00:19:19,拖动"文字03"至【视频14】轨道中,使其开始处与编辑标识线对齐、结束处与"花瓣飞舞. avi"的结束处对齐。为"文字03"添加【定向模糊】特效。调整时间为00:00:19:19,设置【定向模糊】的【模糊长度】为60,并添加关键帧;调整时间为00:00:22:17,设置【模糊长度】为0。

步骤24:设置当前时间为00:00:24:18,拖动"32. jpg"至【视频2】轨道中,使其开始处与编辑标识线对齐、结束处与00:00:29:04对齐,选择【适配为当前画面大小】,设置【缩放比例】为104%。

步骤25:设置当前时间为00:00:25:04,拖动"图12"至【视频3】轨道中,使其开始处与编辑标识线对齐、结束处与00:00:28:09对齐。调整时间为00:00:25:04,设置【位置】为(−256,240),并添加关键帧;调整时间为00:00:26:06,设置【位置】为(364,235);调整时间为00:00:27:11,为【位置】添加一处关键帧;调整时间为00:00:27:23,设置【位置】为(437,170)。

步骤26:设置当前时间为00:00:26:01,拖动"图13"至【视频4】轨道中,使其开始处与编辑标识线对齐、结束处与"图12"结束处对齐,设置【透明度】为0%。调整时间为00:00:26:08,设置【透明度】为100%;调整时间为00:00:26:14,设置

【位置】为(305,290),并添加关键帧;调整时间为 00:00:27:11,设置【位置】为(305,290)。

步骤 27:设置当前时间为 00:00:26:12,拖动“图 14”至【视频 5】轨道中,使其开始处与编辑标识线对齐、结束处与“图 13”结束处对齐,设置【位置】为(1063,290),并记录关键帧。调整时间为 00:00:27:02,设置【位置】为(506,290);调整时间为 00:00:27:11,设置【位置】为(506,290);调整时间为 00:00:27:23,设置【位置】为(436,360)。

步骤 28:设置当前时间为 00:00:28:00,拖动“36. jpg”至【视频 6】轨道中,使其开始处与编辑标识线对齐。设置【缩放比例】为 200%、【透明度】为 0%,并分别为【位置】和【缩放比例】记录关键帧。调整时间为 00:00:29:05,设置【位置】为(360,316)、【缩放比例】为 65%、【透明度】为 100%。为“36. jpg”添加【高斯模糊】特效。调整时间为 00:00:30:02,为【模糊度】记录关键帧;调整时间为 00:00:31:00,设置【模糊度】为 60。为“36. jpg”的开始处添加【交叉叠化(标准)】切换效果,并设置持续时间为 10 帧。

步骤 29:设置当前时间为 00:00:28:00,将“星光. avi”拖至【视频 7】轨道,选择【适配当前画面大小】,将其持续时间改为 5 秒。设置【缩放比例】为 113%、【混合模式】为变亮。

步骤 30:设置当前时间为 00:00:26:12,拖动“文字 04”至【视频 8】轨道中,使其开始处与编辑标识线对齐、结束处与 00:00:28:22 对齐,如图 5-91 所示。调整时间为 00:00:26:12,设置【位置】为(360,−227),并记录关键帧;调整时间为 00:00:27:04,设置【位置】为(360,240)。调整时间为 00:00:28:15,添加一处【透明度】关键帧;调整时间为 00:00:28:21,设置【透明度】为 0%。

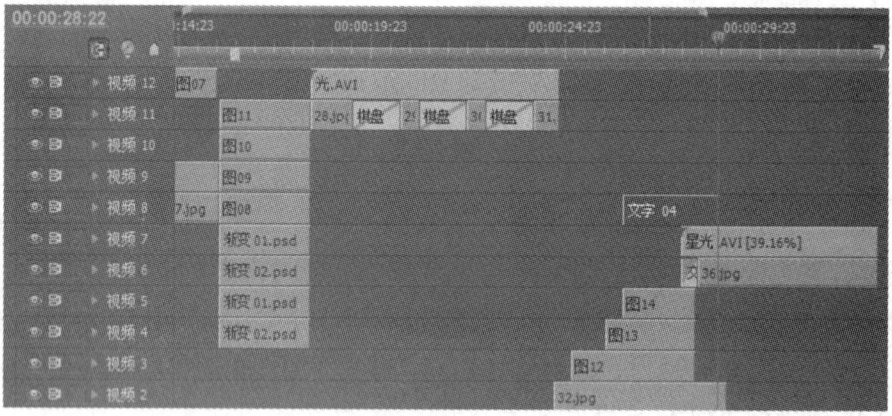

图 5-91 添加“文字 04”

步骤 31:设置当前时间为 00:00:28:22,拖动“对称光. avi”至【视频 9】轨道中,使其开始处与编辑标识线对齐、结束处与“星光. avi”的结束处对齐,如图 5-92

所示。选择【适配为当前画面大小】，设置【缩放比例】为 119%、【混合模式】为滤色。

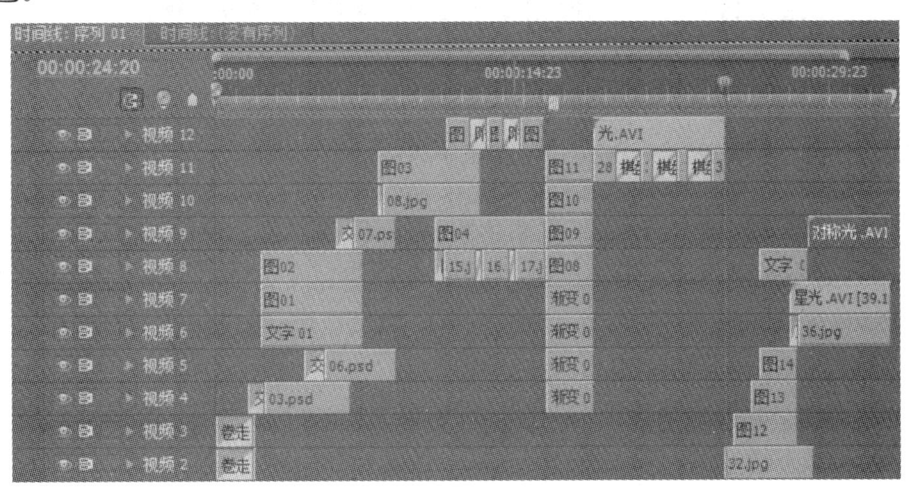

图 5-92　时间线面板

步骤 32：激活【时间线面板】，选择【文件】菜单→【导出】→【媒体】，在弹出的【导出设置】对话框中选择视频格式和导出路径，确定后在【媒体编码器】对话框中单击【开始队列】导出视频。

说明：本例题素材较多，可以在项目面板中新建多个文件夹，将字幕、图片进行分类管理。

第 6 章　视频后期制作与合成

相关知识

After Effects 简称 AE，是 Adobe 公司开发的视频剪辑与设计软件。它是制作动态影像设计不可或缺的辅助工具、是视频后期合成处理的专业非线性编辑软件。After Effects 应用范围广泛，涵盖影片、电影、广告、多媒体及网页等，一些目前最流行的电脑游戏均使用它进行合成制作。After Effects 涵盖影视特效制作中常见的文字特效、粒子特效、光效、仿真特效及高级特效等，具有其他视频编辑软件不可比拟的功能。其主要功能包括以下几个方面。

（1）高质量的视频。After Effects 支持从 4×4 到 30000×30000 像素分辨率，包括高清晰度电视（HDTV）。

（2）多层剪辑。无限层电影和静态画面的成熟合成技术，使 After Effects 可以实现电影与静态画面无缝的合成。

（3）高效的关键帧编辑。在 After Effects 中，关键帧支持具有所有层属性的动画，AE 可以自动处理关键帧之间的变化。

（4）无与伦比的准确性。After Effects 可以精确到一个像素点的千分之六，可以准确地定位动画。

（5）强大的特技控制。After Effects 使用几百种插件修饰增强图像效果和动画控制。

（6）同其他 Adobe 软件的无缝结合。After Effects 在导入 Photoshop 和 IIlustrator 文件时，可以保留层信息。

（7）高效的渲染效果。After Effects 可以执行合成在不同尺寸上的多种渲染，或者执行一组任何数量不同合成的渲染。

实验 1　动漫场景特效合成

一、实验目的

（1）熟悉 After Effects CS4 的工作界面。

（2）掌握合成的概念及将各分镜头合成影片的具体方法。

（3）掌握图像色彩调节的几种方式。

(4)熟练掌握色彩渐变映射特效与曲线的参数设置及使用方法。

(5)掌握 CC 粒子仿真世界与闪电特效各常用参数的意义及设置。

二、实验环境

(1)硬件要求:微处理器 Intel Core 2,内存要在 2GB 以上。

(2)运行环境:Windows 7/8。

(3)应用软件:After Effects CS4。

三、实验内容与要求

制作魔法火焰的效果,其中几帧如图 6-1 所示。

图 6-1　动画流程画面

四、实验步骤与指导

本例考查 CC 粒子仿真世界特效、色彩渐变映射特效的应用及蒙版工具的使用。

1. 制作烟火合成

步骤 1:打开【项目面板】,选择【新建合成】按钮,如图 6-2 所示。在弹出的【合成设置】对话框中,将合成名称命名为“烟火”,其他参数设置如图 6-3 所示。

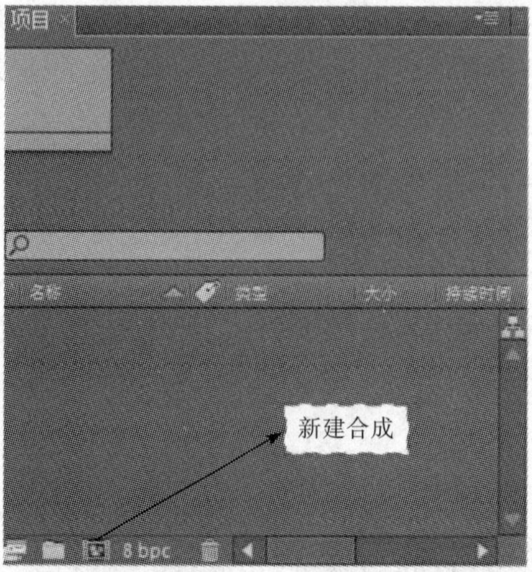

图 6-2 项目面板

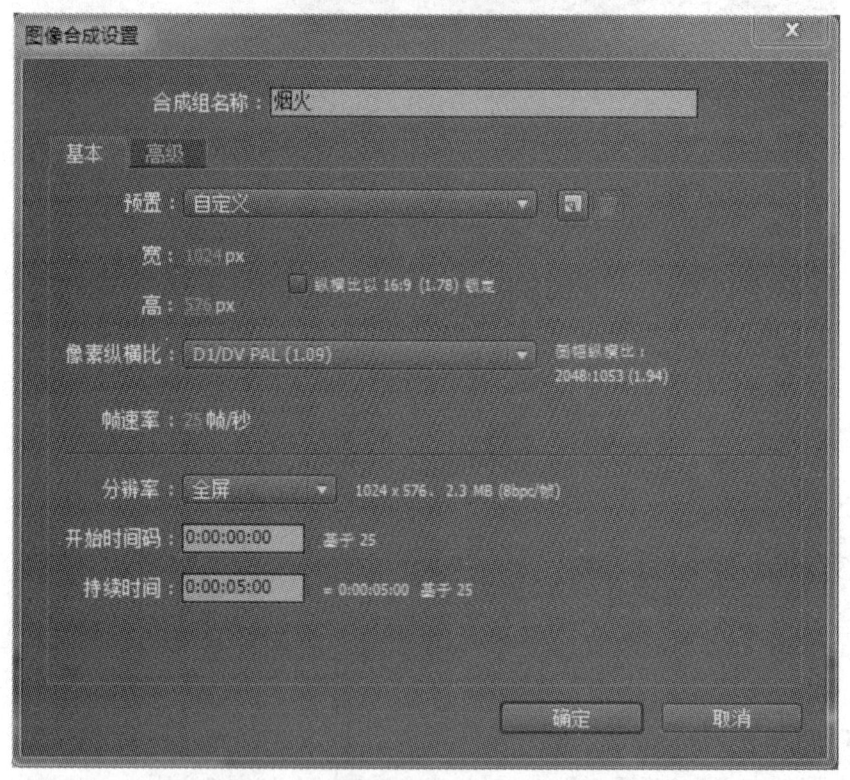

图 6-3 合成设置

步骤 2:打开【文件】菜单→【导入】→【文件】,导入素材中的两幅图片。

步骤 3:在【时间线面板】中单击鼠标右键→【新建】→【固态层】,打开【固态层设置】对话框,设置颜色为白色,如图 6-4 所示。然后在窗口上方的【工具栏】中选择【矩形遮罩工具】,如图 6-5 所示,绘制一个矩形蒙版,效果如图 6-6 所示。

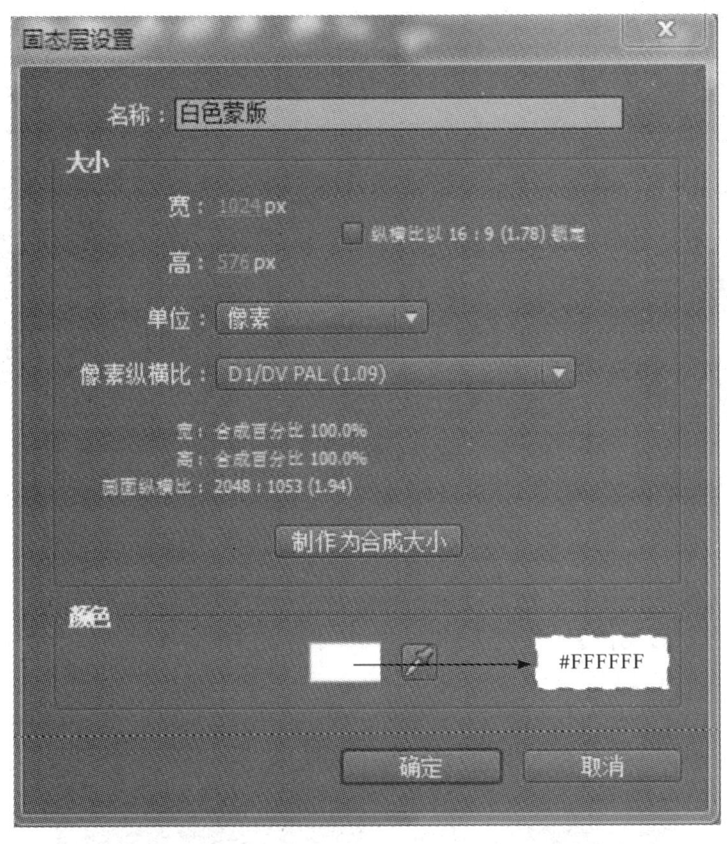

图 6-4　固态层设置

图 6-5　工具栏

图 6-6 绘制蒙版

步骤 4：在【项目面板】中选择“烟雾. jpg”，将其拖入【时间线面板】中，选择“白色蒙版”图层，设置其【轨道蒙版】为亮度反转蒙版“烟雾. jpg”，如图 6-7 所示。

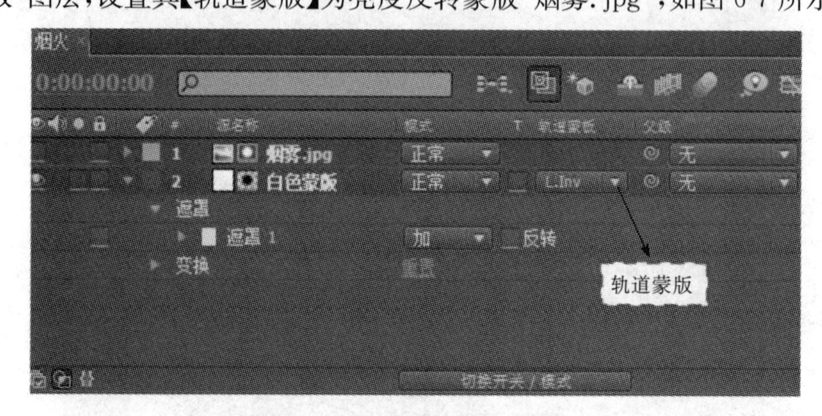

图 6-7 在时间线面板中添加素材

注意：如果【轨道蒙版】不可见，可以点击【时间线面板】下方的【切换开关/模式】切换显示模式。

步骤 5：如果此时烟雾没有完全显示，则展开“白色蒙版”层下方的【遮罩】，通过调整【位置】和【比例】调整遮罩的尺寸，如图 6-8 所示，最后使烟雾完全显示出来，效果如图 6-9 所示。

图 6-8 调整遮罩的参数

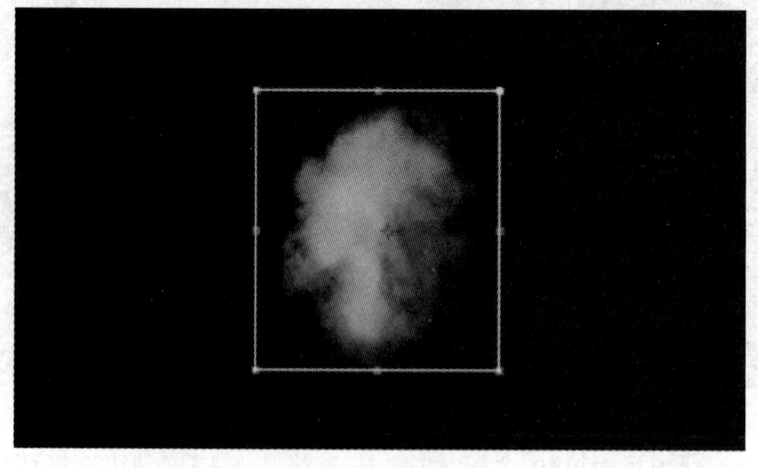

图 6-9 烟雾效果图

2. 制作中心光合成

步骤 1: 新建合成“中心光”，尺寸为 1024×576px、帧率为 25、持续时间为 5 秒。

步骤 2: 新建固态层，命名为“粒子”，尺寸为 1024×576px，颜色为黑色。

说明: 选中固态层，选择【图层】菜单→【固态层设置】可以修改尺寸颜色等。

步骤 3: 在【时间线面板】中选中“粒子”层，单击右键，选择【效果】→【模拟仿真】→【CC 粒子仿真世界】，为其添加 CC 粒子仿真世界特效。然后打开【特效控制台】，设置【网格】为关、【产生率】为 1.5、【寿命】为 1.5，展开【产生点】选项，设置【半径 X】为 0、【半径 Y】为 0.215、【半径 Z】为 0，如图 6-10 所示。将时间线拖至 1 秒处，效果如图 6-11 所示。

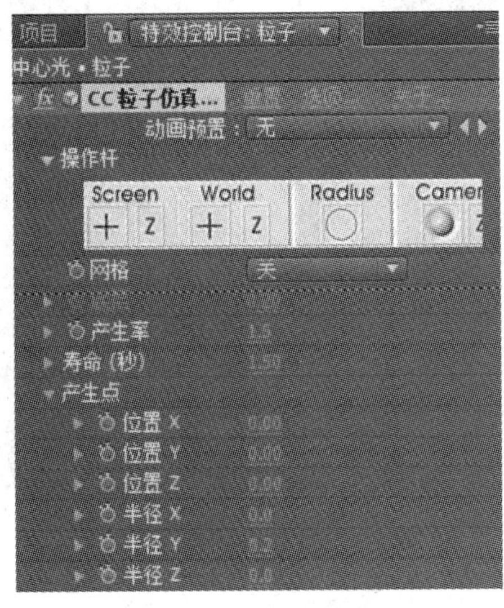

图 6-10　产生点参数设置

图 6-11　1 秒时的粒子效果图

说明:产生率表示粒子开始的速率;寿命指每个粒子的持续时间。

步骤 4:展开【物理性】选项,设置【动画】为旋转、【速率】为 0.07、【重力】为 −0.05、【额外】为 0、【额外角度】为 180°,如图 6-12 所示。效果如图 6-13 所示。

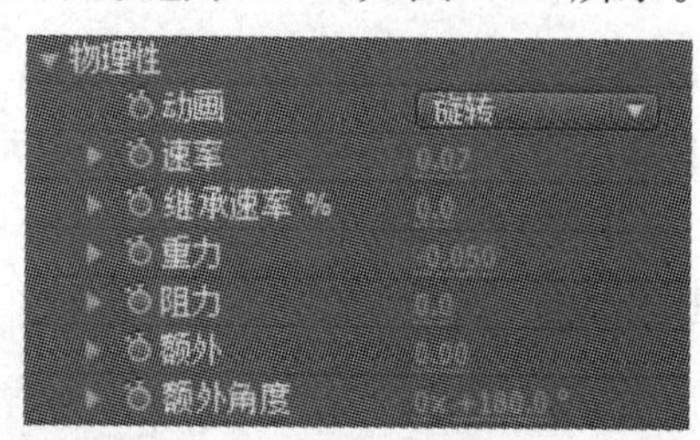

图 6-12　物理性参数设置

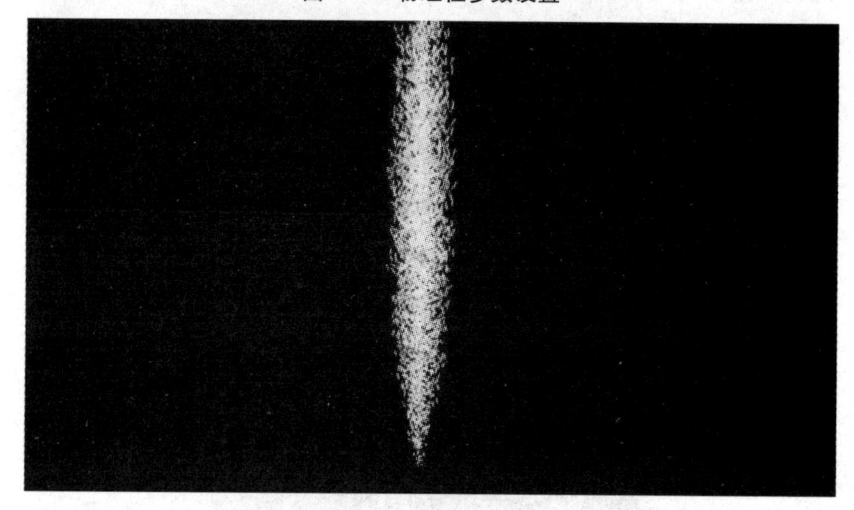

图 6-13　效果图

说明:速率表示粒子的喷射速度;重力表示为粒子指定一个重力,使粒子最终落地,这里设置为负值,使其有上飘的感觉;额外表示添加一些速度为随机值的粒子。

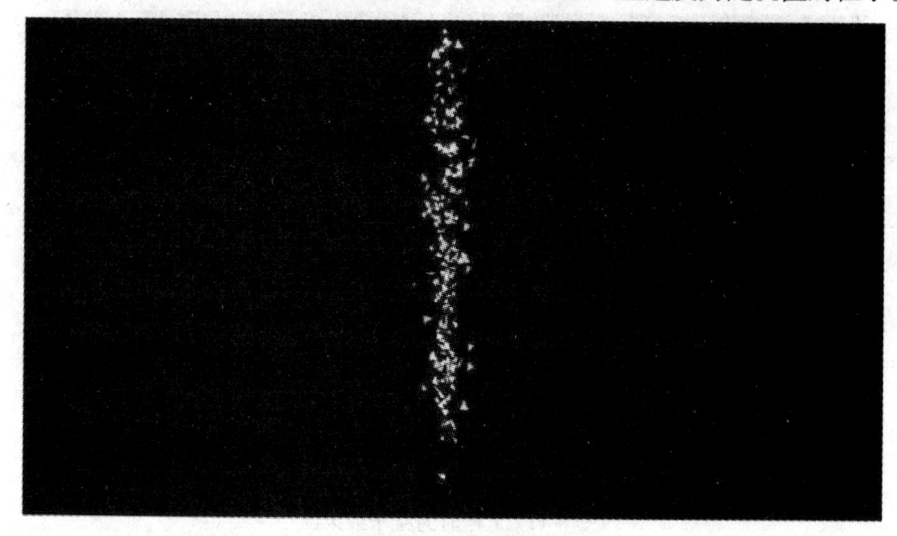

图 6-14　画面效果

步骤5:展开【粒子】选项,设置【粒子类型】为三角形、【产生大小】为0.053、【消逝大小】为0.086,效果如图6-14所示。

步骤6:新建固态层,命名为“中心亮棒”,设置尺寸为1024×576px,颜色为橙色(#FFB14C)。在该层使用窗口上方【工具栏】中的【钢笔工具】绘制一个蒙版,然后展开【遮罩】选项栏,设置【遮罩羽化】为21像素,如图6-15所示。效果如图6-16所示。

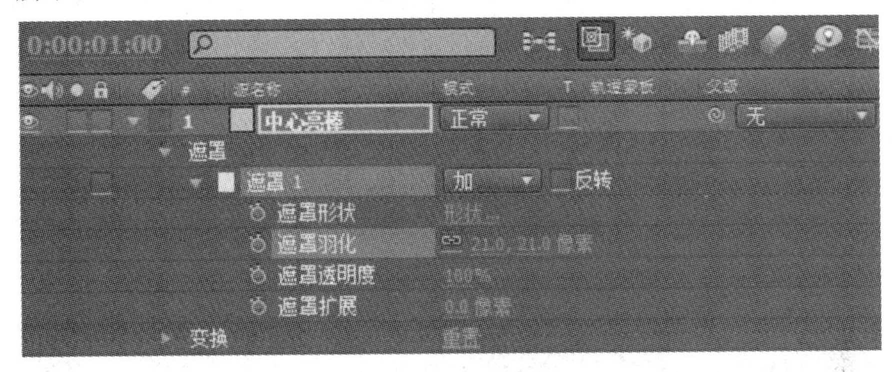

图6-15　设置羽化值

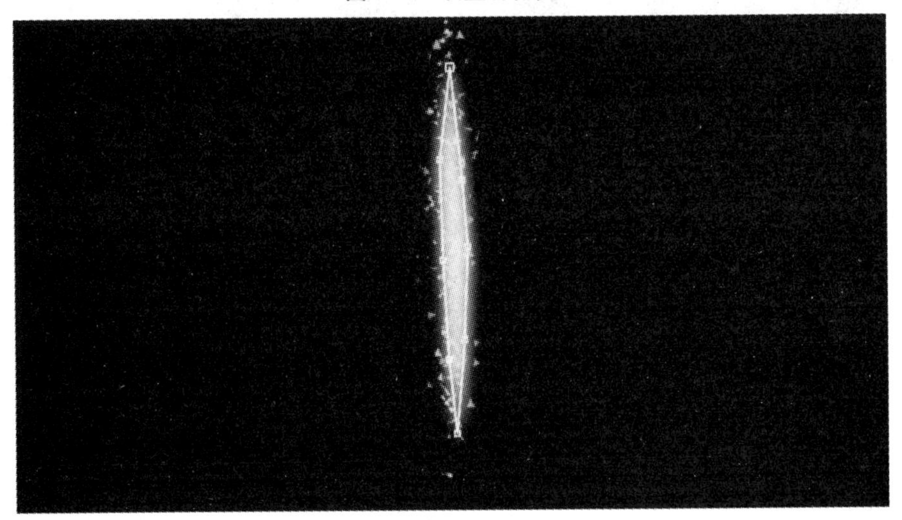

图6-16　画面效果

注意:绘制完毕后可以使用【钢笔工具】同时按住Ctrl键进行修改。

3. 制作爆炸光合成

步骤1:新建合成“爆炸光”,尺寸为1024×576px、帧率为25、持续时间为5秒。

步骤2:在【项目面板】中选中素材中的“背景”图片,将其拖动到“爆炸光”合成的【时间线面板】中。

步骤3:选中“背景”层,按Ctrl+D复制一份,在新图层上按Enter键对其重命名,设置【模式】为添加,如图6-17所示。此时发现场景变亮。

图 6-17 复制层的模式

步骤 4:选中“背景粒子”层,单击右键,选择【效果】→【模拟仿真】→【CC 粒子仿真世界】,为其添加 CC 粒子仿真世界特效。打开【特效控制台】,设置【网格】为关、【产生率】为 0.2、【寿命】为 0.5,展开【产生点】选项,设置【位置 X】为 −0.07、【位置 Y】为 0.11、【半径 X】为 0.155、【半径 Z】为 0.115,效果如图 6-18 所示。

图 6-18 效果图

步骤 5:展开【物理性】选项,设置【动画】为爆炸、【速率】为 0.37、【重力】为 0.05。

步骤 6:展开【粒子】选项,设置【粒子类型】为凸透镜、【产生大小】为 0.641、【消逝大小】为 0.702,效果如图 6-19 所示。

图 6-19　效果图

步骤 7:选中"背景粒子"图层,单击右键,选择【效果】→【色彩校正】→【曲线】。打开【特效控制台】,调整曲线形状,如图 6-20 所示。

说明:可以点击【特效控制台】的【隐藏/显示特效】按钮,观察添加特效前后的对比。

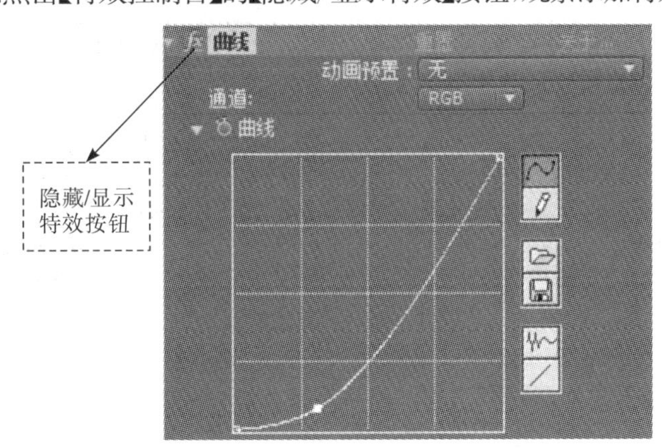

图 6-20　调整曲线形状

步骤 8:在【项目面板】中选择"中心光"合成,将其拖到"爆炸光"合成的【时间线面板】中,并设置为【添加】模式,如图 6-21 所示。此时发现"中心光"的位置发生偏移,在【时间线面板】中展开"中心光"图层,打开【变换】选项,修改【位置】属性,如图 6-22 所示。

图 6-21　添加合成

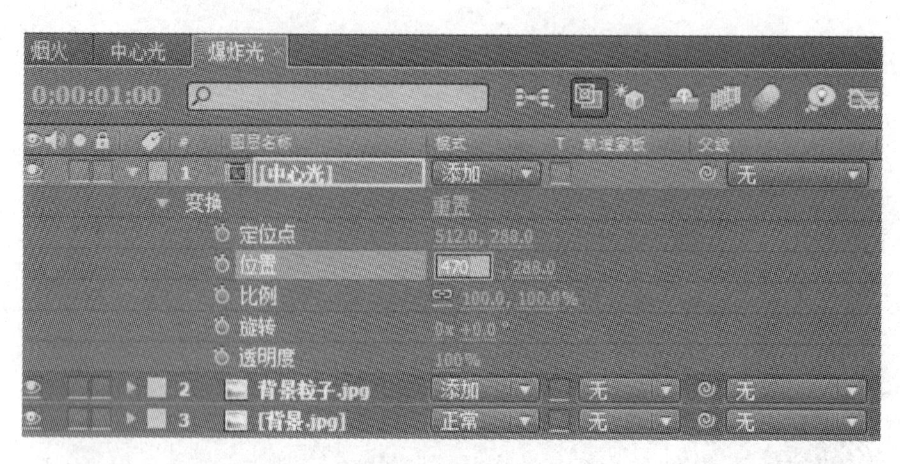

图 6-22 调整位置

说明:调整坐标位置也可以在选中“中心光”图层后,在【合成面板】中使用鼠标直接拖动。

步骤 9:在【项目面板】中选择“烟火”合成,将其拖到“爆炸光”合成的【时间线面板】中,并设置为【添加】模式,如图 6-23 所示。在【时间线面板】中展开“烟火”图层,打开【变换】选项,调整它的【位置】为(463,381),此时画面效果如图 6-24 所示。

图 6-23 设置模式

图 6-24 画面效果

步骤 10:选中“烟火”图层,为其添加 CC 粒子仿真世界特效,在【特效控制台】中完成如下设置。

①关闭网格,设置【产生率】为 5、【寿命】为 0.73;展开【产生点】选项栏,设置【半径 X】为 1.055、【半径 Y】为 0.225、【半径 Z】为 0.605。

②展开【物理性】选项栏,设置【速率】为 1.4、【重力】为 0.38。

③展开【粒子】选项栏,设置【粒子类型】为凸透镜、【产生大小】为 3.64、【消逝大小】为 4.01、【最大透明度】为 50%。

步骤 11:选中“烟火”图层,在【时间线面板】中展开【变换】选项,调整【透明度】为 50%。

步骤 12:选中“烟火”图层,单击右键,选择【效果】→【色彩校正】,为其添加彩色光特效。打开【特效控制台】,展开【输入相位】选项栏,设置【获取相位自】为 Alpha 通道;展开【输出循环】选项栏,设置【使用预置调色板】为负片,并将三角滑块拖至最左侧,如图 6-25 所示。此时将播放头拖至 0:00:00:09 处,画面效果如图 6-26 所示。

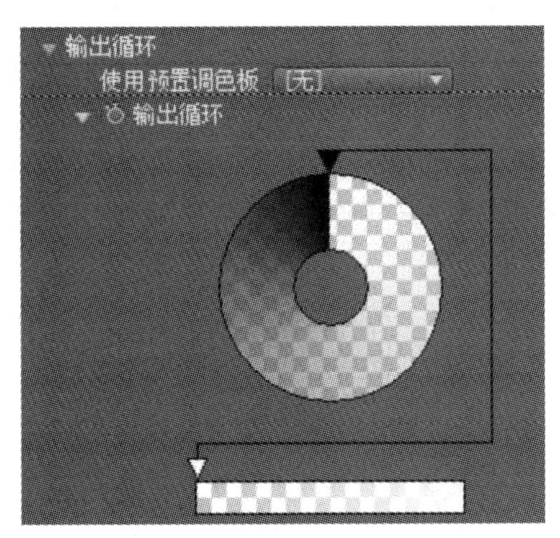

图 6-25 参数设置

图 6-26 画面效果

步骤 13:选中“烟火”图层,单击右键,选择【效果】→【色彩校正】→【曲线】,为其添加曲线特效。打开【特效控制台】,做如下设置。

①调整曲线形状如图 6-27 所示。

②在【通道】列表框中选择红,调整曲线如图 6-28(a)所示。

③在【通道】列表框中选择绿,调整曲线如图 6-28(b)所示。

④在【通道】列表框中选择蓝,调整曲线如图 6-28(c)所示。

⑤在【通道】列表框中选择 Alpha,调整曲线如图 6-28(d)所示。

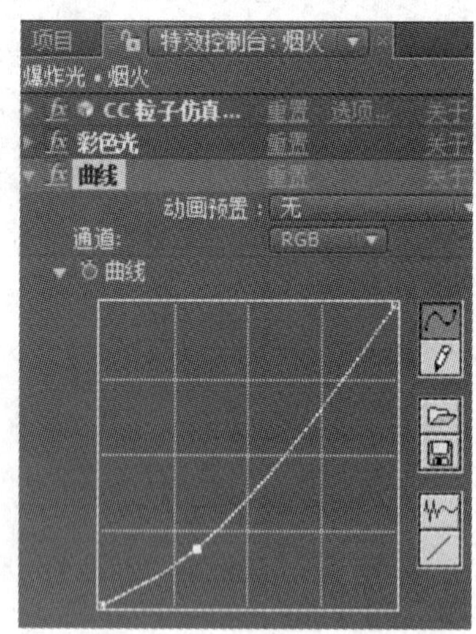

图 6-27 调整曲线形状

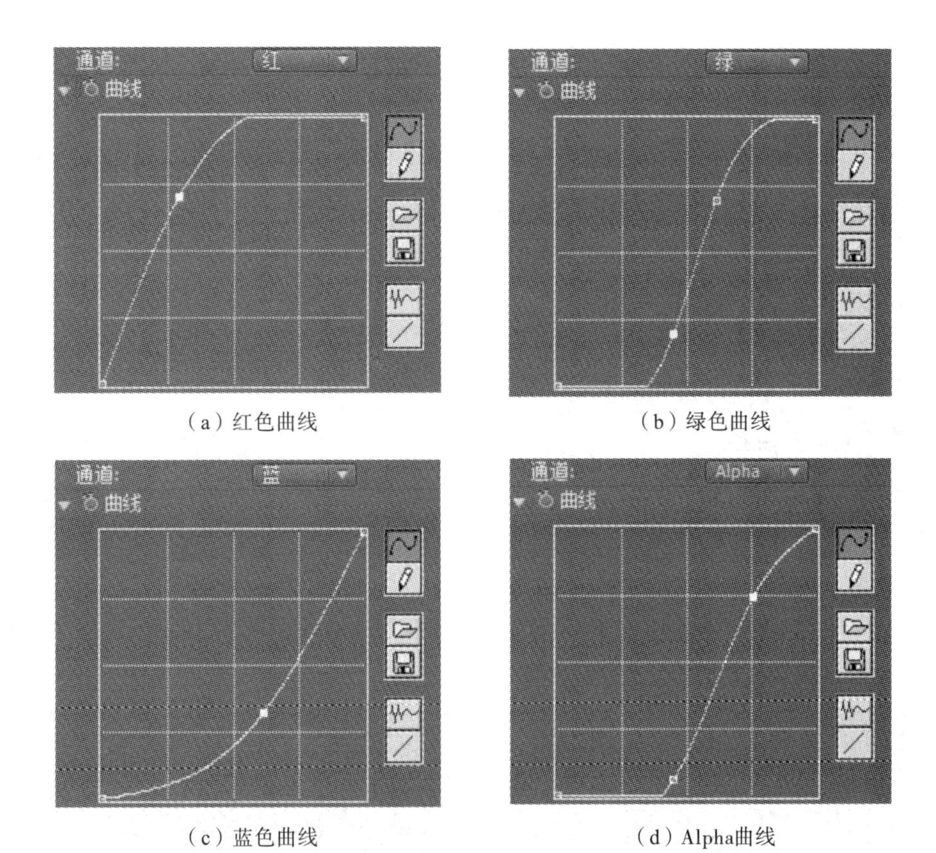

（a）红色曲线　（b）绿色曲线

（c）蓝色曲线　（d）Alpha曲线

图 6-28　设置曲线特效的相关参数

步骤 14：选中“烟火”图层，单击右键，选择【效果】→【模糊与锐化】→【CC 矢量模糊】，为其添加模糊特效。打开【特效控制台】，设置【数量】为 10。此时画面效果如图 6-29 所示。

图 6-29　画面效果

步骤 15:新建固态层,命名为“粒子”,尺寸为 1024×576px、颜色为黑色。

步骤 16:为“粒子”层添加 CC 粒子仿真世界特效,做如下设置。

①关闭网格,设置【产生率】为 0.5、【寿命】为 0.8;展开【产生点】选项栏,设置【位置 X】为 0.03、【位置 Y】为 0.19、【半径 Y】为 0.325、【半径 Z】为 1.3。

②展开【物理性】选项栏,设置【动画】为旋转、【速率】为 1、【重力】为-0.05、【额外角度】为 170°。

③展开【粒子】选项栏,设置【粒子类型】为四边形、【产生大小】为 0.153、【消逝大小】为 0.077、【最大透明度】为 75%。

4. 制作总合成

步骤 1:新建合成“总合成”,尺寸为 1024×576px、帧率为 25、持续时间为 5 秒。

步骤 2:在【项目面板】中选择素材中的“背景”图片、“爆炸光”合成,将它们拖动到“总合成”的【时间线面板】中,并将“爆炸光”的入点设置在 00:00:00:05 的位置。如图 6-30 所示。

图 6-30 添加素材

步骤 3:新建固态层,命名为“闪电 1”,尺寸为 1024×576px、颜色为黑色。然后设置该层为添加模式,如图 6-31 所示。

图 6-31 新建固态层

步骤 4:为“闪电 1”图层添加【效果】→【旧版本】→【闪电】特效。设置【开始点】为(640,433)、【结束点】为(641,434)、【分段数】为 3、【宽度】为 6、【核心宽度】为 0.32、【外边色】为#FFF607、【内边色】为#FFE400。

步骤 5:选中“闪电 1”图层,调整时间为 00:00:00:00,设置【开始点】为(640,433)、【分段数】为 3,并分别点击它们的码表按钮,创建关键帧,如图 6-32 所示;调整时间为 00:00:00:05,设置【开始点】为(468,407)、【分段数】为 6。观察【时间线面板】的关键帧标识,如图 6-33 所示,单击空格键预览效果。

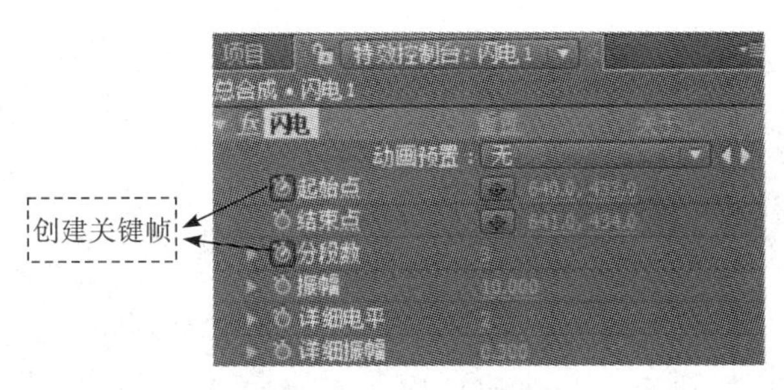

图 6-32　添加关键帧

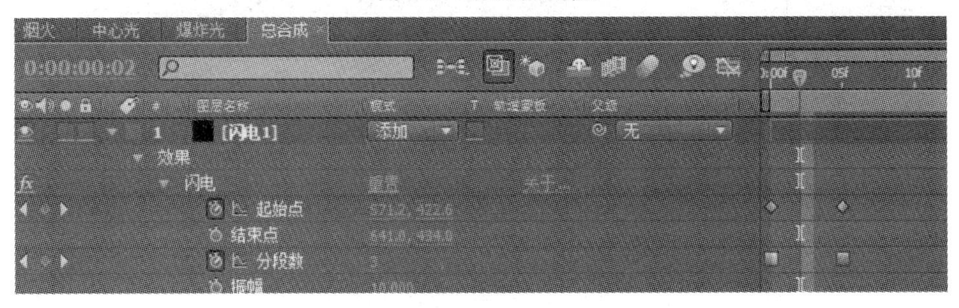

图 6-33　时间线面板的关键帧标识

步骤 6:选中“闪电 1”层,按 Ctrl+D 复制图层,按 Enter 键将新图层重命名为“闪电 2”。选中“闪电 2”,做如下设置。

①调整时间为 00:00:00:00,设置【透明度】为 0%,并单击码表按钮,创建关键帧;调整时间为 00:00:00:03,设置【透明度】为 100%;调整时间为 00:00:00:14,设置【透明度】为 100%;调整时间为 00:00:00:16,设置【透明度】为 0%。

②选中“闪电 2”图层,打开【特效控制台】,设置【结束点】为(588,443)。调整时间为 00:00:00:00,设置【开始点】为(583,448);调整时间为 00:00:00:05,设置【开始点】为(467,407)。

③在【时间线面板】展开【变换】选项,设置【位置】为(582,386)、【旋转】为 58°。

步骤 7:复制“闪电 2”图层,将新层命名为“闪电 3”。打开【特效控制台】,设置【结束点】为(599,461)。调整时间为 00:00:00:05,设置【开始点】为(458,398)。在【时间线面板】展开【变换】选项,设置【位置】为(497,519)、【旋转】为 136°。

步骤 8:复制“闪电 3”图层,将新层命名为“闪电 4”。打开【特效控制台】,设置【结束点】为(593,455)。调整时间为 00:00:00:05,设置【开始点】为(458,398)。在【时间线面板】展开【变换】选项,设置【位置】为(493,497)、【旋转】为 194°。

步骤 9:复制“闪电 4”图层,将新层命名为“闪电 5”。打开【特效控制台】,设置【结束点】为(560,455)。调整时间为 00:00:00:05,设置【开始点】为(465,392)。在【时间线面板】展开【变换】选项,设置【位置】为(355,384)、【旋转】为 256°。此时画面效果如图 6-34 所示。

图 6-34　画面效果

5. 预览效果

选择【图像合成】菜单→【预渲染】，在窗口下方的【渲染队列】中设置路径，然后单击【渲染】按钮即可输出视频文件。

实验 2　影视烟雾特效合成

一、实验目的

（1）熟悉照明灯光层的添加与设置方法。

（2）了解 Particular 特效常用参数的意义及该特效的灵活应用。

（3）掌握遮罩的原理及其在视频处理中的应用。

（4）熟练掌握碎片特效的使用。

二、实验环境

（1）硬件要求：微处理器 Intel Core 2，内存要在 2GB 以上。

（2）运行环境：Windows 7/8。

（3）应用软件：After Effects CS4。

三、实验内容与要求

飞行烟雾的制作，其中几帧的效果如图 6-35 所示。

图 6-35　动画流程画面

四、实验步骤与指导

本例考查粒子特效与照明灯光层的使用。

1. 制作烟雾合成

步骤 1:新建合成“烟雾”,尺寸为 300×300、帧率为 25、持续时间为 3 秒。

步骤 2:导入素材中的两幅图片。

步骤 3:打开【时间线面板】,新建固态层,命名为“叠加层”, 尺寸为 300×300、颜色为白色。

步骤 4:将素材中的“飞行烟雾_烟雾”图片拖入【时间线面板】,并设置其【比例】,如图 6-36 所示。

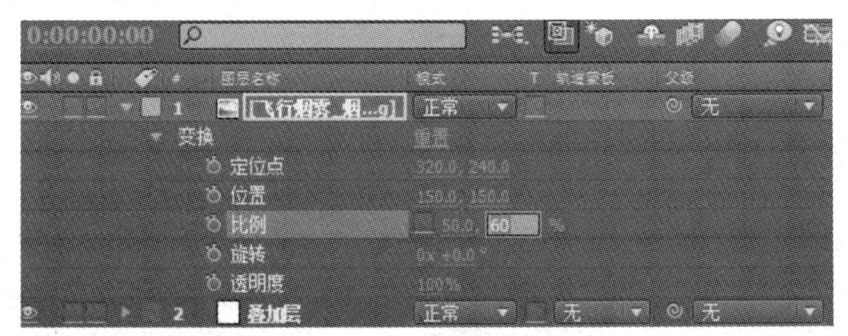

图 6-36　参数设置

步骤 5:选中“叠加层”,设置其【轨道蒙版】为亮度蒙版“飞行烟雾”,效果如图 6-37 所示。

图 6-37 画面效果

2. 制作总合成

步骤 1:新建合成,命名为“总合成”,尺寸为 1024×576、帧率为 25、持续时间为 3 秒。

步骤 2:将素材中的背景图片拖入【时间线面板】中。

步骤 3:修改背景图片的【比例】,使其刚好覆盖舞台,效果如图 6-38 所示。

图 6-38 调整缩放比例

步骤4:选择【图层】菜单→【新建】→【照明】,在弹出的【照明设置】对话框中设置相关参数,如图6-39所示,新建照明灯光。同时,在【时间线面板】中将“背景”层更改为3D图层,如图6-40所示。

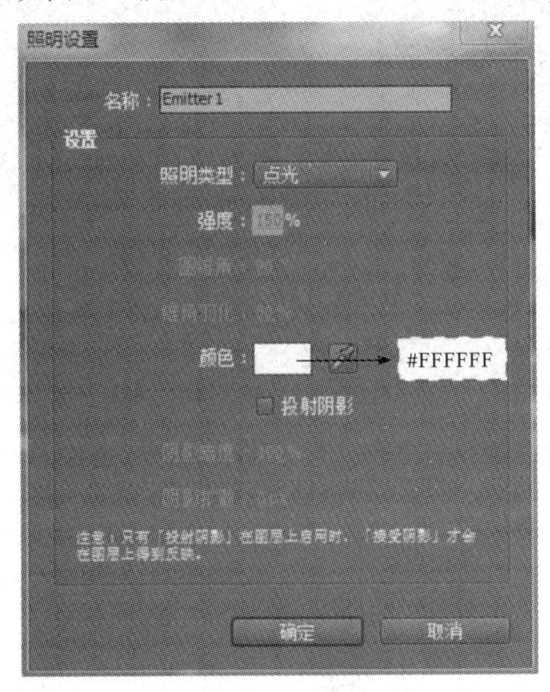

图6-39　新建照明

图6-40　设置为3D图层

说明:只有将图层更改为3D图层,创建的照明灯光才会有效果。

步骤5:将“总合成”窗口切换到顶视图模式,如图6-41所示。

图 6-41 顶视图模式

步骤 6:将时间调整到 00:00:00:00,选中"Emitter1"图层,展开【位置】属性,将其数值设置为(698,153,-748),单击码表按钮添加关键帧;将时间调整到 00:00:02:24,设置【位置】为(922,464,580)。

步骤 7:选中"Emitter1"图层,在按住 Alt 键的同时单击【位置】左侧的码表按钮,在【时间线面板】中输入"wiggle(0.6,150)",如图 6-42 所示。

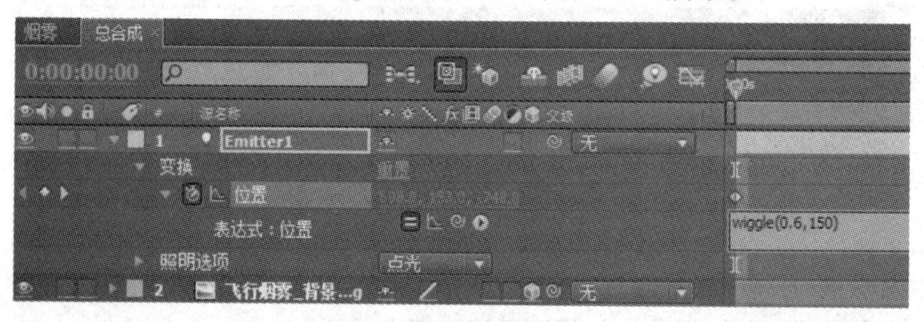

图 6-42 表达式设置

说明:wiggle(x,y)是抖动函数,其中,x 表示每秒钟抖动的次数,y 表示每次抖动的幅度。

步骤 8:将"总合成"窗口切换到有效摄像机视图模式。此时预览效果,观察照明灯光的位移情况。

步骤 9:将制作的"烟雾"合成拖动至"总合成"的【时间线面板】中。并点击【时间线面板】中该图层左侧的"眼睛",隐藏"烟雾"层。

步骤 10:新建固态层"粒子烟",尺寸为 1024×576、颜色为黑色。

步骤 11:选中"粒子烟"图层,为其添加【效果】→【Trapcode】→【Particular】

特效。

说明：Trapcode特效组不是AE自带的特效，需要另外安装插件。安装时需要注意的是，该插件必须装在AE安装路径下的Support Files\Plug-ins文件夹中。

步骤 12：打开【特效控制台】，展开【Emitter（发射器）】选项栏，设置【Particular/sec（粒子数量）】为200、【Emitter Type（发射类型）】为Lights（灯光）、【Velocity（速度）】为7、【Velocity Random（随机速度）】为0、【Velocity Distribution（速率分布）】为0、【Velocity from Motion（粒子拖尾长度）】为0、【Emitter Size X（发射器X轴大小）】为0、【Emitter Size Y（发射器Y轴大小）】为0、【Emitter Size Z（发射器Z轴大小）】为0。

步骤 13：展开【Particle（粒子）】选项栏，设置【Life（生存）】为3、【Particle Type（粒子类型）】为Sprite（幽灵），展开【Texture（纹理）】选项栏，在【Layer（层）】右侧的下拉列表中选择“2. 烟雾”。将播放头调整到1秒位置，画面效果如图6-43所示。

图 6-43 画面效果

步骤 14：展开【Rotation（旋转）】选项栏，参数设置如图6-44所示。

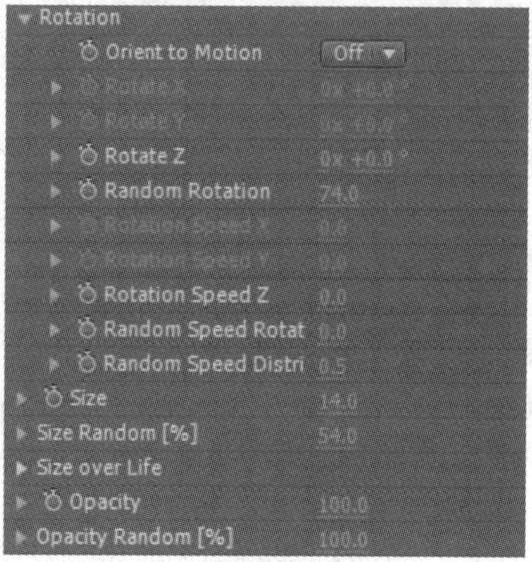

图 6-44 旋转参数设置

步骤 15:隐藏照明灯光层。选中“粒子烟”图层,添加【效果】→【色彩校正】→【浅色调】特效。

步骤 16:打开【特效控制台】,设置【映射白色到】为＃D5F1F3。继续为该图层添加【曲线】特效,调整 RGB 曲线如图 6-45 所示。

步骤 17:选中“Emitter1”图层,按 Ctrl＋D 复制新层“Emitter2”。将“总合成”的视图方式切换到顶视图,隐藏“Emitter1”,选中“Emitter2”,调整其位置,如图 6-46所示。

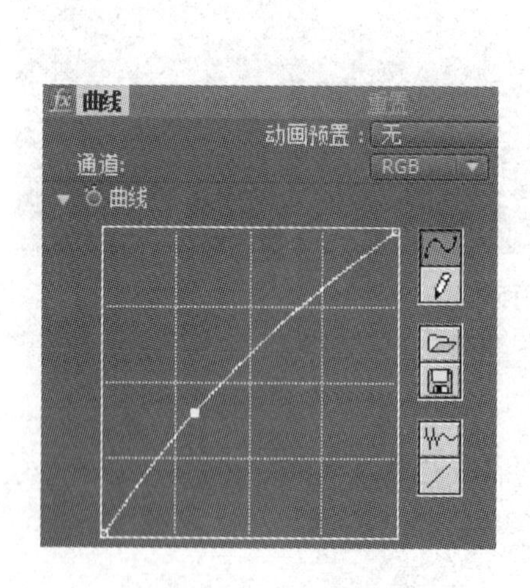

图 6-45 调整曲线形状

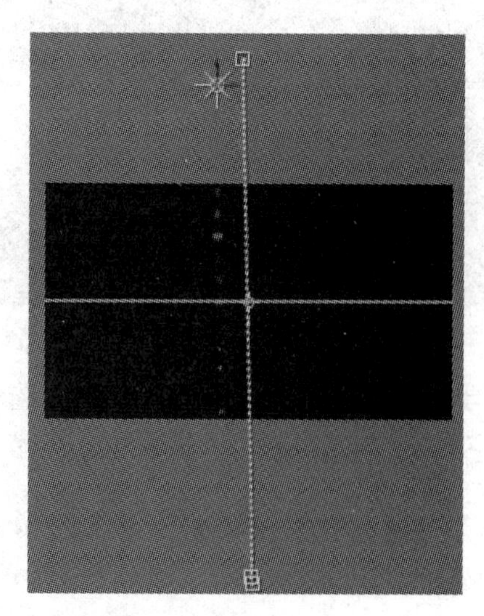

图 6-46 调整“Emitter2”

步骤 18:选中“Emitter2”层,按 Ctrl＋D 复制新层“Emitter3”。隐藏“Emitter2”,手动调整“Emitter3”的位置,如图 6-47 所示。

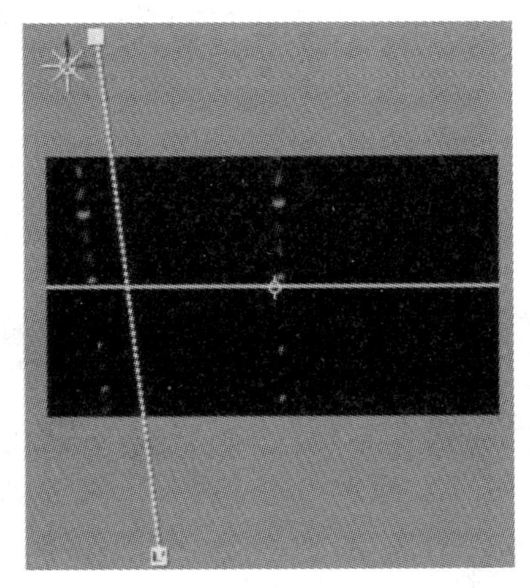

图 6-47　调整“Emitter3”

3. 隐藏照明灯光层

隐藏照明灯光层如图 6-48 所示。预览效果并渲染输出。

图 6-48　隐藏图层

实验 3　综合实例

一、实验目的

(1)熟练掌握填充、渐变等常用特效的使用。

(2)训练使用 AE 进行综合视频编辑与制作的能力。

二、实验环境

(1)硬件要求:微处理器 Intel Core 2,内存要在 2GB 以上。

(2)运行环境:Windows 7/8。

(3)应用软件:After Effects CS4。

三、实验内容与要求

制作电视节目的片头，其中几帧的效果如图 6-49 所示。

图 6-49 动画流程画面

四、实验步骤与指导

本例训练使用 AE 制作复杂视频效果的综合能力。

1. 制作展板

步骤 1：新建合成，参数设置如图 6-50 所示。

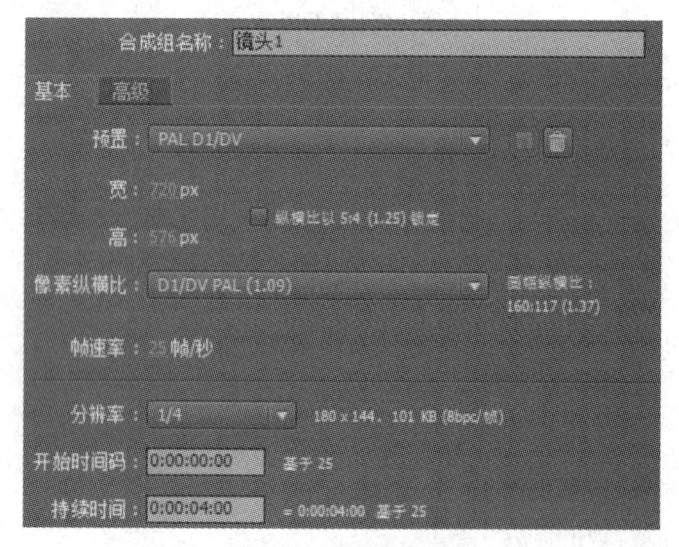

图 6-50 合成的设置

步骤 2：导入素材中的“花藤. mov”文件，拖入【时间线面板】。展开【变换】选项,设置其位置、比例和旋转参数,如图 6-51 所示。

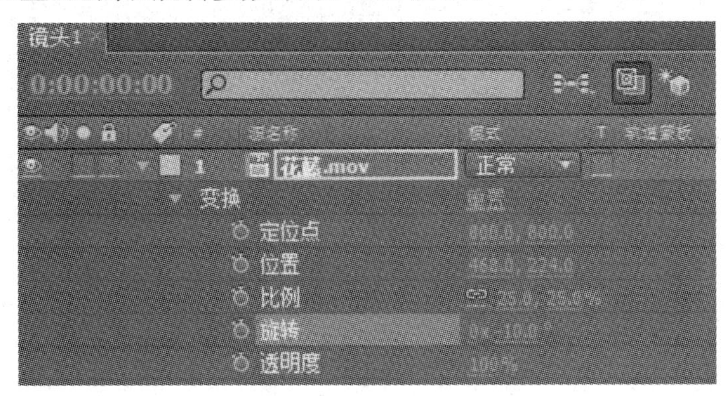

图 6-51 参数设置

注意:在 AE 中导入 mov 视频文件,要求机器中必须事先安装 QuickTime。

步骤 3:选中“花藤”层,为其添加【效果】菜单→【生成】→【填充】特效。激活【特效控制台】,设置【颜色】为#720505。

步骤 4:再次拖动“花藤. mov”到【时间线面板】中,展开【变换】选项,设置【位置】为(494,354)、【比例】为 31%、【旋转】为-5°,效果如图 6-52 所示。

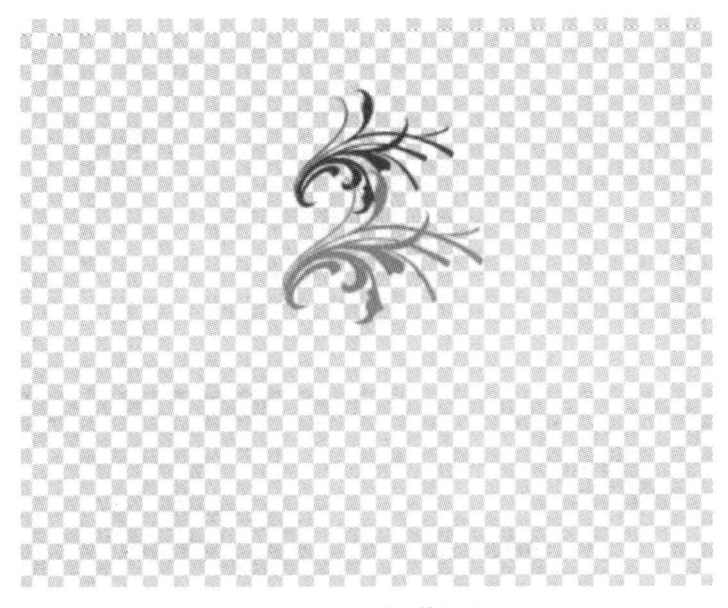

图 6-52 画面效果

步骤 5:为其添加【填充】特效,设置【颜色】为黑色(#000000)。

步骤 6:选择【图层】菜单→【时间】→【启动时间重置】,在【时间线】面板中设置 00:00:00:00 时的关键帧数值为 00:00:00:00、00:00:03:00 时的关键帧数值为 00:00:05:00,如图 6-53 所示。此时画面效果如图 6-54 所示。

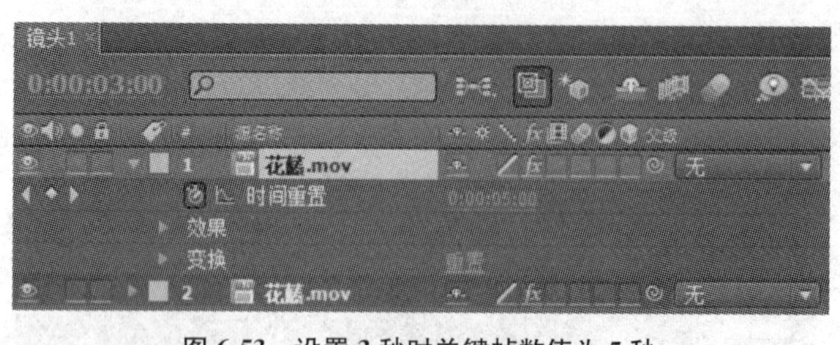

图 6-53　设置 3 秒时关键帧数值为 5 秒

图 6-54　启动时间重置后的画面效果

步骤 7:导入素材中的“甩点.ai”矢量图片，拖入【时间线面板】。设置其入点处为第 10 帧，如图 6-55 所示。展开【变换】选项，设置【位置】为(484,140)、【比例】为 200%。

图 6-55　拖入“甩点”矢量图

步骤 8:点击该图层【比例】左侧的码表按钮，系统会自动创建关键帧。设置 10 帧时(00:00:00:10)的数值为 0%、19 帧时为 200%。

步骤 9:导入素材中的“甩点 2.ai”矢量图片，拖入【时间线面板】中。设置其入点处为 10 帧。展开【变换】选项，设置【位置】为(602,246)、【比例】为 167%。同样设置其【比例】关键帧在 10 帧时为 0%、在 23 帧时为 167%。

注意:在导入“甩点 2.ai”矢量图片时，在弹出的【导入文件】对话框中不要勾选【Illustrator/PDF/EPS 序列】复选框，如图 6-56 所示。否则将导入一段动画。

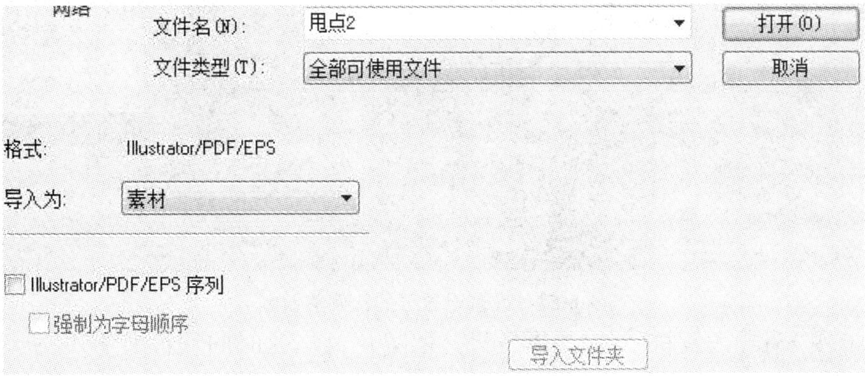

文件名(N)：甩点2　打开(O)
文件类型(T)：全部可使用文件　取消
格式：Illustrator/PDF/EPS
导入为：素材
Illustrator/PDF/EPS 序列
强制为字母顺序
导入文件夹

图 6-56　导入文件对话框

步骤 10：导入素材中的"甩点 3. ai"矢量图片，拖入【时间线面板】。设置其入点处为 20 帧。展开【变换】选项，设置【位置】为(198，350)、【比例】为 140%。同样设置其【比例】关键帧在 20 帧时为 0%、在 1 秒时为 140%。

步骤 11：取消图层的选定状态，使用窗口上方的【矩形遮罩工具】绘制遮罩，如图 6-57 所示。

图 6-57　绘制遮罩

步骤 12：将遮罩层的入点调整为 14 帧，设置该层的【比例】关键帧，在 14 帧时为 0%、在 20 帧时为 100%，如图 6-58 所示。

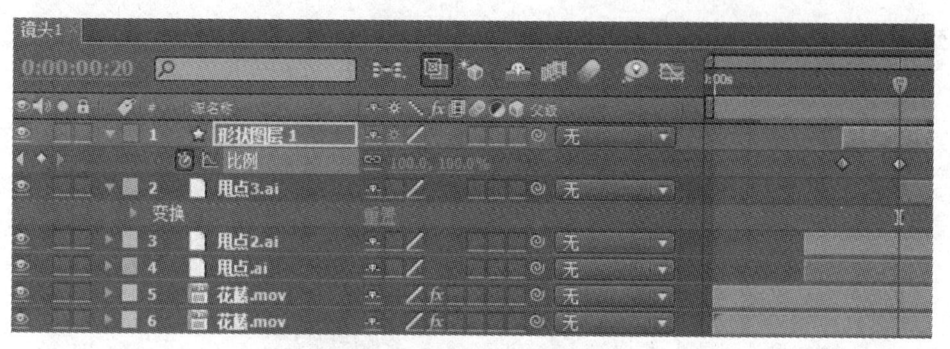

图 6-58 设置遮罩层的比例关键帧

步骤 13:导入素材中的“黑圆. ai”矢量图片，拖入【时间线面板】中。展开【变换】选项，设置【位置】为(486,398)、【比例】为 128%。设置其【比例】关键帧在 0 帧时为 0%、在 5 帧时为 135%、在 10 帧时为 128%。

步骤 14:再次导入“黑圆. ai”至时间线，设置【位置】为(198,222)、【比例】为 145%。设置该层的入点为 1 帧，设置【比例】关键帧在 0 帧时为 0%、在 6 帧时为 155%、在 11 帧时为 145%。

步骤 15:再次导入“黑圆. ai”至时间线，设置【位置】为(346,316)、【比例】为 210%。设置该层的入点为 2 帧，设置【比例】关键帧在 0 帧时为 0%、在 7 帧时为 220%、在 12 帧时为 210%。将播放头拖入 1 秒处，画面效果如图 6-59 所示。

图 6-59 画面效果

步骤 16:导入素材中的“黑线. ai”矢量图片，拖入时间线，设置【位置】为(180,417)、【比例】为 83%。设置该层的入点为 17 帧。设置【位置】关键帧在 17 帧时数值为(180,289)、在 2 秒 13 帧时数值为(180,417)。

步骤 17:复制“黑线”图层，设置【比例】为 67%。修改【位置】关键帧在 19 帧时数值为(194,328)、在1秒23帧时数值为(194,402)。

步骤18:复制“黑线”图层,设置【比例】为63%。修改【位置】关键帧,设置数值在21帧时为(208,240)、在2秒4帧时为(208,318)。

步骤19:复制“黑线”图层,设置【比例】为63%。修改【位置】关键帧,设置数值在18帧时为(166,310)、在1秒22帧时为(166,382)。

步骤20:复制“黑线”图层,设置【比例】为50%。修改【位置】关键帧,设置数值在17帧时为(148,230)、在1秒11帧时为(148,346)。

步骤21:复制“黑线”图层,设置【比例】为58%。修改【位置】关键帧,设置数值在19帧时为(388,296)、在2秒12帧时为(388,412)。

步骤22:复制“黑线”图层,设置【比例】为58%。修改【位置】关键帧,设置数值在19帧时为(378,320)、在2秒3帧时为(378,420)。

步骤23:复制“黑线”图层,设置【比例】为50%。修改【位置】关键帧,设置数值在22帧时为(396,338)、在2秒5帧时为(396,394)。

步骤24:复制“黑线”图层,设置【比例】为50%。修改【位置】关键帧,设置数值在17帧时为(406,261)、在1秒8帧时为(406,386)。

步骤25:复制“黑线”图层,设置【比例】为50%。修改【位置】关键帧,设置数值在17帧时为(446,340)、在1秒14帧时为(446,466)。

步骤26:复制“黑线”图层,设置【比例】为50%。修改【位置】关键帧,设置数值在17帧时为(458,372)、在1秒18帧时为(458,438)。

步骤27:复制“黑线”图层,设置【比例】为50%。修改【位置】关键帧,设置数值在17帧时为(354,299)、在1秒11帧时为(354,410)。

步骤28:复制“黑线”图层,设置【比例】为50%。修改【位置】关键帧,设置数值在17帧时为(370,367)、在1秒4帧时为(370,420)。

步骤29:复制“黑线”图层,设置【比例】为50%。修改【位置】关键帧,设置数值在17帧时为(362,367)、在1秒7帧时为(362,418)。画面效果如图6-60所示。

图 6-60　添加黑线后的效果图

2. 制作图像屏幕

步骤 1: 选择【矩形遮罩工具】,绘制黑色矩形遮罩,如图 6-61 所示。设置该层的【比例】关键帧,在 8 帧时为 0%、在 15 帧时为 100%。

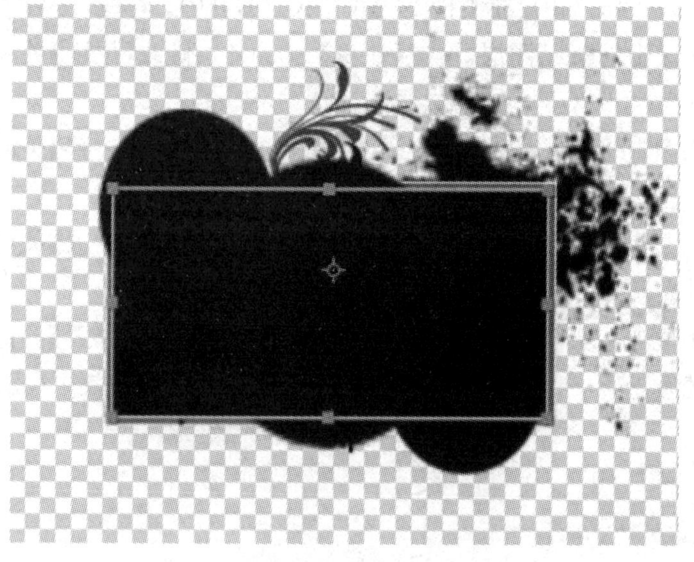

图 6-61　绘制黑色遮罩

步骤 2: 再次绘制白色矩形遮罩,如图 6-62 所示。

图 6-62　绘制白色矩形遮罩

步骤 3:导入素材中的“图 1.jpg”图片,放于遮罩图层的下一层,设置“图 1”层的【位置】为(435,306)、【轨道蒙版】为 Alpha 蒙版“形状图层 3”,如图 6-63 所示,画面效果如图 6-64 所示。

图 6-63　设置“图 1”的轨道蒙版

图 6-64　画面效果

步骤 4:设置“图 1”层的【比例】关键帧，在 18 帧时为 0%、在 1 秒 8 帧时为 150%、在 4 秒时为 100%。

步骤 5:复制“形状图层 3”(即白色遮罩层)，导入素材中的“图 2. jpg”，拖入时间线。设置该层为叠加模式、【轨道蒙版】为 Alpha 蒙版“形状图层 4”，如图 6-65 所示。效果如图 6-66 所示。

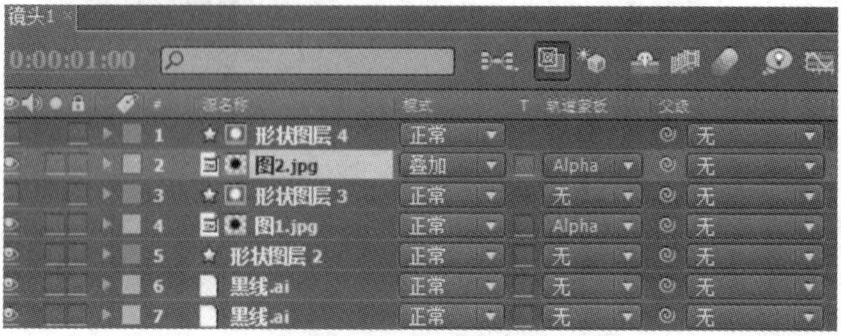

镜头1

0:00:01:00

#	源名称	模式	T	轨道蒙板	父级
1	形状图层 4	正常			无
2	图2.jpg	叠加		Alpha	无
3	形状图层 3	正常		无	无
4	图1.jpg	正常		Alpha	无
5	形状图层 2	正常		无	无
6	黑线.ai	正常		无	无
7	黑线.ai	正常		无	无

图 6-65 设置“图 2”层

图 6-66 画面效果

步骤 6:选中“图 2”层，设置【位置】为(288,426)、【旋转】为 24°。然后设置该层的【透明度】关键帧，在 1 秒 12 帧时为 0%、在 2 秒 11 帧时为 100%；最后设置【比例】关键帧，在 1 秒 12 帧时为(41%,89%)、在 2 秒时为(83%,181%)、在 4 秒时为(310%,672%)。

步骤 7:复制“形状图层 4”(即白色遮罩层)，导入素材中的“图 3. jpg”，并拖入时间线的“形状图层 4”图层下方。设置该层为叠加模式、【轨道蒙版】为 Alpha 蒙版“形状图层 5”。然后设置【位置】为(1600,246)、【旋转】为 33°。最后设置【比例】关键帧在 1 秒 12 帧时为 0%、在 3 秒 24 帧时为 1120%。效果如图 6-67 所示。

图 6-67　1 秒、2 秒、4 秒时的画面效果

步骤 8:选中“图 3”层,添加【效果】→【键控】→【颜色键】特效,设置【键颜色】关键帧,在 1 秒 12 帧时为#FF0000、在 2 秒 11 帧时为#FFFFFF、在 3 秒 24 帧时为#FFFF00。

步骤 9:激活【项目面板】,选中“镜头 1”合成,按 Ctrl+D 复制合成得到“镜头 2”合成。打开“镜头 2”合成,导入素材中的“图 4.jpg”,拖入时间线,使用“图 4”取代“图 1”,设置【位置】为(394,338),如图 6-68 所示。

镜头1　镜头2　0:00:03:24

#	源名称	模式	轨道蒙板	父级
1	形状图层 5	正常		无
2	图3.jpg	叠加	Alpha	无
3	形状图层 4	正常	无	无
4	图2.jpg	叠加	Alpha	无
5	形状图层 3	正常	无	无
6	图4.jpg	正常	Alpha	无
7	形状图层 2	正常	无	无
8	黑线.ai	正常	无	无
9	黑线.ai	正常	无	无

图 6-68　帧,在 18 帧时为 0%、在 1 秒 8 帧时为 150%、在 4 秒时为 100%

步骤 10:导入素材中的“花藤 2.mov”,打开该层的三维属性,展开【变换】选项栏,参数设置如图 6-69 所示。

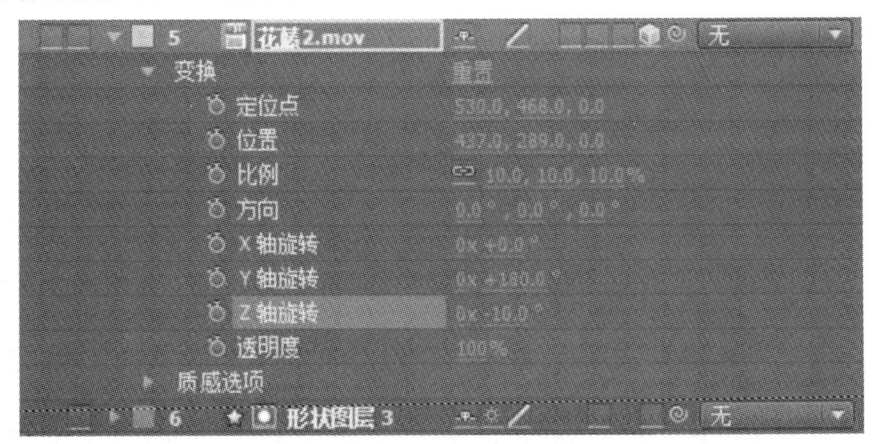

图 6-69　“花藤 2”参数设置

步骤 11:选中"花藤 2"图层,选择【图层】菜单→【时间】→【启动时间重置】,在【时间线】面板中设置 1 秒 8 帧时的关键帧数值为 2 秒 14 帧、3 秒 24 帧时的关键帧数值为 3 秒 18 帧。设置该图层的【模式】为叠加,然后选择【效果】→【生成】→【填充】,为其填充红色。

步骤 12:导入素材中的"图 5. jpg",用图 5 替代"图 2",设置"图 5"的【比例】为 73%、【旋转】为 34°、【模式】为柔光,如图 6-70 所示。为该层添加【效果】→【键控】→【颜色键】特效,设置【键颜色】为白色;继续为该层添加【效果】→【模糊与锐化】→【高斯模糊】特效,设置【模糊量】为 11。

图 6-70 拖入"图 5"

步骤 13:选中"图 5"层,设置【位置】关键帧,在 1 秒 16 帧时为(221,278)、在 3 秒 24 帧时为(495,205)。然后设置【透明度】关键帧,在 1 秒 8 帧时为 0%、在 2 秒 6 帧时为 100%。

步骤 14:删除"形状图层 5"和"图 3. jpg"。

3. 制作镜头 3

步骤 1:新建合成,命名为"镜头 3",选择预设为 PAL D1/DV,持续时间为 4 秒。

步骤 2:将"花藤. mov"拖入时间线,设置【位置】为(138,50)、【比例】为 25%、【旋转】为−276°。单击空格键预览,效果如图 6-71 所示。

图 6-71　画面效果

步骤 3:为该层添加【效果】→【生成】→【填充】特效，设置【颜色】为＃720505。

步骤 4:导入素材“甩点. ai”，拖入时间线，设置【位置】为(362，346)、【旋转】为 214°。然后设置【比例】关键帧在 10 帧时为 0%、在 19 帧时为 200%。

步骤 5:导入素材“甩点 2. ai”，拖入时间线，设置【位置】为(412，214)。然后设置【比例】关键帧在 10 帧时为 0%、在 23 帧时为 167%。

步骤 6:导入素材“甩点 3. ai”，拖入时间线，设置【位置】为(104，414)。然后设置【比例】关键帧在 19 帧时为 0%、在 1 秒时为 140%。

步骤 7:导入素材“黑圆. ai”，拖入时间线，设置【位置】为(152，412)。然后设置【比例】关键帧在 0 帧时为 0%、在 5 帧时为 135%、在 10 帧时为 128%。如图 6-72 所示。

图 6-72　设置“黑圆”层

步骤 8:按 Ctrl+D 复制"黑圆"层,设置新图层的【位置】为(276,120)。

步骤 9:复制"黑圆"层,设置新图层的【位置】为(340,122)。修改【比例】关键帧在 0 帧时为 0%、在 6 帧时为 155%、在 11 帧时为 145%。

步骤 10:复制"黑圆"层,设置新图层的【位置】为(238,270)。修改【比例】关键帧在 2 帧时为 0%、在 7 帧时为 220%、在 12 帧时为 210%。将时间调至 3 秒处,画面效果如图 6-73 所示。

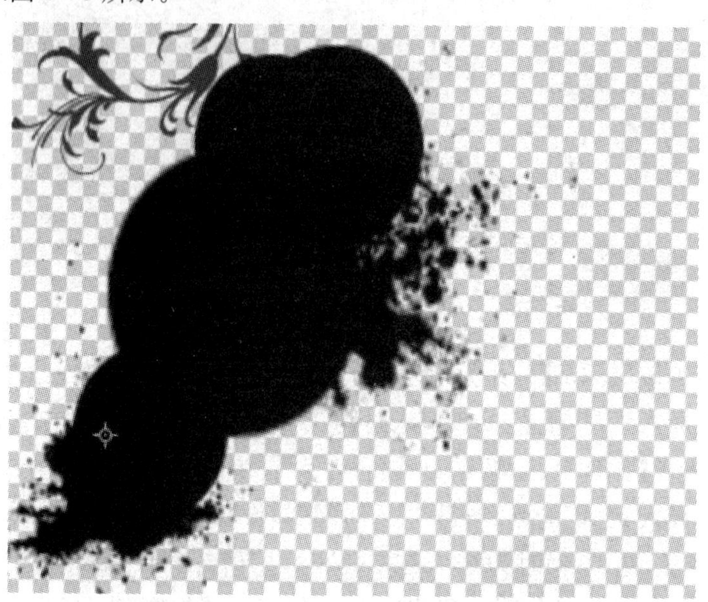

图 6-73 时间调整到 3 秒时的效果图

步骤 11:取消对图层的选定状态,选择窗口上方工具栏中的【矩形遮罩工具】,设置【填充】为#FF0000,绘制红色遮罩,如图 6-74 所示。

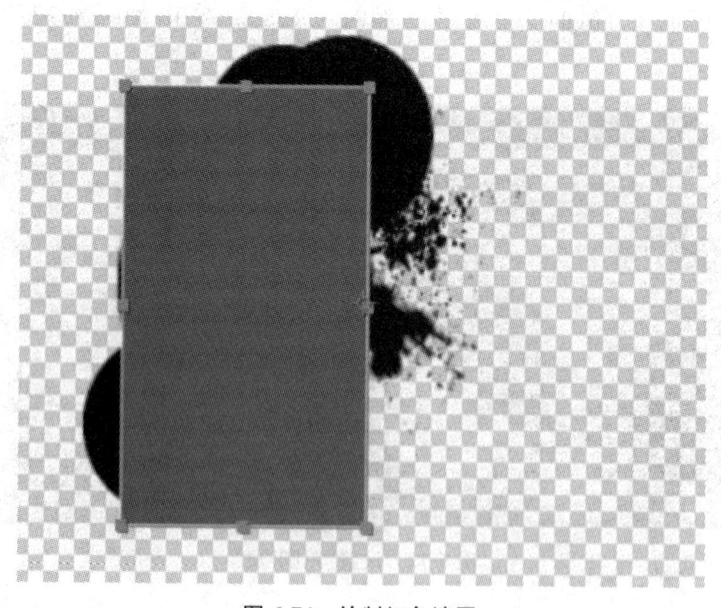

图 6-74 绘制红色遮罩

步骤12：设置“形状图层1”的入点为14帧。设置【比例】关键帧，在14帧时为0%、在20帧时为100%。

步骤13：导入素材“黑线.ai”，拖入时间线，将入点修改为17帧。设置【位置】为(244,262)、【比例】为83%。然后设置【位置】关键帧，在17帧时为(244,262)、在2秒13帧时为(244,519)。

步骤14：复制“黑线”12次。设置各个图层的【位置】关键帧，使黑线在出现时呈参差不齐状，如图6-75所示。

图6-75　复制“黑线”层

步骤15：取消图层的选定状态，选择窗口上方工具栏中的【矩形遮罩工具】，设置【填充】为#000000，绘制黑色遮罩，如图6-76所示。

图6-76　绘制黑色遮罩

步骤16：设置“形状图层2”的入点为8帧。设置【比例】关键帧，在8帧时为0%、在15帧时为100%。

步骤17：取消对图层的选定状态，选择窗口上方工具栏中的【矩形遮罩工具】,设置【填充】为#FFFFFF,绘制白色遮罩,如图 6-77 所示。

图 6-77 绘制白色遮罩

步骤 18:导入素材“图 6.jpg”入时间线,设置其【位置】为(405,284)、【轨道蒙版】为 Alpha 蒙版“形状图层 3”,如图 6-78 所示。画面效果如图 6-79 所示。

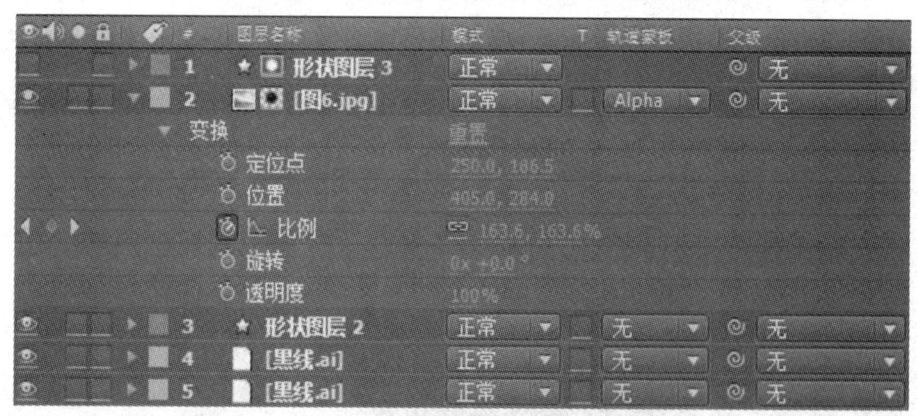

图 6-78 拖动“图 6”至时间线

图 6-79 画面效果

步骤 19：设置“图 6”层的【比例】关键帧，在 18 帧时为 0%、在 1 秒 8 帧时为 190%、在 3 秒 24 帧时为 130%。

步骤 20：复制“形状图层 3”，将素材“图 7. jpg”拖至“形状图层 4”的下一层，设置【位置】为(250，230)、【轨道蒙版】为 Alpha 蒙版“形状图层 4”。然后设置【比例】关键帧，在 1 秒 8 帧时为 0%、在 3 秒时为 126%。最后设置该层的【模式】为柔光。

步骤 21：选中“图 7”层，添加【效果】→【键控】→【颜色键】特效，参数设置如图 6-80 所示。

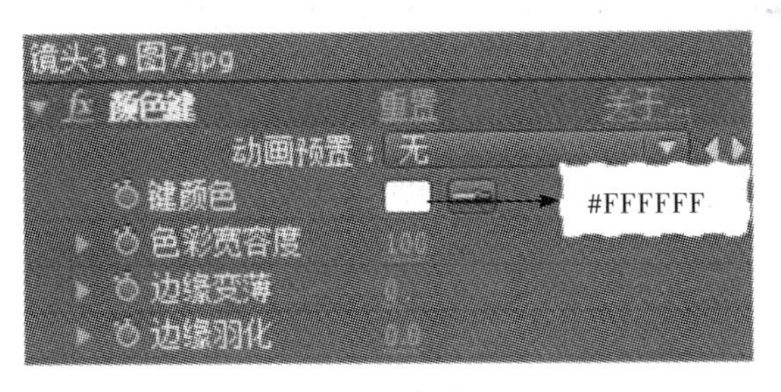

图 6-80 颜色键参数设置

步骤 22：导入素材“图 8. jpg”至时间线最上层，设置【位置】为(258，400)，【模式】为正片叠底，画面效果如图 6-81 所示。

图 6-81 添加"图 8"后的效果

4. 制作定版

步骤 1:新建合成"定版",选择预设为 PAL D1/DV、持续时间为 4 秒。

步骤 2:将"花藤. mov"拖入时间线,设置其【位置】为(500,314)、【比例】为 30%、【旋转】为-45°。单击空格键预览,效果如图 6-84 所示。

步骤 3:为该层添加【效果】→【生成】→【填充】特效,设置【颜色】为#720505。

步骤 4:复制"花藤"层,设置新图层的【位置】为(208,208)、【比例】为 22%、【旋转】为 170°。添加【填充】特效,设置【颜色】为#000000。

步骤 5:导入素材"黑线. ai",拖入时间线,设置其【比例】为 83%。然后设置【位置】关键帧在 17 帧时为(312,314)、在 3 秒时为(312,302)。最后设置【透明度】关键帧在 0 秒时为 0%、在 1 秒 7 帧时为 100%。

步骤 6:复制"黑线"14 次。设置各个图层的【位置】和【透明度】关键帧,使黑线在出现时呈参差不齐状,如图 6-82 所示。

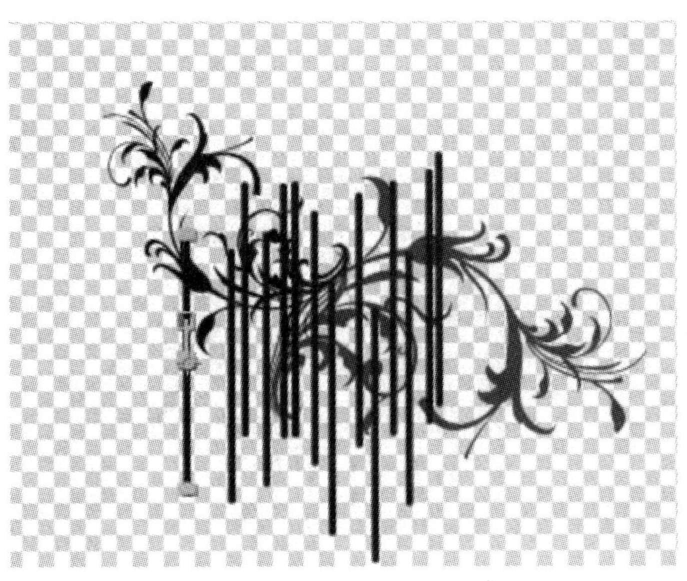

图 6-82　复制“黑线”

步骤 7:导入素材“甩点 2. ai”至时间线，设置其【位置】为(390,264)、【比例】为220%。再次导入“甩点 2. ai”，调整其【位置】为(447,264)、【比例】为 226%、【旋转】为 22°。然后添加【填充】特效，设置【颜色】为 #720505，设置【模式】为叠加。效果如图 6-83 所示。

图 6-83　两次添加“甩点 2”的画面效果

步骤 8:导入“甩点. ai”，调整【位置】为(292,238)、【比例】为 365%。导入“甩点 3. ai”，调整【位置】为(455,363)、【比例】为 162%、【旋转】为－200°。

步骤 9:选择窗口上方的【文本工具】输入文字“音乐旅程”，设置颜色为白色，并设置文字的大小、字间距等参数，如图 6-84 所示。最后将文字层的入点调整为 18 帧。

图 6-84 输入文本

5. 制作总合成

步骤 1:新建合成“总合成”，选择预设为 PAL D1/DV、持续时间为 16 秒。

步骤 2:新建一个白色固态层。添加【效果】→【生成】→【渐变】特效，参数如图 6-85 所示。

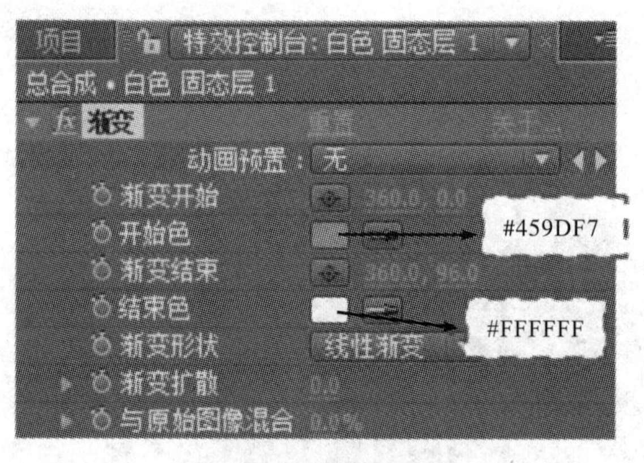

图 6-85 渐变参数设置

步骤 3:导入素材“城市. ai”至时间线，设置【比例】为 330%。然后设置【位置】关键帧在 0 帧时为(432,252)、在 14 秒 24 帧时为(290,252)。最后设置【透明度】关键帧在 12 秒时为 85%、在 14 秒 24 帧时为 100%。

步骤 4:复制“城市”图层，打开图层的三维属性，修改 Y 轴位置为 515，其他参数设置如图 6-86 所示，此时画面效果如图 6-87 所示。

图 6-86　参数设置

图 6-87　复制图层后的画面效果

步骤 5：为新图层添加【效果】→【过渡】→【线性擦除】特效，参数设置如图6-88所示，效果如图 6-89 所示。

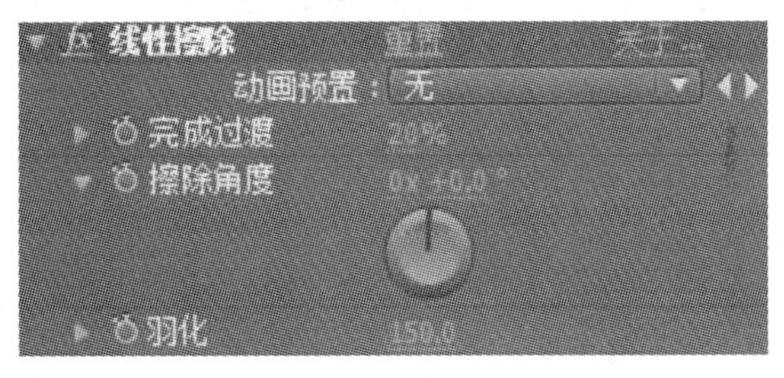

图 6-88　线性擦除参数设置

图 6-89 添加特效后的效果图

步骤 6: 导入素材“女孩. mov”至时间线，设置其【比例】为 135%。然后设置【位置】关键帧在 0 帧时为(397,282)、在 13 帧时为(146,282)、在 4 秒时为(139,282)、在 4 秒 5 帧时为(−708,282)。

步骤 7: 为“女孩”图层添加【效果】→【生成】→【渐变】特效，参数设置如图 6-90 所示。

图 6-90 设置渐变参数

步骤 8: 将“镜头 1”合成拖入时间线，设置其入点为 13 帧、【比例】为 80%。然后设置【位置】关键帧在 13 帧时为(502,308)、在 20 帧时为(436,308)、在 4 秒 5 帧时为(−411,308)。

步骤 9: 导入素材“男孩. mov”至时间线，设置入点为 4 秒 3 帧、【位置】为(582,288)。然后设置【比例】关键帧，在 4 秒 3 帧时为 0%、在 4 秒 8 帧时为 55%、在 7 秒 22 帧时为 55%、在 8 秒 2 帧时为 185%。最后设置【透明度】关键帧在 7 秒 22 帧时为 100%、在 8 秒 2 帧时为 0%。参考步骤 7，为“男孩”图层设置类似的渐变特效。

步骤 10:将“镜头 2”合成拖入时间线,设置入点为 4 秒 3 帧。打开该层的三维属性,设置【Y 轴旋转】为 180°、【位置】为(300,342,0)。然后设置图层的【比例】关键帧在 7 秒 22 帧时为 80%、在 8 秒 2 帧时为 700%。最后设置【透明度】关键帧在 7 秒 22 帧时为 100%、在 8 秒 2 帧时为 0%。

步骤 11:导入素材“女孩 2. ai”至时间线,设置入点为 8 秒、出点为 12 秒。设置【位置】为(584,326)、【比例】为 47%。

步骤 12:选中“女孩”层,绘制一个矩形遮罩,如图 6-91 所示,并按步骤 7 为该层设置渐变特效。

图 6-91　绘制遮罩

步骤 13:将“镜头 3”合成拖入时间线,设置入点为 8 秒、【位置】为(364,288)。

步骤 14:将素材“花藤. mov”拖入时间线,设置入点为 8 秒、出点为 12 秒。打开图层的三维属性,设置【Y 轴旋转】为 180°、【Z 轴旋转】为 211°、【比例】为 37%、【位置】为(678,408,0)、【透明度】为 70%。然后为该层添加【填充】特效,设置【颜色】为黑色。

步骤 15:拖动“定版”合成至时间线,设置入点为 12 秒、图层的【模式】为强光。

步骤 16:在【时间线面板】中的空白处单击右键,新建黑色固态层。设置该层的入点为 11 秒 19 帧。然后设置【透明度】关键帧在 11 秒 19 帧时为 0%、在 12 秒时为 10%、在 12 秒 13 帧时为 0%。

步骤 17:导入素材“音乐. wmv”并拖入时间线,放于底层。

6. 预览效果后渲染输出

第7章　多媒体创作工具

相关知识

经过数字化处理的文本、图形图像、动画、音频和视频只是一个个独立的文件，而不是有机整体，必须使用多媒体合成工具将它们按要求连接起来，再赋予其交互功能，才能形成完整的多媒体作品。

众多的多媒体创作工具按类型可分为：基于时间轴的工具，如 Action 等；基于图标和流程线的工具，如 Authorware 等；基于卡片和页面的工具，如 ToolBook 等；以传统程序设计语言为基础的工具，如 Visual C＋＋、Visual Basic 等。

Authorware 操作简单、程序流程明了、开发效率高，是一种基于图标和流程线的优秀多媒体开发工具。它使得具有一般水平编程能力，甚至是不具备编程能力的用户可以创作出一些高水平的多媒体应用软件产品。这些产品可以用来介绍一个产品的演示过程，用来显示一种信息传递的动画过程，也可以介绍软件工具的使用向导，以及在线杂志、产品目录等。

Authorware 具有以下一些主要特点。

(1)Authorware 具有使用设计图标提供全面创作交互式应用程序的能力。Authorware 编制的软件具有强大的交互功能，可任意控制程序流程。另外，它还提供了许多系统变量和函数以根据用户响应的情况，执行特定功能。

(2)Authorware 具有直接编辑文本和图形处理功能。Authorware 提供了多样化的编辑工具，用户可以很自由地创建编辑文本和图形图像。

(3)Authorware 具有动画创作功能。Authorware 利用图标可以很容易地创建动画、跟踪动画，确定其运动速度和位置。

(4)Authorware 具有 11 种交互作用的功能。在人机对话中，Authorware 提供按键、按鼠标、限时等 11 种应答方式，并允许在交互式应用程序中使用它们的任意组合。

(5)Authorware 提供模块和库功能。用户可以创建模块和库，以便在创建其他交互式应用程序时使用。Authorware 也可以将整个应用程序分成几个逻辑结构，由多人协作完成。

(6)Authorware 具有跨平台功能。Authorware 编制的软件除了能在其集成环境下运行外，还可以编译成扩展名为.EXE 的文件，在 Windows 系统下脱离 Authorware 制作环境运行。

实验1 Authorware基础应用

一、实验目的

(1)掌握 Authorware 7.0 的基本操作:新建、打开、保存文件。

(2)熟悉 Authorware 7.0 的工作界面和流程线常用图标。

(3)了解显示图标、等待图标、擦除图标及移动图标的作用。

(4)熟练掌握绘制图形的工具,并能快速地绘制图形。

(5)了解媒体类图标(声音、数字电影和其他媒体图标等)的使用。

二、实验环境

(1)硬件要求:微处理器 Intel 奔腾 IV,内存要在 1GB 以上。

(2)运行环境:Windows 7/8。

(3)应用软件:Authorware 7.0。

三、实验内容与要求

(1)制作一个流程线并保存,最终效果如图 7-1 所示。

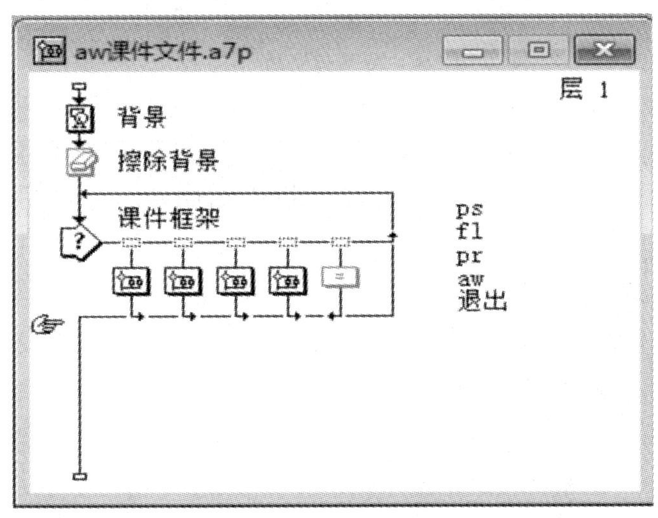

图 7-1 流程线总图

(2)制作"校园风光"电子相册,最终效果如图 7-2 所示。

图 7-2 "校园风光"电子相册图

(3)制作绘图与文字,最终效果如图 7-3 所示。

图 7-3 "扬帆起航"界面图 1

(4)添加小船移动动画,设置曲线移动效果,最终效果如图 7-4 所示。

图 7-4 "扬帆起航"界面图 2

四、实验步骤与指导

1. CAI 课件流程线的制作

本例考查在 Authorware 中制作流程线的基本操作方法。

步骤 1:启动 Authorware 7.0,新建文件。

注意:启动 Authorware 后,在其主界面上首先出现的窗口是 KO(Knowledge Object,在后面的实验中将具体介绍 KO)。按【cancel】或【None】跳过 KO 即可直接进入 Authorware。其主界面如图 7-5 所示。

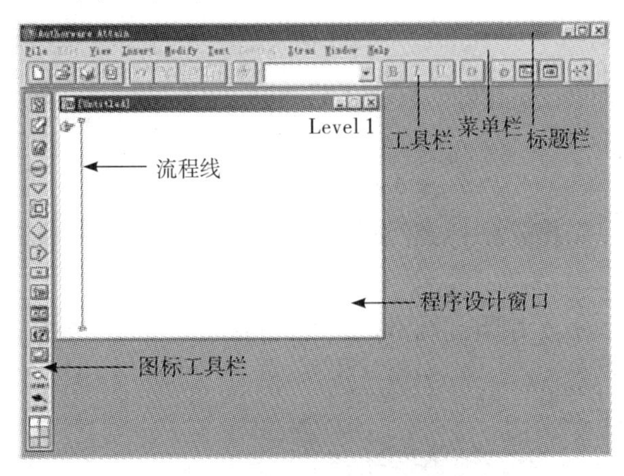

图 7-5　Authorware 主界面

步骤 2:从图标工具栏(如图 7-6 所示)中拖动一个显示图标到流程线上,如图 7-7 所示。

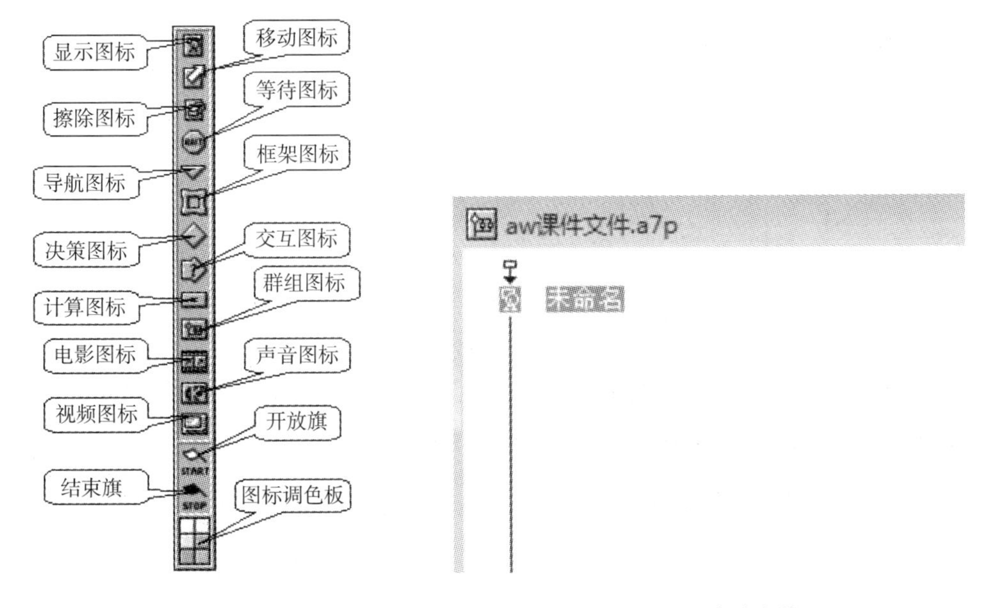

图 7-6　图标工具栏

图 7-7　主流程线

步骤 3: 系统自动命名为“未命名”,在图标的名称上右击,将图标名称修改为“背景”,如图 7-8 所示。

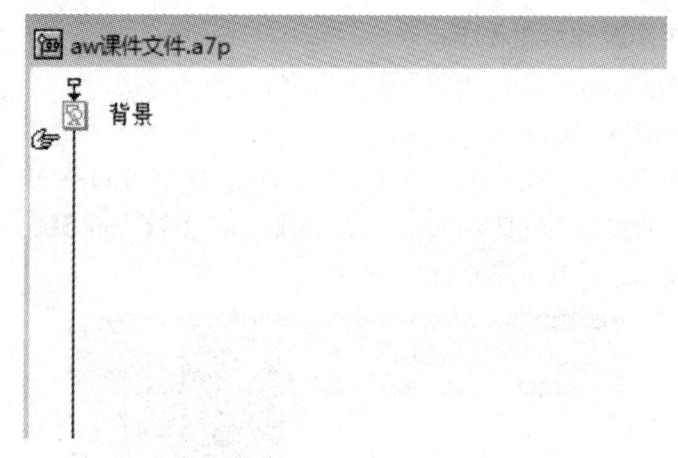

图 7-8　更改显示图标

步骤 4: 拖动一个擦除图标到“背景”显示图标的下面,并将其命名为“擦除背景”。

步骤 5: 拖动一个交互图标到“擦除背景”图标的下面,并将其命名为“课件框架”,如图 7-9 所示。

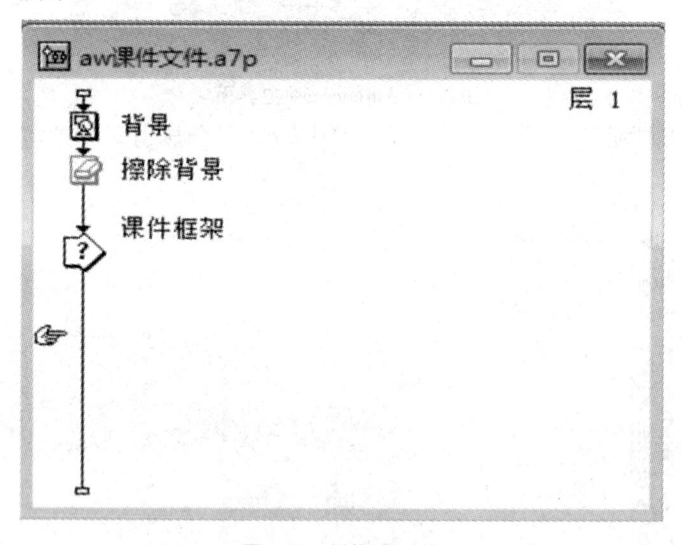

图 7-9　制作流程线

步骤 6: 拖动一个群组图标到“课件框架”交互图标的右侧,在打开的如图7-10所示的【交互类型】对话框中选中 按 钮 ,再单击【确定】按钮,为“课件框架”交互图标创建一个交互分支,并将其命名为“ps”,如图 7-11 所示。

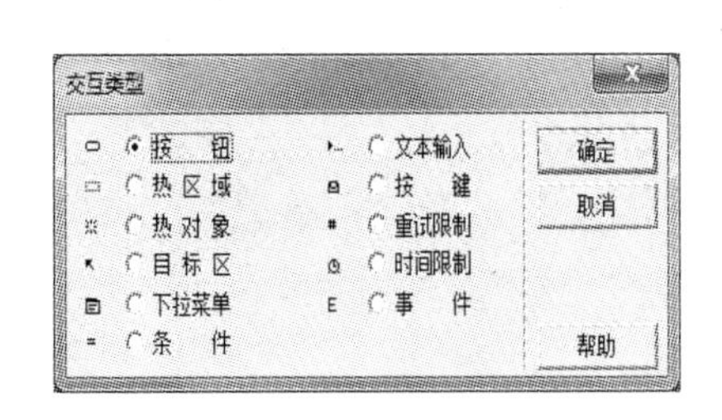

图 7-10 交互类型属性

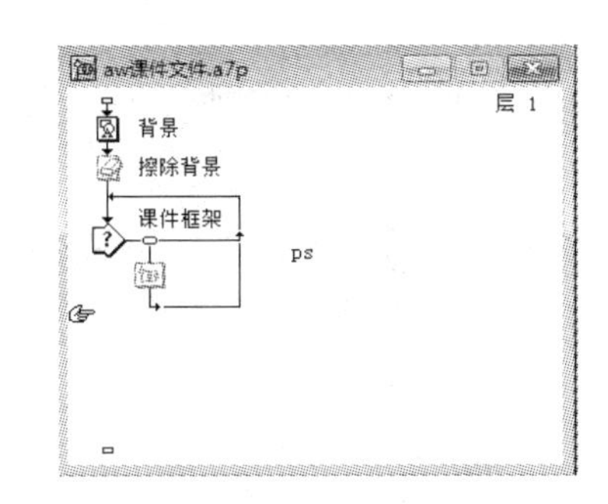

图 7-11 创建交互分支

步骤 7: 选择"ps"群组图标,按 Ctrl+C 复制,在"ps"群组图标的右侧单击鼠标,出现手形粘贴指针,然后按三次 Ctrl+V,并分别改名为"fl""pr"和"aw"。

步骤 8:拖动一个计算图标到"aw" 群组图标的右侧,将其命名为"退出"。

注意:双击【退出】图标上方的小按钮,打开【交互属性】对话框,在【响应】选项卡中,将【分支】列表框的值修改为【退出交互】,其他采用默认设置,如图 7-12 所示。

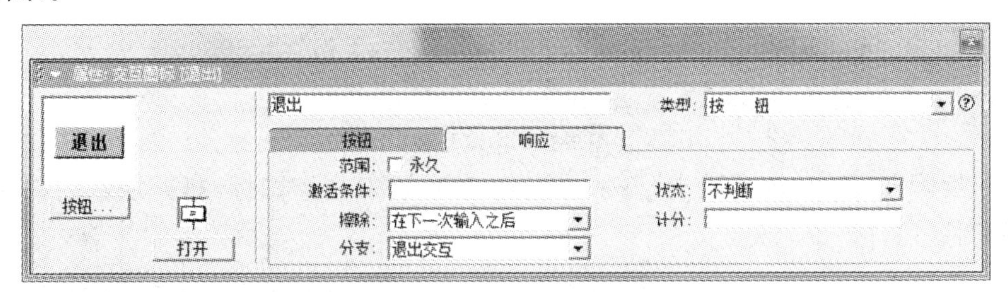

图 7-12 交互类型响应属性

步骤 9:选择【文件】菜单→【保存】,保存成"aw 课件文件. a7p"。

2. 制作"校园风光"电子相册

本例考查显示图标、擦除图标和等待图标的使用。

步骤 1:新建一个 Authorware 文件,依次选择【修改】菜单→【文件】→【属性】菜单,显示【属性:文件】面板,如图 7-13 所示。

步骤 2: 在【大小】列表框中选择 1024×768(SVGA, Mac 17)选项,选中 ☑ 屏幕居中 复选框,取消选中 ☑ 显示菜单栏 复选框。

图 7-13 【属性:文件】面板

步骤 3:主流程线上放置的图标如图 7-14 所示。

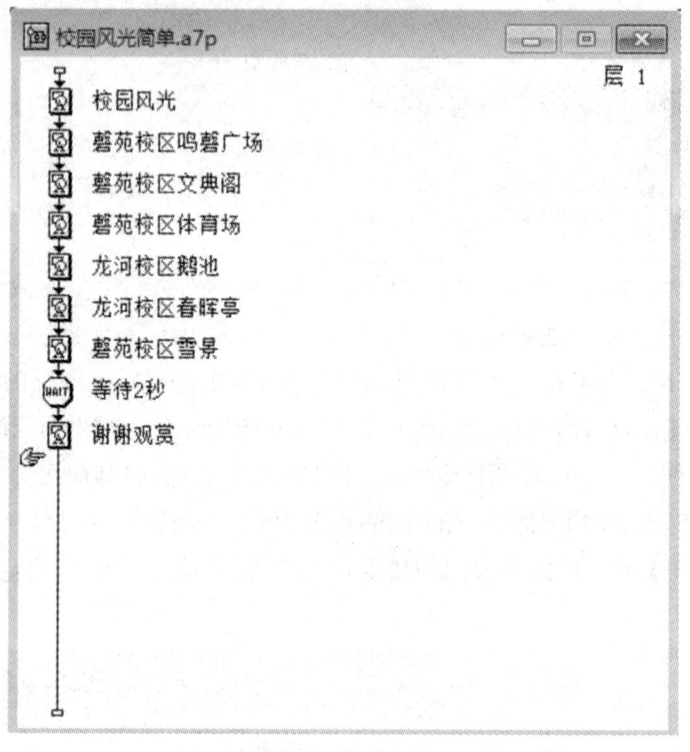

图 7-14 主流程线

步骤 4:添加“校园风光”显示图标到流程线,双击该图标,打开演示窗口和【绘图】工具栏。

步骤 5:单击【绘图】工具栏中的【A】工具,在演示窗口内单击,显示出缩排线,并定位插入点,如图 7-15 所示。在【文本】菜单里可更改相应字体设置,输入“校园风光”。

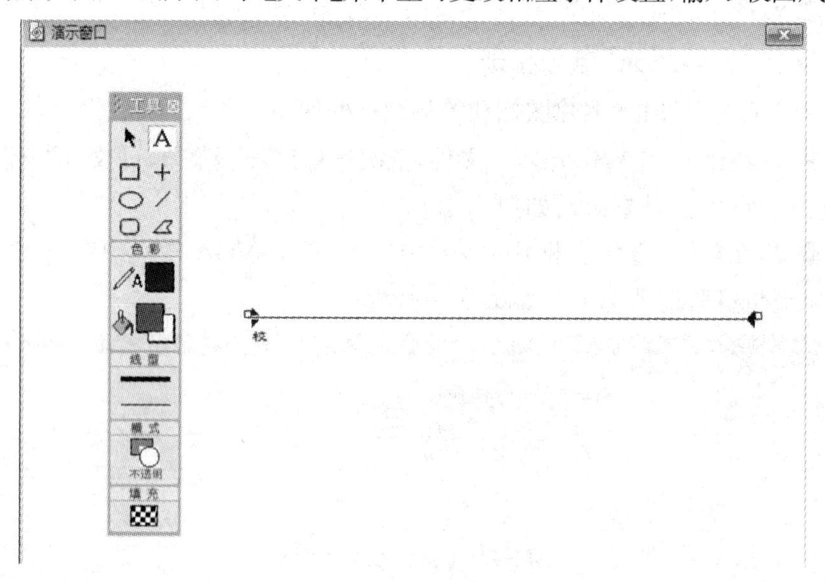

图 7-15 添入文字

步骤 6:8 个显示图标分别放置不同内容。

①"校园风光"显示图标放置文字：校园风光，字体格式为蓝色、隶书、36 磅。

②"磬苑校区鸣磬广场"显示图标插入图片磬苑校区鸣磬广场.jpg。

③"磬苑校区文典阁"显示图标插入图片磬苑校区文典阁.jpg。

④"磬苑校区体育场"显示图标插入图片磬苑校区体育场.jpg。

⑤"龙河校区鹅池"显示图标插入图片龙河校区鹅池.jpg。

⑥"龙河校区春晖亭"显示图标插入图片龙河校区春晖亭.jpg。

⑦"磬苑校区雪景"显示图标插入图片磬苑校区雪景.jpg。

⑧"谢谢观赏"显示图标放置任意文字或图形，加以美化。部分样张参照图7-16。

图 7-16 参考样张

步骤 7：在主流程线上添加"磬苑校区鸣磬广场"显示图标，双击该图标打开演示窗口。

步骤 8：依次单击【插入】→【图像】菜单，弹出【属性：图像】对话框，单击【导入】按钮，选择素材中的"磬苑校区鸣磬广场.jpg"文件导入。

注意：由于图片尺寸太大，因此可以在演示窗口中拖动图像四周的控制点以调整图像的大小和形状，也可以在【属性：图像】对话框中单击【版面布局】选项卡进行设置，如图 7-17 所示。

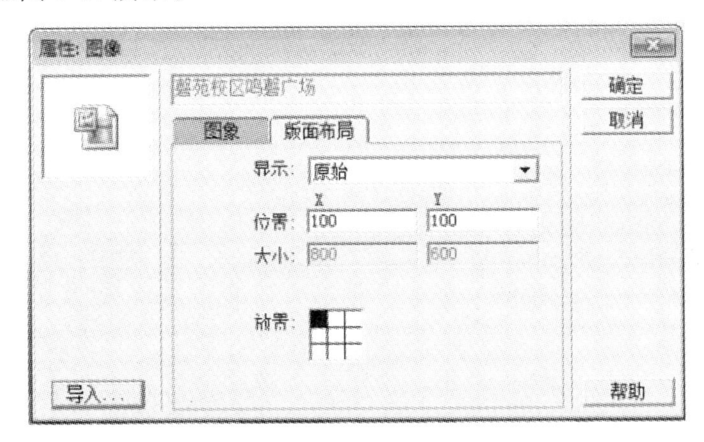

图 7-17 【属性：图像】对话框

步骤 9: 在"磬苑校区鸣磬广场"显示图标上单击右键,在快捷菜单中选择【特效】,弹出【特效方式】对话框,选择【以相机光圈开放】,设置周期为 2 秒。

注意: 在英文状态下输入数字 2 即可,单击【确定】按钮完成过渡效果的添加。

步骤 10: 选中"磬苑校区鸣磬广场"显示图标,在【属性:显示图标(……)】面板内选中 ☑ 擦除以前内容 复选框。

步骤 11: 分别设置 8 个显示图标的属性,选中 ☑ 擦除以前内容 复选框,并设置不同的显示特效。

步骤 12: 在主流程线上添加等待图标,并将其命名为"等待 2 秒",属性面板设置如图 7-18 所示。时限设为 2 秒,要求显示倒计时。

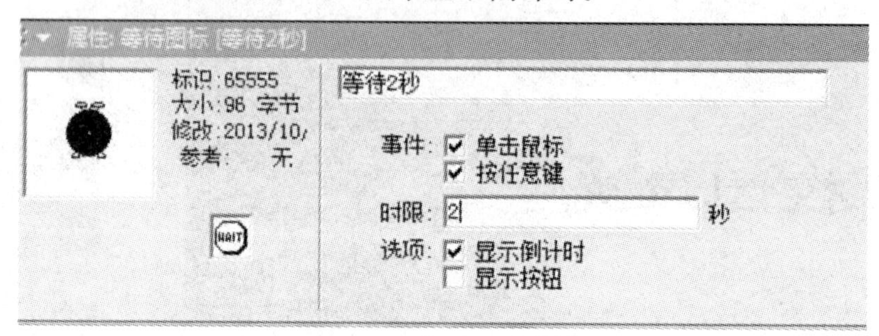

图 7-18 属性:等待图标[等待 2 秒]对话框

说明: 可以设置等待图标的不同属性,美化与设计电子相册。

步骤 13: 单击工具栏上的 【运行】图标,运行一次程序。

步骤 14: 保存文件为"校园风光简单. a7p",观看效果。

3. 制作小船

本例考查绘图工具栏的操作。

步骤 1: 打开上例"校园风光简单. a7p",将"校园风光"显示图标修改为如图 7-19所示。

图 7-19　“校园风光”显示图标

①双击打开“校园风光”显示图标，选择工具栏中的【导入】图标，导入图片“背景.jpg”，并依次单击【修改】→【置于下层图像】。

②单击【绘图】工具栏中的【A】工具，单击“校园风光”文字，按照如图 7-20 所示点击色彩设置区文字颜色色块，改变字体颜色为土黄色、模式区为【透明】模式。

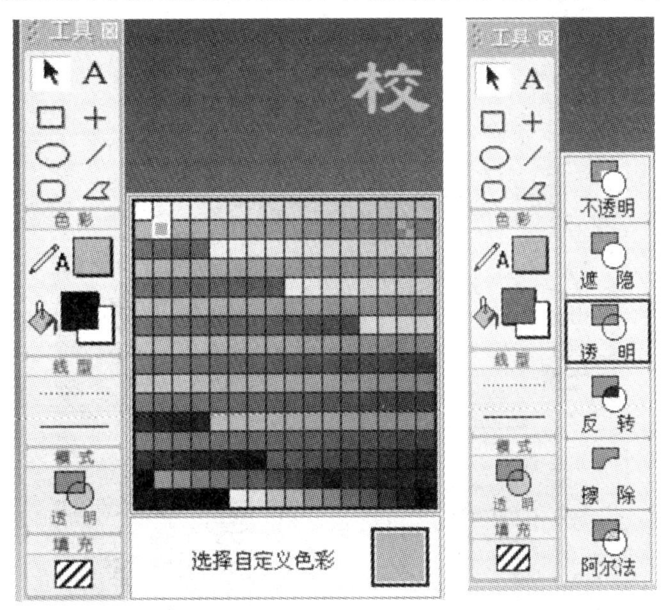

图 7-20　绘图工具栏

步骤 2:在主流程线上添加“boat”显示图标，绘制如图 7-21 所示小船。

图 7-21 boat 显示图标

①在主流程线上添加“boat”显示图标,先选择工具箱,用矩形工具绘制两个矩形,然后再用多边形工具( )绘制三个三角形,如图 7-22 所示。

图 7-22 boat 显示图标步骤图

②在色彩区单击填充颜色色块( )中的相应色块可更改前景色和背景色,单击【模式】和【线型】区,如图 7-23 所示,此时出现选择框,选择合适的类型装饰小船。

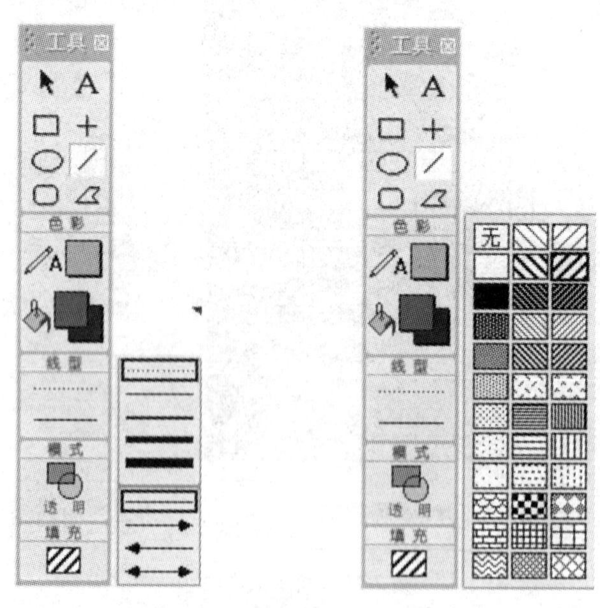

图 7-23 “线型”和“模式”设置

说明:也可以双击工具栏的【矩形】等其他工具,查看分别对应什么设置框。

③小船绘制完成后请用 Shift 键选中所有图形,依次单击【修改】菜单→【群

组】,将小船组装成整体图形。

④将文件保存为“校园风光 2. a7p”。

4. 设置小船曲线移动效果

本例考查对移动图标的掌握。

步骤 1:接上题,打开“校园风光 2. a7p”。

步骤 2:添加“扬帆起航”运动图标,添加小船移动动画。

①双击“校园风光”显示图标,出现演示窗口,此时按住 Shift 键,再次双击“boat”显示图标,可以让两个图标内容同时显示,便于对照调整小船的位置和大小,如图 7-24 所示。

图 7-24　图标内容的相互参照

②在主流程线上添加运动图标,重命名为“扬帆起航”。

③单击工具栏【控制面板】按钮 ,激活控制面板,如图 7-25 所示。图标依次代表“运行”“复位”“停止”“暂停”“播放”和“显示跟踪”。单击“运行”小图标运行一次程序,出现【移动图标】属性面板(如图 7-26)。在演示窗口的小船上单击,完成选择移动对象的操作,然后设置运动类型为【指向固定路径的终点】,定时 3 秒。

图 7-25　控制面板

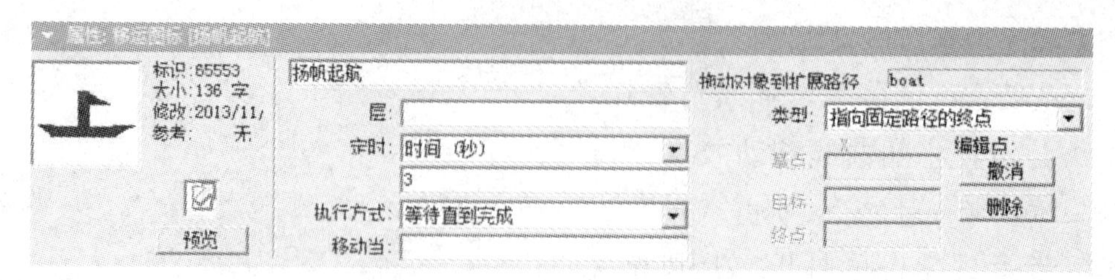

图 7-26 移动图标属性面板

④在打开的演示窗口的小船上单击，将看到一个黑色的小三角符号（“▲”），设置路径起点。继续拖动小船移动到任意路径拐点，松开鼠标，将看到两个三角符号间夹着一根直线，这就是运动路径的一段。如此反复，画出合适的路径，效果如图 7-27 所示。

说明：双击路径上的每一个三角符号，使它们变成圆形符号，直线路径会变成曲线路径，更加平滑。

图 7-27 路径设置

⑤单击“移动图标”属性面板中的【预览】效果可以观看运动效果。

步骤 3：添加“等待单击”图标，设置显示倒计时、显示按钮、时限 30 秒。属性面板设置如图 7-28 所示。

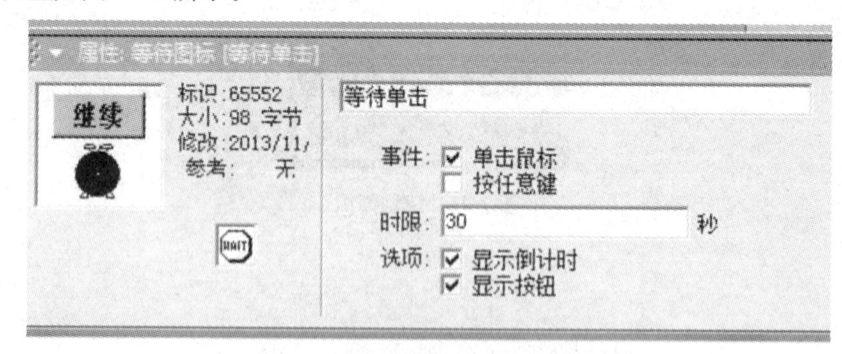

图 7-28 等待图标属性面板

步骤 4:单击控制面板的【运行】按钮,观看整体效果。

五、拓展练习

【练习一】请设计在移动图标中设置其他四种运动类型的动画效果。

说明:请参照上述实验第 4 题设置小船曲线移动效果的步骤。

【练习二】请设计如图 7-29 所示的流程图实例,插入媒体类图标并擦除。

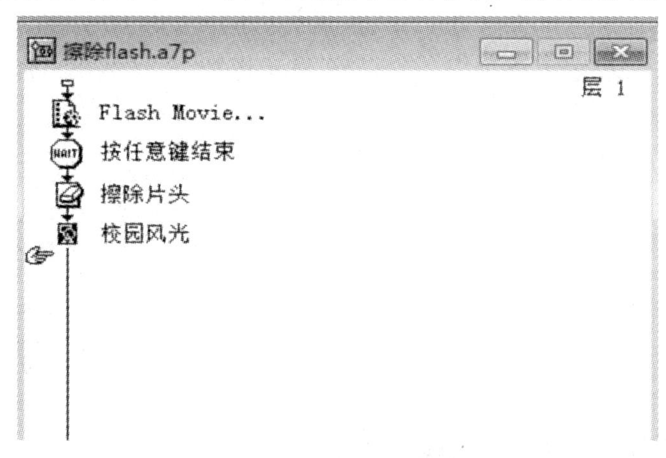

图 7-29 主流程图

步骤 1:选择【插入】菜单→【媒体】→【Flash Movie…】,在弹出的对话框中单击"Browse…"按钮,选择"piantou. swf"。运行程序,调整 flash 的位置属性。

说明: Authorware 中可以添加声音、数字电影、动画等外部媒体文件。可以从工具箱和【插入】菜单→【媒体】菜单中选择插入,其他种类请自行练习。

步骤 2:插入"按任意键结束"等待图标,属性面板设置如图 7-30 所示。时限设置为和 piantou. swf 播放相近的时间,可以等待至片头动画播放完全,同时可按任意键或单击结束片头播放。

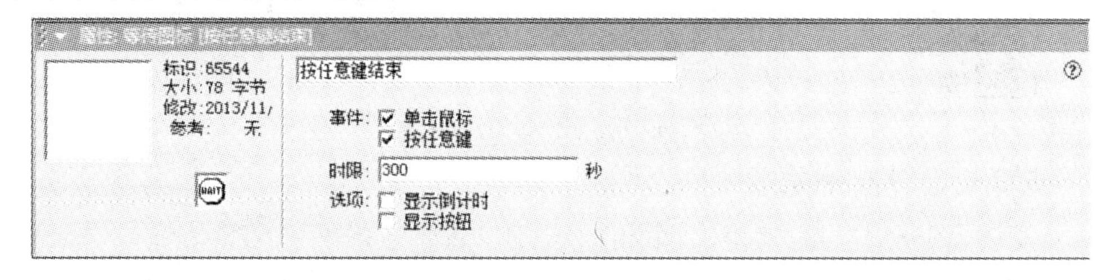

图 7-30 等待图标设置

步骤 3:添加"擦除片头"擦除图标,运行程序,单击界面结束等待,此时会出现"擦除图标"属性面板,如图 7-31 所示,此时单击正在播放的 flash 文件,可以选取擦除对象。

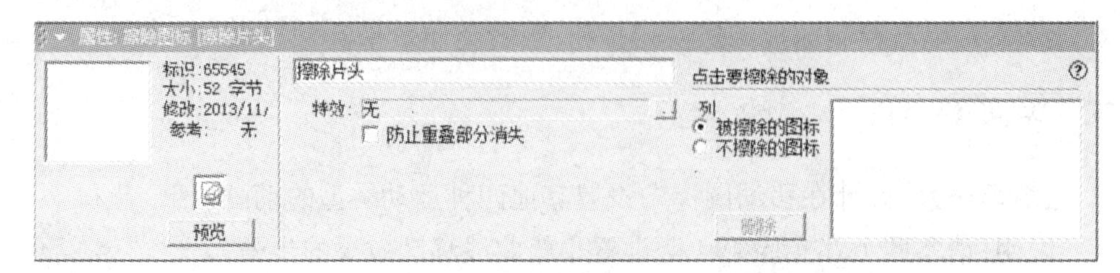

图 7-31 擦除图标设置

说明:擦除图标可以擦除指定的图标物体,并可以设定擦除的方式。

步骤 4:结束程序后添加"校园风光"显示图标,导入图片"磬苑校区南门.jpg",如图 7-32 所示。

说明:可以将本题流程粘贴于"校园风光 2. a7p"内进行整合,另存为"校园风光. a7p"。

图 7-32 "校园风光"显示图标

步骤 5:运行程序,查看效果。

【练习三】一键发布 "校园风光"电子相册文件。

说明: Authorware 强大的一键发布功能可以轻松地将应用程序发布到 Web、CD-ROM 或局域网,使得发布 Authorware 程序非常简单。

在发布之前,Authorware 将对程序中所有的图标进行扫描,找到其中用到的外部支持文件,如 Xtras、Dll 和 U32 文件,还有 AVI、SWF 等文件,并将这些文件复制到发布后的目录。

步骤 1:打开"校园风光. a7p"文件。

步骤 2:选择【文件】菜单→【发布】→【发布设置】或按【Ctrl+F12】快捷键,设置发布选项。Authorware 首先对程序中所有的图标进行扫描,然后出现【一键发布】对话框,如图 7-33 所示,选择"With Runtime for Windows 98,ME,NT,2000 or XP"和"Copy Supporting Files"复选框,输入发布的文件存储路径、文件名等,存储为"校园风光. exe",然后单击【publish】按钮,在随后弹出的如图 7-33 所示的对话框中单击【OK】按钮。

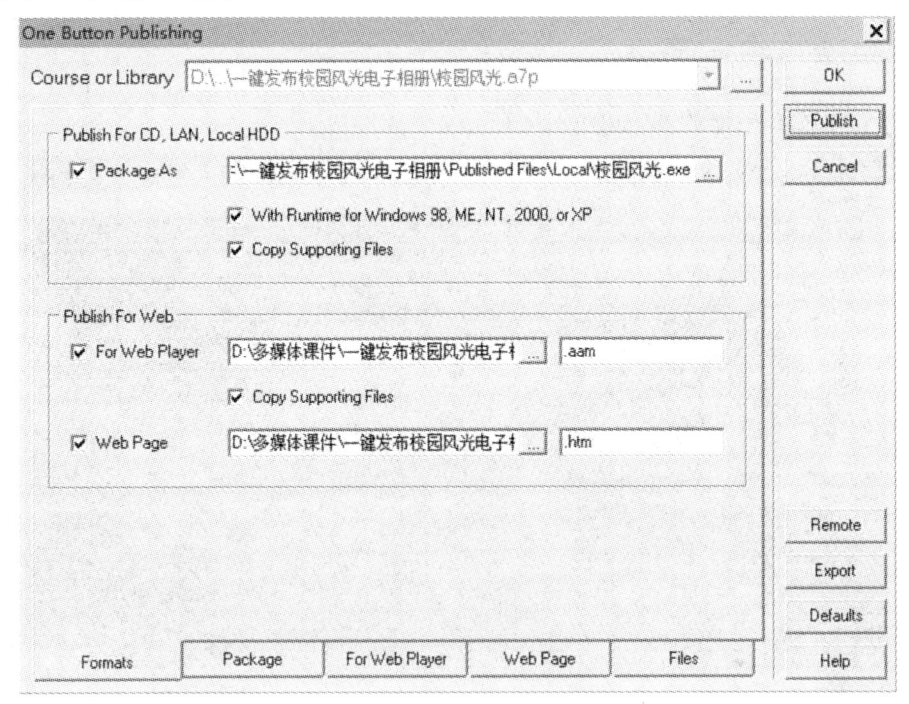

图 7-33　【一键发布】对话框

步骤 3:直接双击由 Authorware 源程序生成的 EXE 可执行文件,即可运行。

说明:如果要把 EXE 文件复制到其他目录(如要制作一张多媒体光盘作品),把 Authorware 程序一键发布时所带来的相关驱动文件、DLL 链接文件和 Xtras 子目录等复制到 EXE 文件所在目录即可。

实验 2　交互控制与框架设计

一、实验目的

(1)掌握设置交互图标的方法。

(2)了解群组和声音图标的使用方法。

(3)掌握设置框架图标的方法。

(4)了解导航图标的作用。

(5)了解决策图标的使用方法。

二、实验环境

(1)硬件要求:微处理器 Intel 奔腾 IV,内存要在 1GB 以上。

(2)运行环境:Windows 7/8。

(3)应用软件:Authorware 7.0。

三、实验内容与要求

(1)制作音乐播放器,如图 7-34 所示。

图 7-34 音乐播放器界面

(2)要求将 8 幅不同形态豹子的静态图片循环播放,制作奔跑的豹子动画。其中两幅如图 7-35 所示。

图 7-35 奔跑的豹子

(3)动物世界图片欣赏。要求实现翻页效果。完成的流程图和效果图如图 7-36所示。

图 7-36 图片欣赏

四、实验步骤与指导

1. 制作音乐播放器

本例考查 Authorware 中交互图标、声音图标和群组图标的基本使用。

步骤 1:添加“bg”显示图标到流程线,选择工具栏中的【导入】图标,导入素材中的“播放器背景. jpg”,并依次单击【修改】菜单→【置于下层】。

步骤 2:添加工具箱中的交互图标 到流程线。

步骤 3:拖动工具箱中的声音图标到交互图标的右边,将会弹出如图 7-37 所示的【交互类型】对话框。从中选择【按钮】类型,点击确定,流程线上将会出现分支线和按钮交互标识。

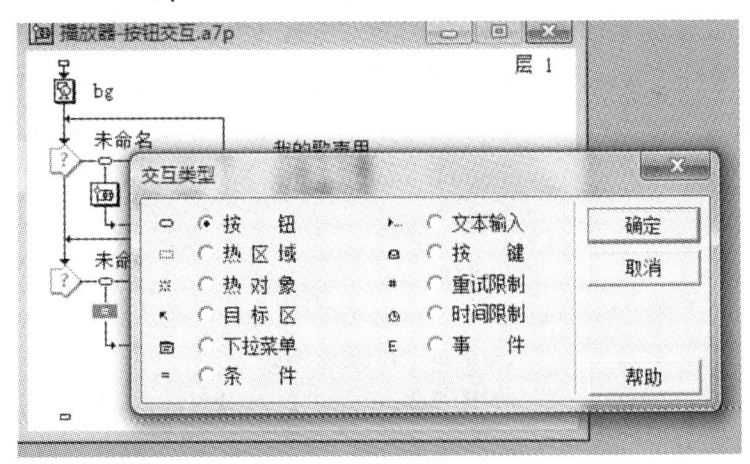

图 7-37 “交互类型”设置

说明:【交互类型】对话框提供了 11 种交互类型,有不同的交互标识。

步骤 4:观察按钮交互标识下面的图标,会发现原本添加的声音图标变成了群组图标。双击群组图标,打开第二层的流程线,如图 7-38 所示,声音图标被放置到了这里。请将群组图标和声音图标均命名为“我的歌声里”。

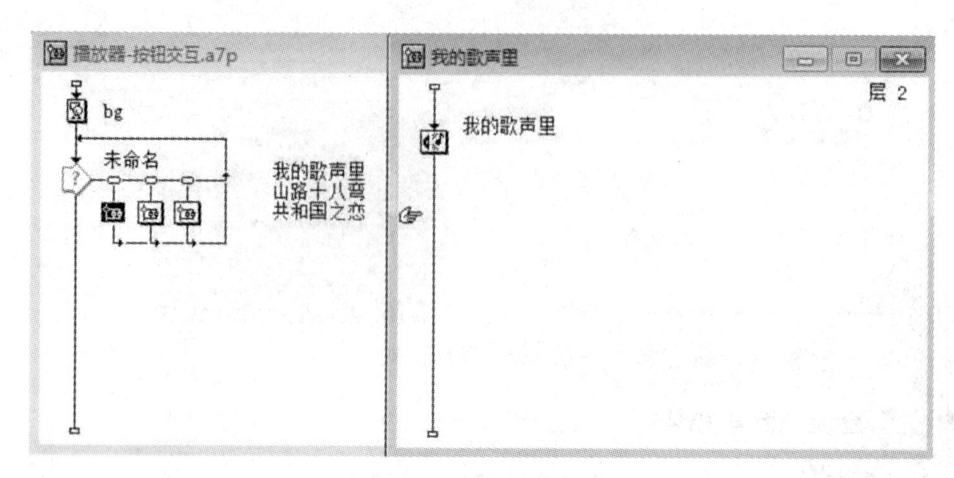

图 7-38 群组图标

步骤 5:双击“我的歌声里”声音图标,弹出如图 7-39 所示的声音属性对话框。单击【导入】按钮,选中相应的声音文件。

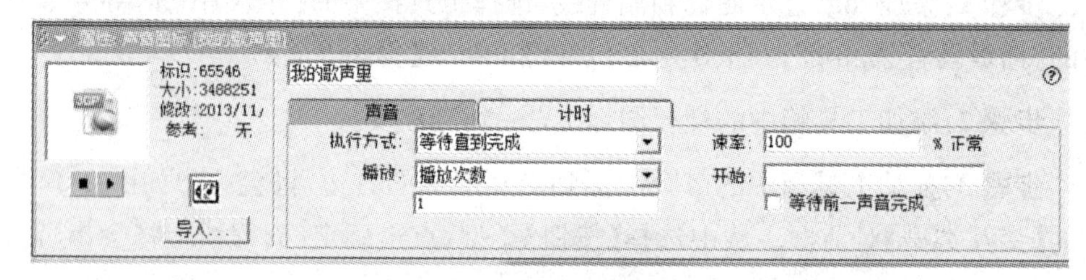

图 7-39 声音图标属性

步骤 6:关闭层 2,回到主流程线窗口,双击打开“bg”显示图标,按住 Shift 键,单击按钮交互标识-⍜-,弹出【交互图标属性】对话框,参数设置如图 7-40 所示。

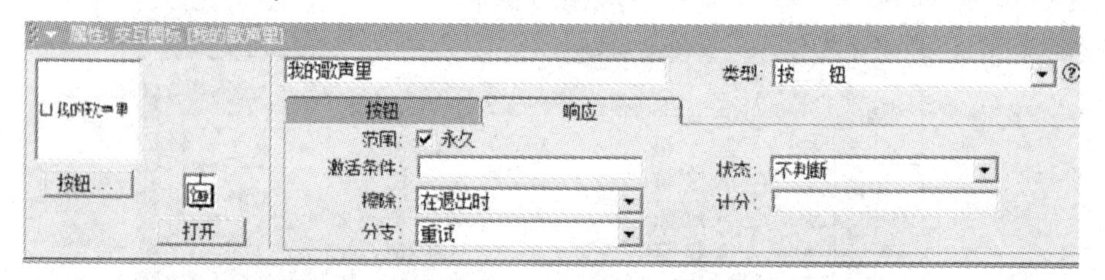

图 7-40 交互图标属性

步骤 7:点击 按钮... ,弹出如图 7-41 所示的【按钮】对话框,编辑按钮的样式。

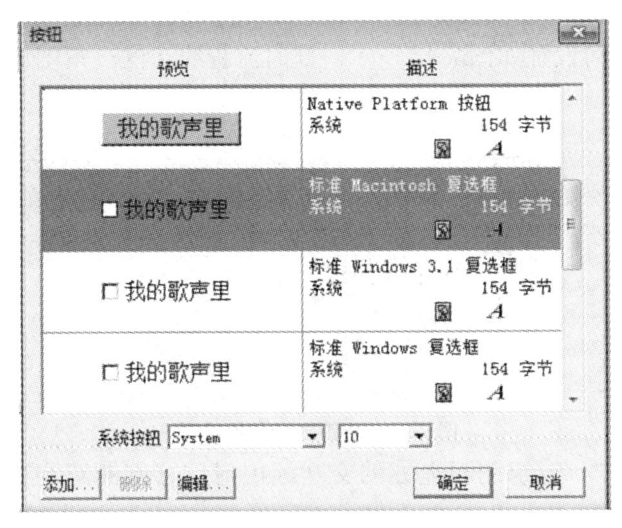

图 7-41 按钮对话框

步骤 8:按钮编辑完成后调整大小和位置,如图 7-42 所示。

图 7-42 播放器界面

步骤 9:按步骤 3~8,制作出其他歌曲选项。

步骤 10:运行程序,试听效果。

2. 制作奔跑的豹子动画

本例考查判断图标的使用。

步骤 1:启动 Authorware 7.0,新建文件“判断图标—奔跑的豹子.a7p”。

步骤 2:拖动工具箱中的判断/决策图标 到流程线上,命名为“奔跑的豹子”。拖动工具箱中的群组图标到决策图标的右边,命名为“1”。双击打开“奔跑的豹子”决策图标，设置如图 7-43 所示。此时流程线上的决策图标变成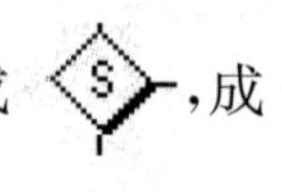，成为顺序执行分支。

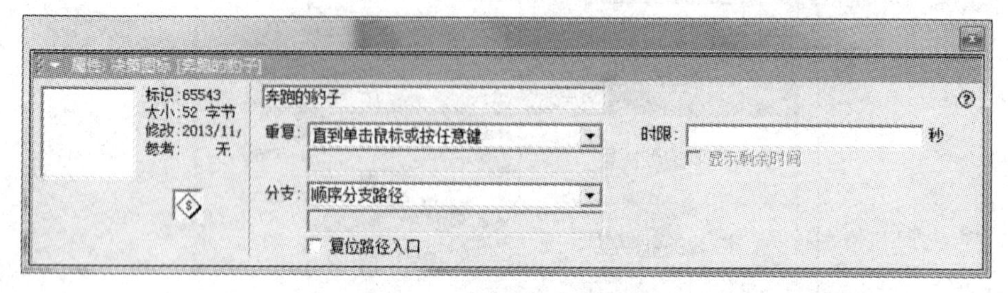

图 7-43 决策图标属性设置

步骤 3:双击“1”群组图标上方的交互标识，打开【判断路径】属性面板，参数设置如图 7-44 所示。

图 7-44 路径属性

步骤 4:双击打开“1”图标，进入层 2，拖动工具箱中的显示图标到层 2 流程线上，命名为“图片”并双击打开，导入图片“1.jpg”。

步骤 5:在“图片”显示图标下添加一个等待图标，命名为“等待 0.2 秒”，时限设置为 0.2 秒。

步骤 6:在“奔跑的豹子”判断图标右边复制 7 个“1”群组图标，分别命名为“2”“3”……“8”。然后分别修改其中“图片”显示图标里的内容，导入“1.jpg”“2.jpg”……“8.jpg”。为了保证图片的位置准确，可以在图片属性面板中将 X/Y 设置成如图 7-45 所示数值。

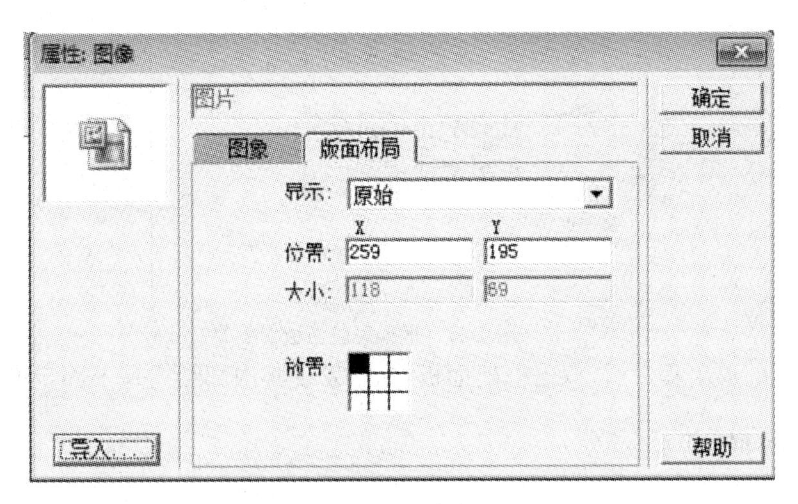

图 7-45　图像布局

步骤 7:运行程序,观看动画。

3. 动物世界图片欣赏

本例考查框架图标的使用。

步骤 1:启动 Authorware 7.0,新建文件“动物世界.a7p”。

步骤 2:拖动工具箱中的框架图标 [回] 到流程线上,命名为“动物世界”。

步骤 3:拖动工具箱中的显示图标到框架图标的右边,命名为“大象”,导入“大象.jpg”文件并调整好图片位置。

步骤 4:按此步骤再分别建立“大象”“狗”“熊猫”显示图标到框架图标的右边,流程图如图 7-46 所示。

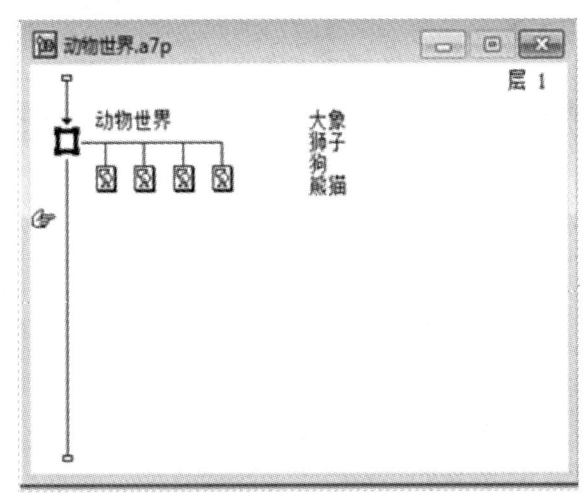

图 7-46　主流程图

步骤 5:运行程序,利用如图 7-47 所示框架导航面板翻页浏览图片。

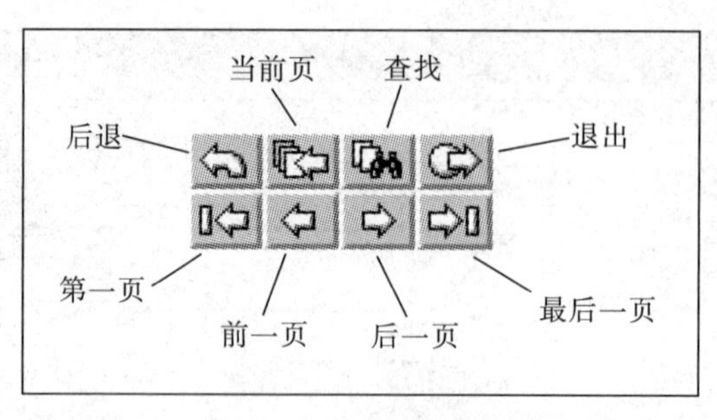

图 7-47　框架导航面板

步骤 6:退出程序后,双击框架面板,观察发现其内部结构是个固定模块。

五、拓展练习

【练习一】给动物世界图片设置文本导航。

步骤 1:复制文件“动物世界.a7p”为“动物世界———文本导航.a7p”。

步骤 2:双击“动物世界”框架图标,将其自带的【Gray Navigation Panel】显示图标删除,添加“bg”显示图标,如图 7-48 所示。

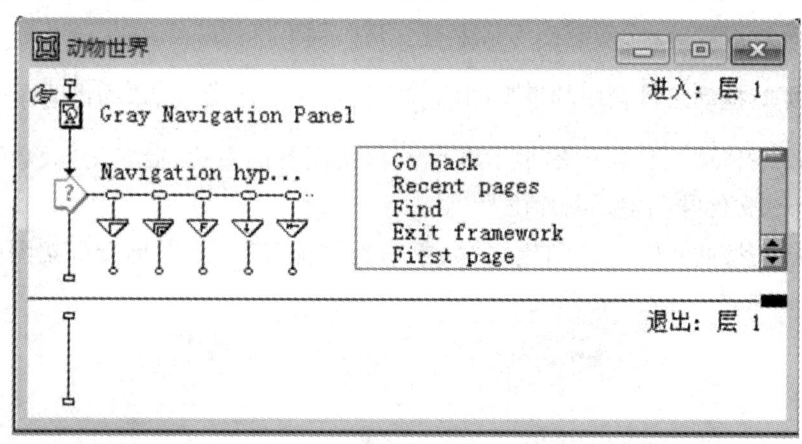

图 7-48　修改框架导航面板

步骤 3:在“bg”显示图标内分 5 次输入文字,如图 7-49 所示。

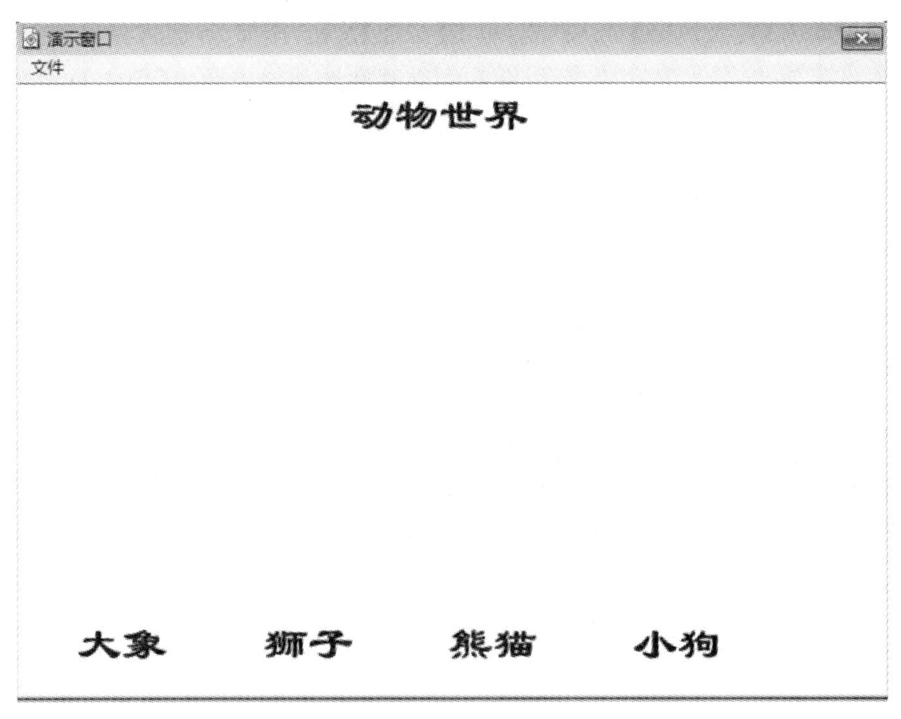

图 7-49　输入导航文本

步骤 4:单击【文本】菜单→【定义样式】菜单，打开如图 7-50 所示的【定义风格】对话框。

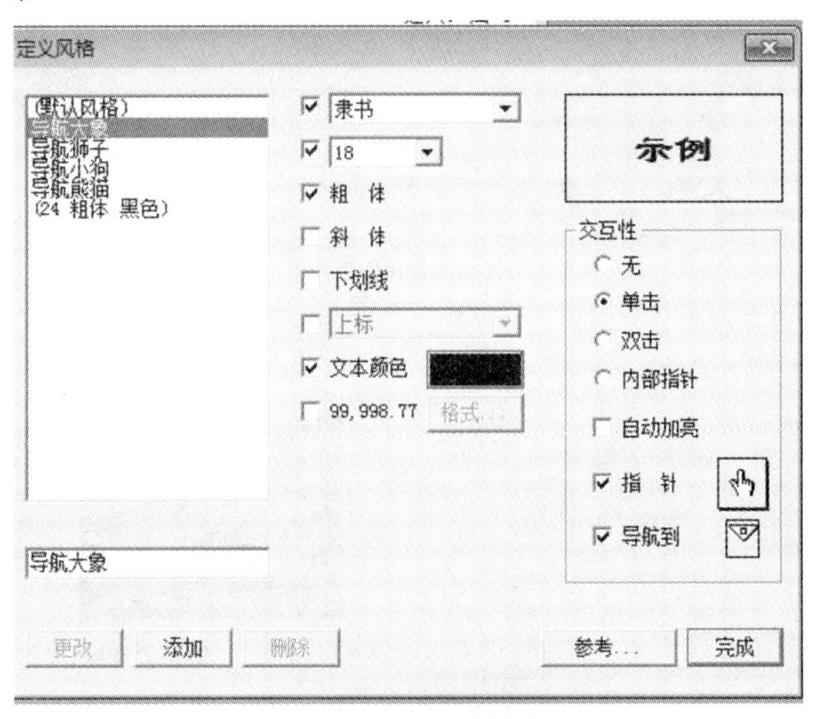

图 7-50　【定义风格】对话框

步骤 5:在【定义风格】对话框里，单击【添加】按钮，添加“导航大象”样式，设置样式中的字体、字号、颜色、格式等；在右侧交互性选项栏中选中【单击】；勾选【指针】【导航到】复选框，在弹出的【导航属性】对话框中选择连接到“大象”，如图 7-51 所示。

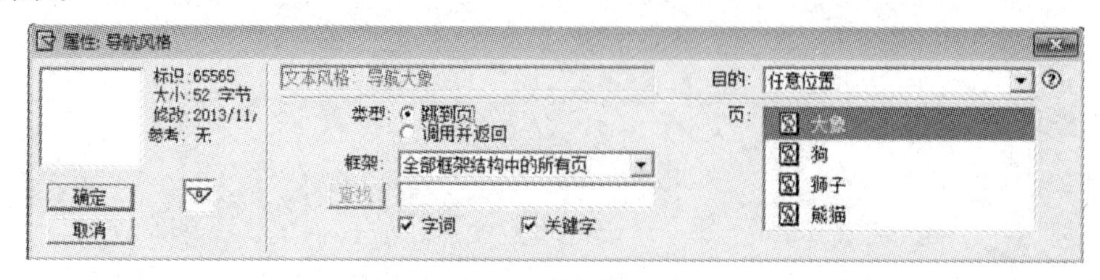

7-51 导航属性

步骤 6:双击打开“bg”显示图标，选中“大象”文本，单击【文本】菜单→【应用样式】菜单，出现【应用样式】列表框，勾选应用“导航大象”样式。

步骤 7:重复步骤，为“狮子”“熊猫”“小狗”文本建立应用样式。图 7-52 所示为应用“导航小狗”样式。

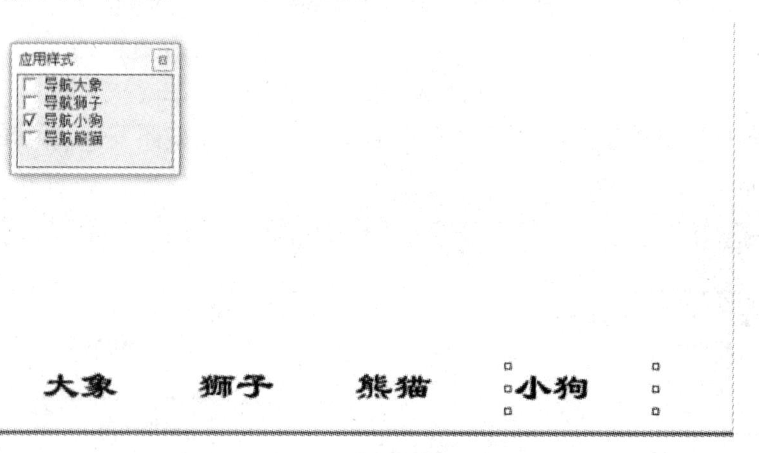

7-52 应用样式

步骤 8:完成的流程图和效果如图 7-53 所示。运行程序，观察效果。

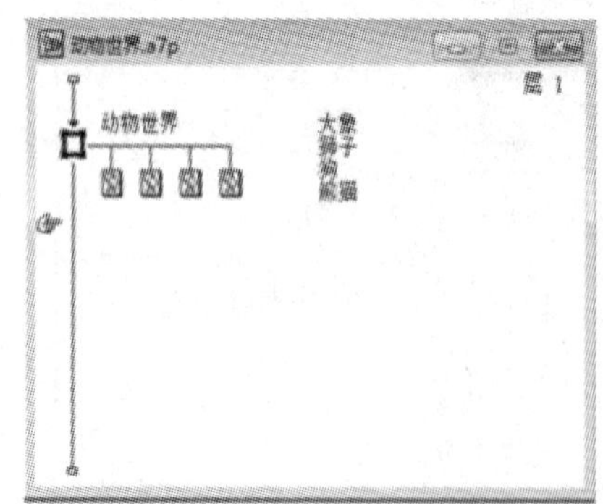

图 7-53 流程图和效果图

【练习二】登录界面的口令测试。

步骤 1:启动 Authorware 7.0,新建文件"密码设置.a7p"。

步骤 2:拖动工具箱中的显示图标"背景"到流程线上,添入背景图"door.jpg"。

步骤 3:插入交互图标,命名为"口令"。

步骤 4:拖动群组图标到交互图标的右边,在【交互类型】对话框中选择【文本输入】,命名为 pass,注意此时双击交互标志,设置响应分支如图 7-54 所示,退出交互。

说明:图标名"pass"就是默认正确的文本交互内容。

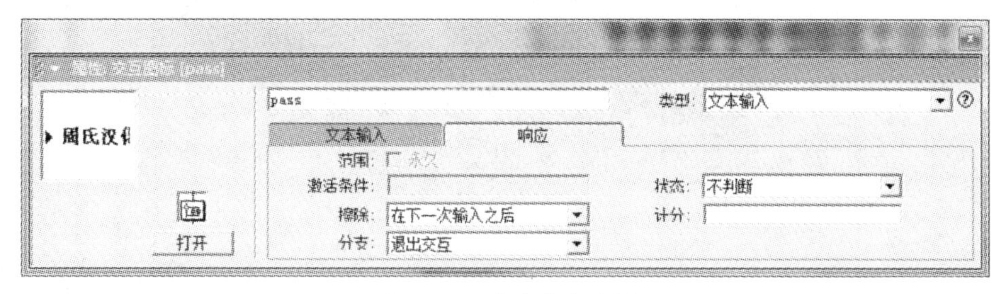

图 7-54 响应分支设置

步骤 5:利用 shift,同时打开"背景"图标和"口令"图标,输入文字,如图 7-55 所示。

图 7-55 登录界面

步骤 6:设置群组图标"pass"的二级流程图(如图 7-56 所示)和界面(如图7-57 所示)。请在按"任意键"等待图标中设置的等待时间,在"擦除屏幕"中删除"合法用户"显示图标的内容。

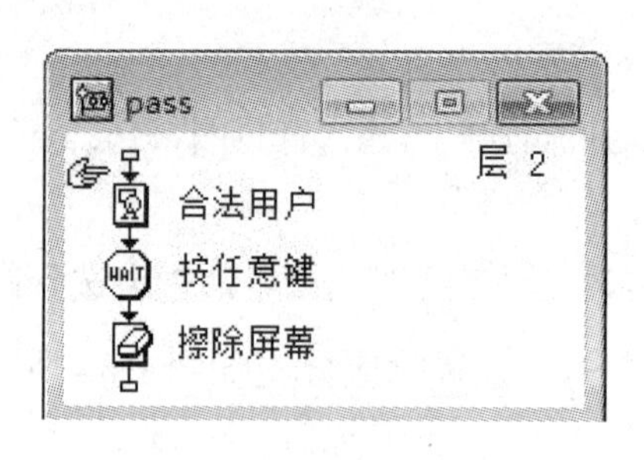

图 7-56 “pass”群组的二级流程

图 7-57 “pass”群组运行界面 1

步骤 7:在主流程线上添加“欢迎界面”显示图标,设计些欢迎语,如图 7-58 所示。

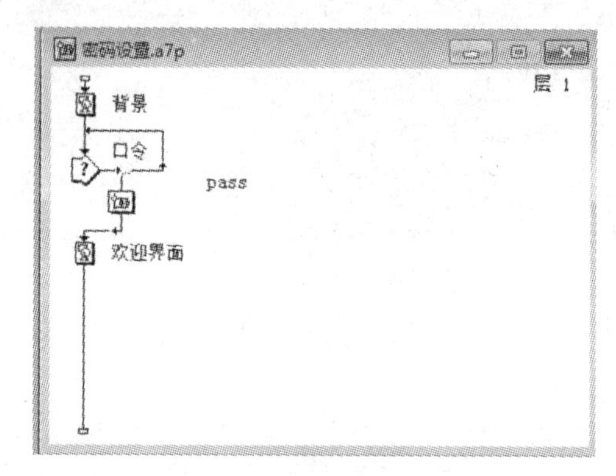

图 7-58 正常登录分支

步骤 8:同理,在主流程线上交互图标的右边拖入群组图标,命名为“ * ”。双击交互标志,设置响应分支时选择“重试”,如图 7-59 所示。

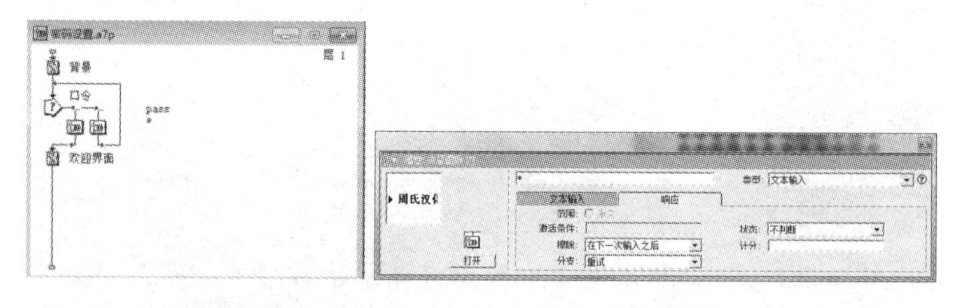

(a) 流程图 (b) 设置响应分支

图 7-59 错误文本匹配

说明:这里“ * ”是通配符,表示任意字符,故此分支一般用来处理错误文本。

步骤 9:设置群组图标“ * ”的二级流程图(如图 7-60 所示)和界面(如图 7-61 所示),请在按“任意键”等待图标中设置等待时间,在“擦除屏幕”中删除“非法用户”显示图标的内容。

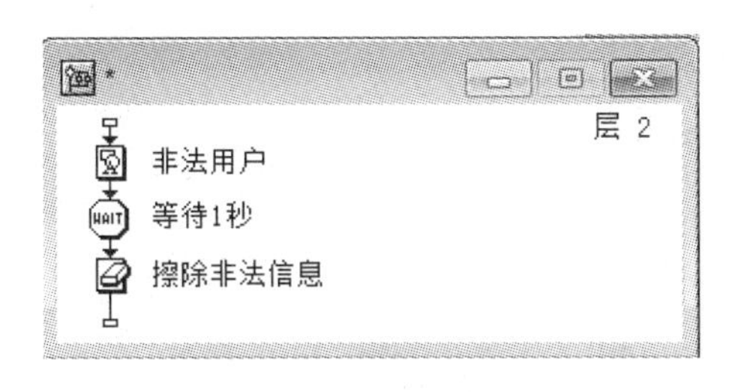

图 7-60　“＊”群组的二级流程

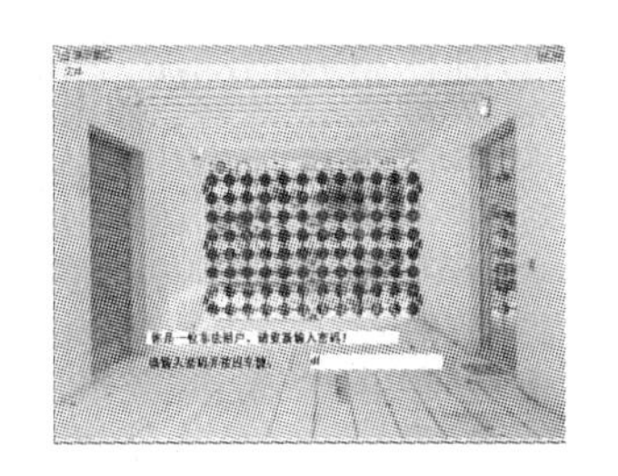

图 7-61　“＊”群组运行界面 1

步骤 10：运行程序，测试效果。

实验 3　变量、函数与知识对象的使用

一、实验目的

(1)掌握计算图标的使用方法。

(2)了解变量和函数的使用方法。

(3)了解运算符和语句的应用。

(4)了解知识对象的概念和作用。

(5)了解库与模块的概念和作用。

二、实验环境

(1)硬件要求：微处理器 Intel 奔腾 IV，内存要在 1GB 以上。

(2)运行环境：Windows 7/8。

(3)应用软件：Authorware 7.0。

三、实验内容与要求

(1)制作电子钟，如图 7-62 所示。

图 7-62　电子钟

（2）制作猜宠物的游戏，如图 7-63 所示。

你养的宠物是……？

图 7-63　猜宠物游戏

（3）制作鼠标跟随效果，如图 7-64 所示。（本例的实现效果是：当鼠标在窗口中运动时，会有一串串的圆跟踪而至，如同水泡一样；而当鼠标静止不动时，则会有依次变大的同心圆往复变化。）

图 7-64　鼠标跟随

（4）制作调用外部游戏，如图 7-65 所示。

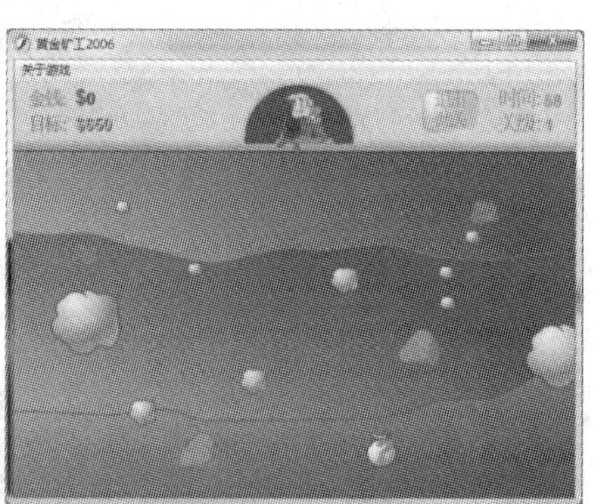

图 7-65　调用外部游戏

四、实验步骤与指导

1. 电子钟的制作

本例考查 Authorware 中变量和函数的使用方法。

步骤 1：新建一个 Authorware 文件，命名为“电子钟. a7p”。

步骤 2：拖动工具箱上的计算图标 [=] 到流程线上，命名为“屏幕大小”，双击打开，出现【屏幕大小】对话框，此时单击工具栏上的函数按钮 ，打开【函数】对话框，单击选择 ResizeWindow 函数，然后单击【粘贴】按钮，把 ResizeWindow 粘贴到计算窗口的【屏幕大小】对话框，此时参数设置如图 7-66 所示，为 ResizeWindow(600,400)，然后关闭【屏幕大小】对话框，完成计算图标的设置。

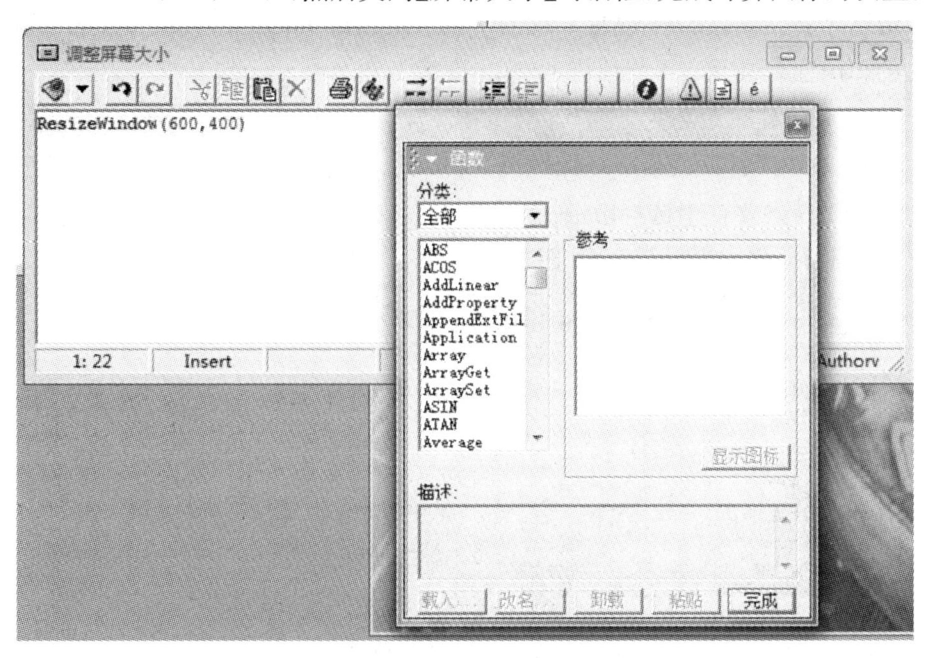

图 7-66　计算图标内容添加

步骤 3：在主流程线上添加“电子钟”显示图标，双击该图标打开演示窗口。输入文字：“今天是{FullDate}，{DayName}，{FullTime}”，如图 7-67 所示。

图 7-67　变量使用

步骤 4：单击工具栏上的 Next-> “运行”小图标运行一次程序。

说明：{FullDate}、{DayName}、{FullTime}均为系统变量，分别存储当前的日期、星期和时刻。{}及其函数必须在英文状态下输入。

2. 猜宠物游戏的制作

本例考查 Authorware 中知识对象的使用方法。

说明:知识对象是逻辑封装插入程序的模块,它与向导连接。向导是 Authorware 提供的对插入知识对象的作品建立、修改或增加内容的定制参数界面,能方便地实现需要通过复杂的操作或编程才能实现的功能。在 Authorware 7.0 中一共提供了 8 种类型的知识对象,本例着重介绍热对象知识对象。

步骤 1:新建一个名为"选择你的宠物.a7p"的 Authorware 文件。

步骤 2:选择【窗口】菜单→【面板】→【知识对象】命令,打开【知识对象】面板,在【分类】下拉列表框中选择【评估】类型,然后在其下方的列表框中拖动【热对象问题】知识对象到主流程线上,如图 7-68 所示。

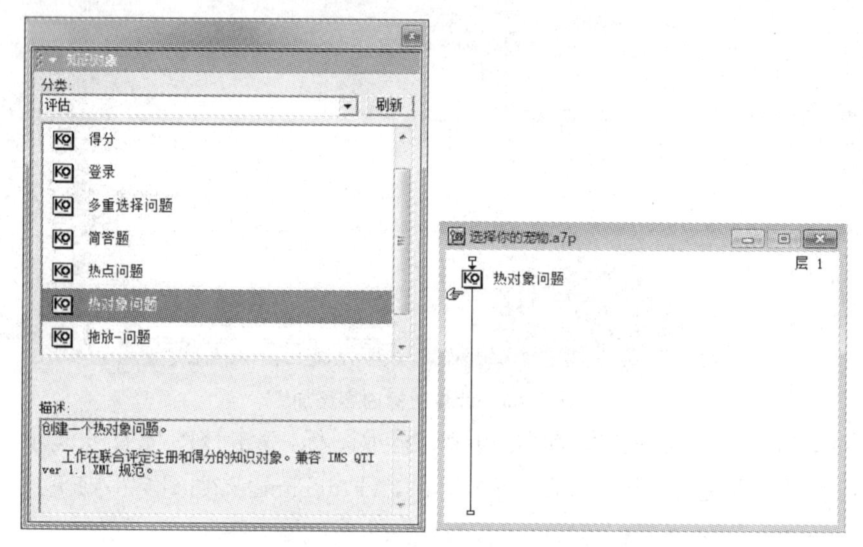

图 7-68 选择知识对象

步骤 3:双击系统自动取名的"热对象问题"知识对象图标,打开【Hot Object Knowledge Object:Introduction】对话框,并进入向导界面 1,如图 7-69 所示。

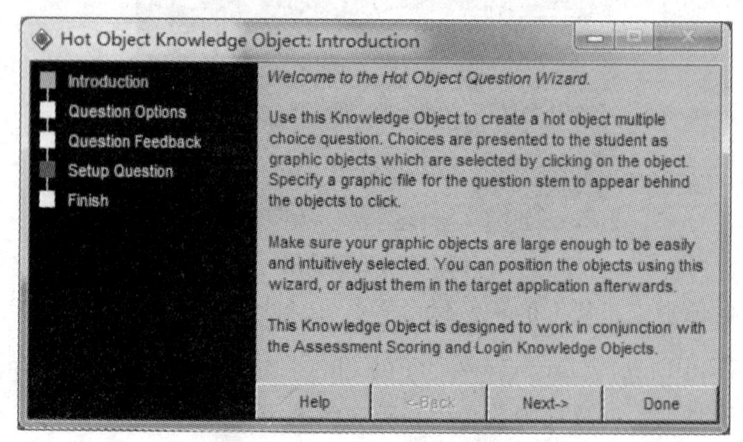

图 7-69 知识对象向导界面 1

步骤 4:单击 Next-> 按钮,进入知识对象向导界面 2,出现【Hot Object Knowledge Object:Question Options】对话框,如图 7-70 所示,选择即将添加的热对象所在的层和源文件夹的位置。

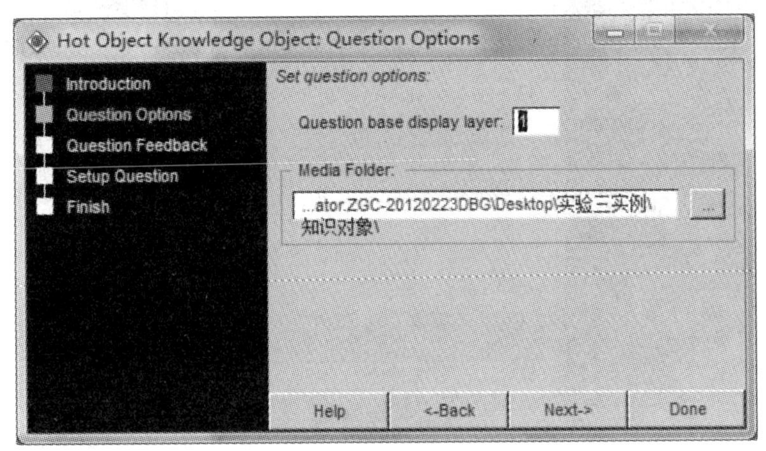

图 7-70　知识对象向导界面 2

步骤 5:单击 Next-> 按钮,进入知识对象向导界面 3,出现【Hot Object Knowledge Object: Question Feedback】对话框,选择即将添加的热对象的选项个数,此处填入 3,如图 7-71 所示。

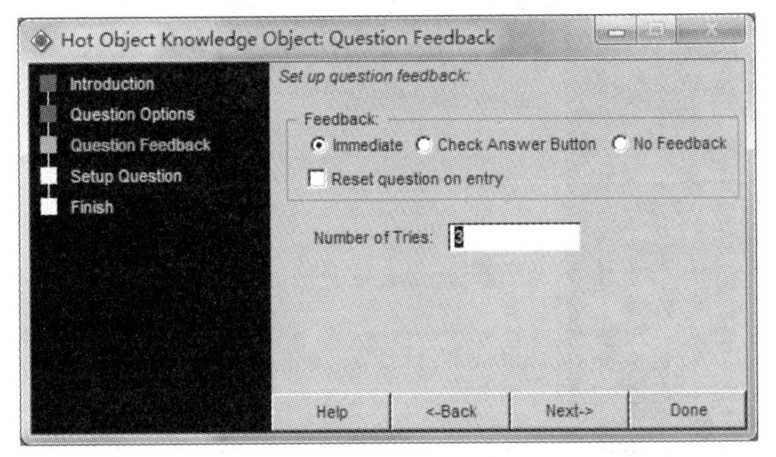

图 7-71　知识对象向导界面 3

步骤 6:单击 Next-> 按钮,进入知识对象向导界面 4,出现【Hot Object Knowledge Object: Setup Question】对话框,如图 7-72 所示。

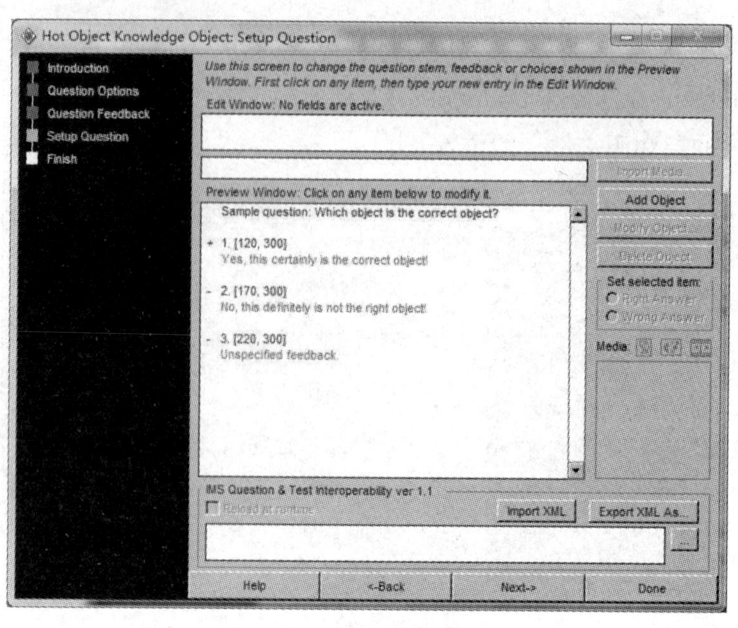

图 7-72 知识对象向导界面 4

在该对话框中，选择对应文本即可修改，如图 7-73 所示。表示题目为："你养的宠物是……?"；第一个选择热区在【120，300】位置，如果用户单击此处，将得到反馈文本"哎呀，和我的一样"，其余同理。

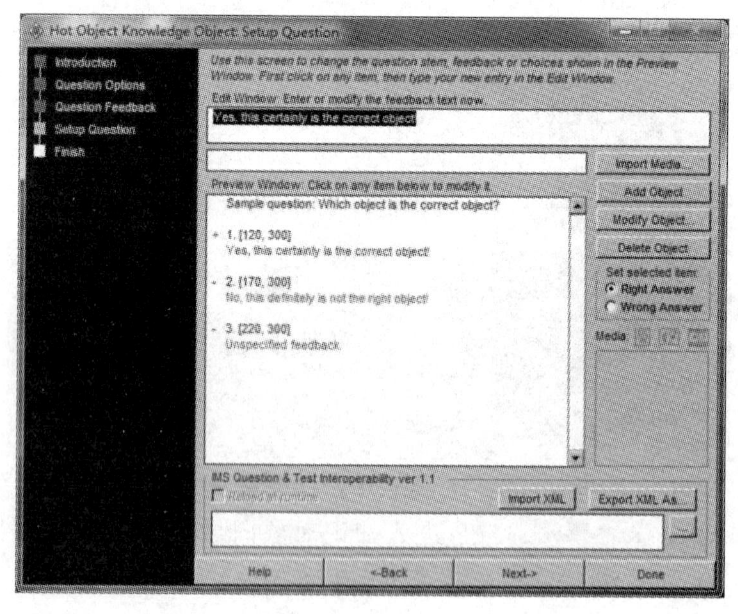

(a)

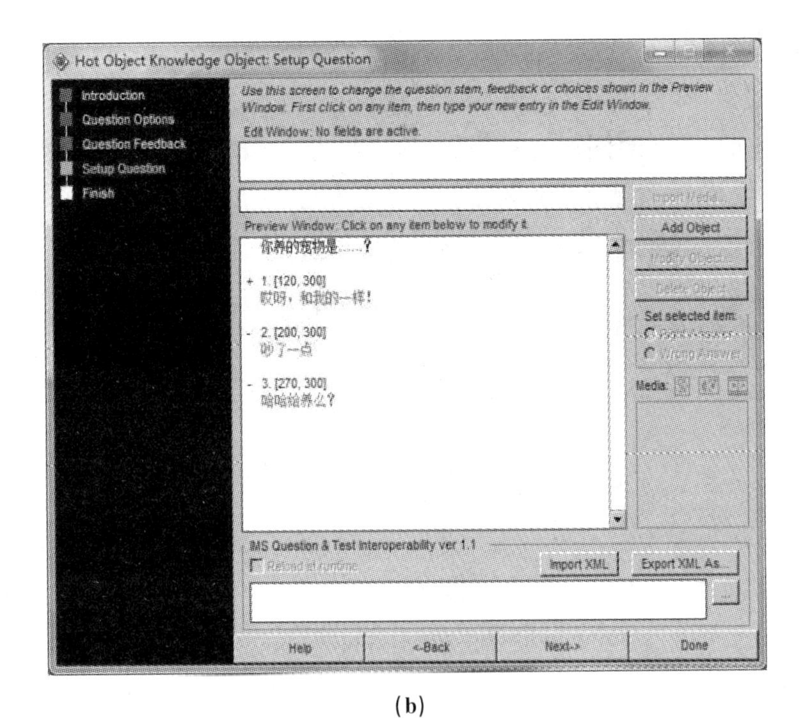

(b)

图 7-73　知识对象向导界面 4

步骤 7:单击 Next-> 按钮,进入知识对象向导界面 5,出现对话框【Hot Object Knowledge Object:Finish】,如图 7-74 所示,单击 Done ,即可完成对热对象问题的设置。

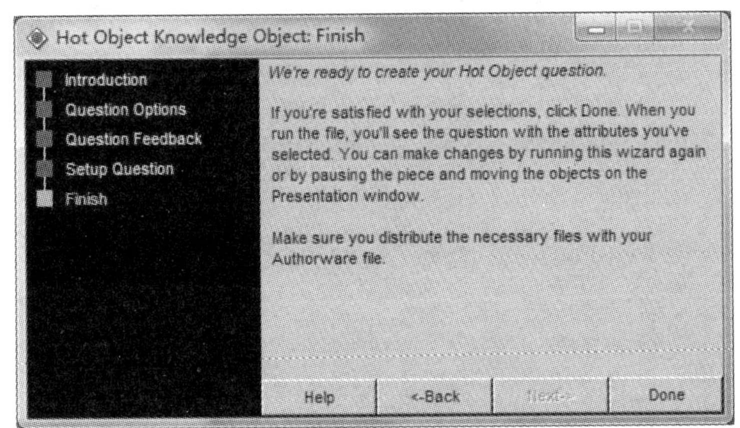

图 7-74　知识对象向导界面 5

步骤 8:运行程序,试看效果。

3. 鼠标跟随的效果

本例主要考查系统变量的使用。

说明:本例用到了两个关键的系统变量:CursorX 和 CursorY。前者表示当前鼠标位置距窗口左边框的像素数,而后者则表示当前鼠标位置距窗口上边框的像素数。

步骤 1:拖动两个显示图标到流程线上,分别装入背景图和文字"新年快乐"(可自行设计)。

步骤 2:放一个计算图标到主流程线上,双击打开其输入窗口,输入"x:=1",如图 7-75 所示。

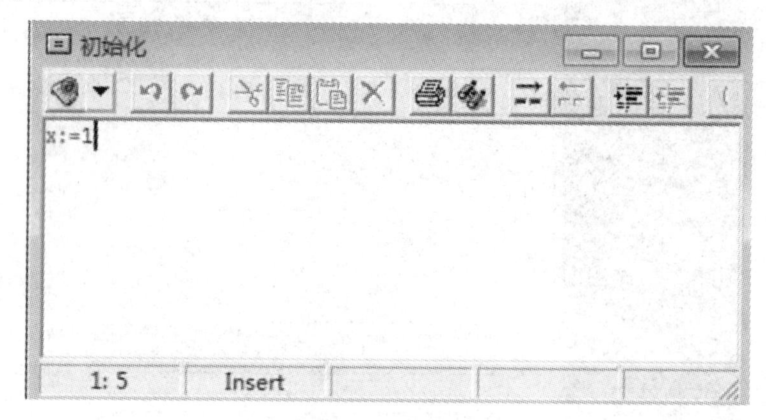

图 7-75　计算窗口

步骤 3:放一个交互图标到主流程线上,然后放一个计算图标到其右侧,在弹出的【交互属性】对话框中,选择【条件】,如图 7-76 所示。

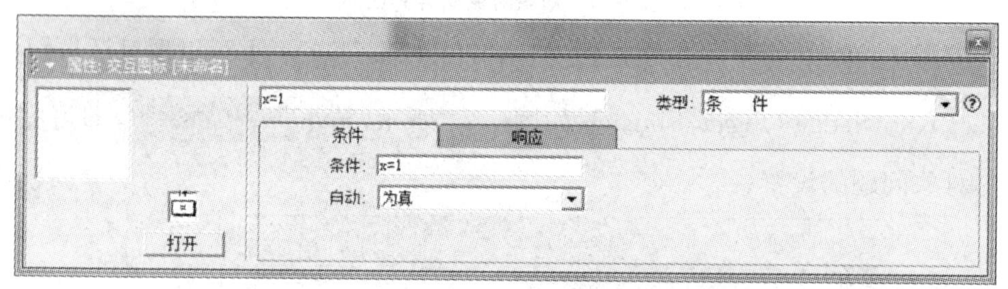

图 7-76　交互属性

步骤 4:将该计算图标命名为"x=1"(此处命名时,切记将输入法切换到英文状态下),流程线如图 7-77 所示。

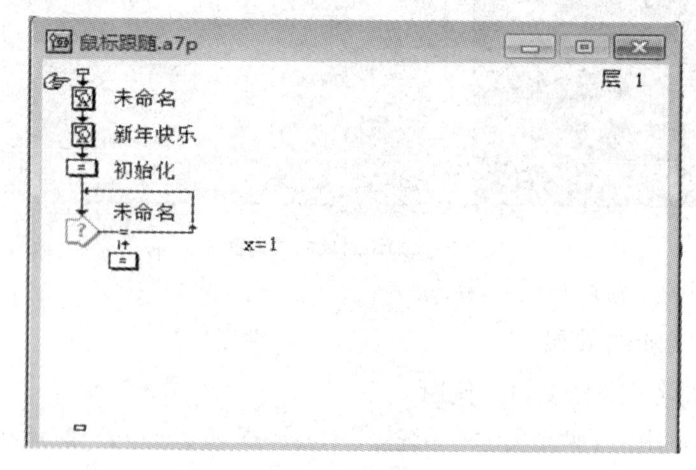

图 7-77　流程图

步骤 5:双击“x=1”计算图标,打开输入窗口,输入如图 7-78 所示的内容。

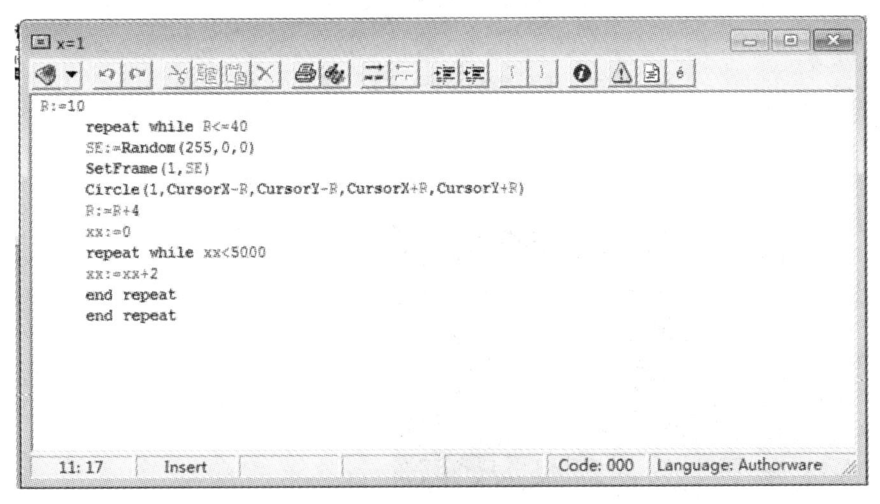

图 7-78　计算图标窗口

步骤 6:双击计算图标上方的小等号,打开【交互属性】对话框,在【条件】选项卡中,将【自动】列表框的值修改为【为真】,如图 7-76 所示。在【响应】选项卡中,将【分支】列表框的值修改为【继续】,其他参数采用默认设置,如图 7-79 所示。

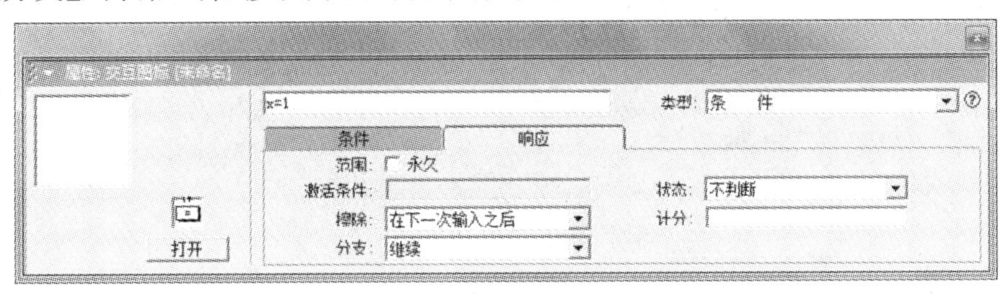

图 7-79　交互属性响应分支

步骤 7:运行程序,试看效果。

4. 调用外部游戏

本例主要考查 Authorware 中调用网页文件的方法。

步骤 1:将显示图标拖到流程线上,分别装入背景图并键入文字,如图 7-80 所示。

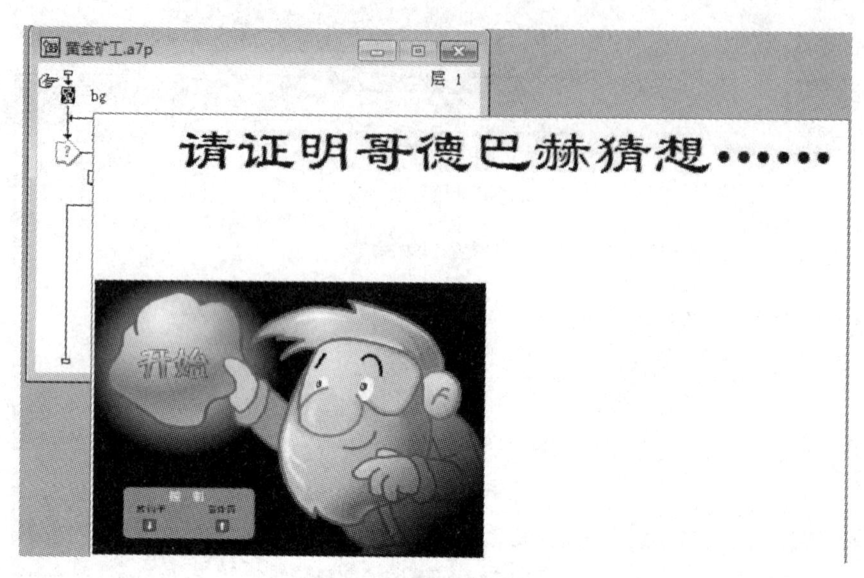

图 7-80 显示图标界面

步骤 2:放一个交互图标到主流程线上,然后放两个计算图标到其右侧,在弹出的【交互属性】对话框中,选择【按钮】交互方式,分别命名为“放松”和“退出”,流程图如图 7-81 所示。

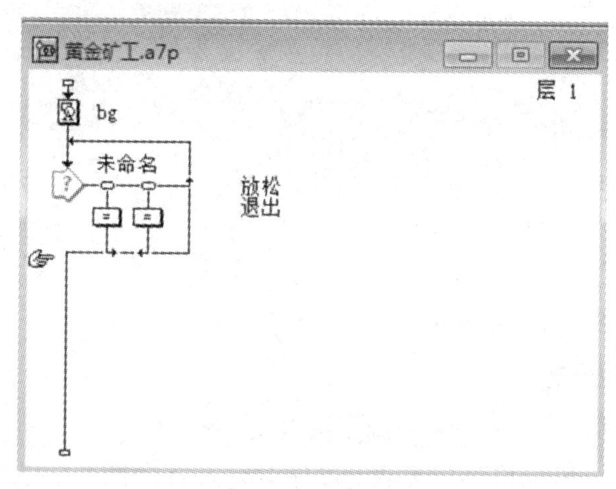

图 7-81 流程线图

步骤 3:请下载素材中的黄金矿工游戏. EXE,将其存放到“调用外部游戏. a7p”所在的文件夹。双击打开“放松”计算图标窗口,输入“JumpOutReturn("","黄金矿工游戏. EXE","")”,如图 7-82 所示。

图 7-82　“放松”计算图标窗口

步骤 4:双击打开“退出”计算图标窗口,输入“Quit()”,如图 7-83 所示。

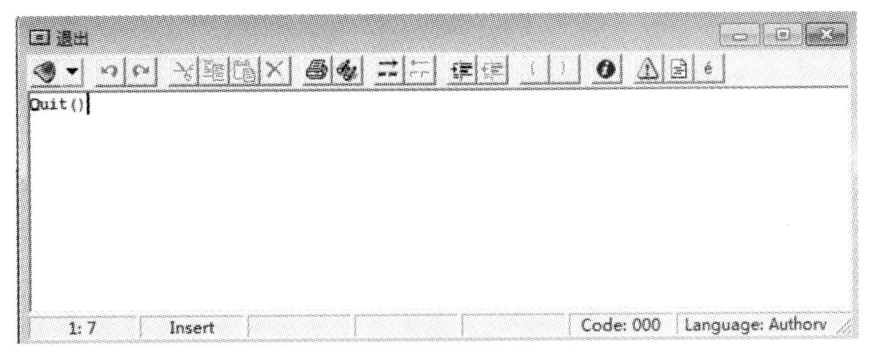

图 7-83　“退出”计算图标窗口

步骤 5:双击计算图标上方的小等号,打开【交互属性】对话框,在【响应】选项卡中,将【分支】列表框的值修改为【退出交互】,其他采用默认设置。如图 7-84 所示。

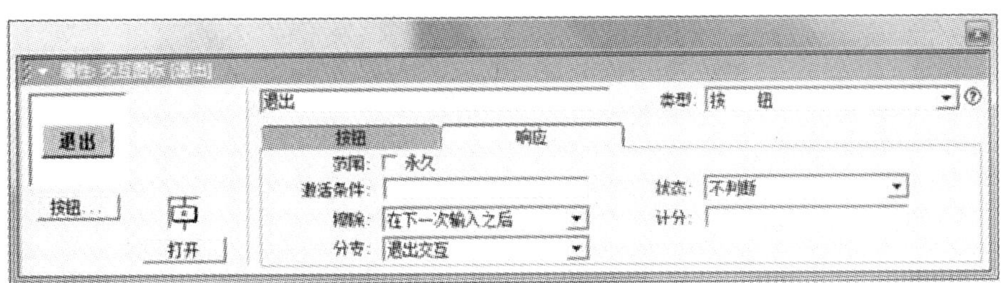

图 7-84　交互属性设置

步骤 6:运行程序,试用效果。